LES EFFLUVES ODIQUES

CONFÉRENCES FAITES EN 1866

Par le baron DE REICHENBACH
A L'ACADÉMIE I. ET R. DES SCIENCES DE VIENNE

PRÉCÉDÉES D'UNE NOTICE HISTORIQUE

SUR LES

EFFETS MÉCANIQUES DE L'OD

PAR
ALBERT DE ROCHAS

PARIS
ERNEST FLAMMARION, ÉDITEUR
26, RUE RACINE, PRÈS L'ODÉON

LES EFFLUVES

ODIQUES

DU MÊME AUTEUR :

Le Fluide des Magnétiseurs. — Précis des expériences du BARON DE REICHENBACH, sur ses propriétés physiques et physiologiques, classées et annotées par le lieutenant-colonel DE ROCHAS D'AIGLUN, administrateur de l'École Polytechnique.— Paris, Carré, 1891. **5 fr.**

Les États superficiels de l'Hypnose, par ALBERT DE ROCHAS. — Paris, 1893. 2e édit.................................. **2 fr. 50**

Les États profonds de l'hypnose, par ALBERT DE ROCHAS. — Paris, 1896, 4e édit.. **2 fr. 50**

L'Extériorisation de la Sensibilité, par ALBERT DE ROCHAS (avec planches en couleur). — Paris, 1895........................ **7 fr.**

L'Extériorisation de la Motricité, par ALBERT DE ROCHAS (avec photogravures). — Paris, 1896............................ **8 fr.**

LES EFFLUVES
ODIQUES

CONFÉRENCES FAITES EN 1866

Par le baron DE REICHENBACH

A L'ACADÉMIE I. ET R. DES SCIENCES DE VIENNE

PRÉCÉDÉES D'UNE NOTICE HISTORIQUE

SUR LES

EFFETS MÉCANIQUES DE L'OD

PAR

ALBERT DE ROCHAS

PARIS

ERNEST FLAMMARION, ÉDITEUR

26, RUE RACINE, PRÈS L'ODÉON

PREMIÈRE PARTIE

NOTICE HISTORIQUE

SUR LES RECHERCHES RELATIVES

AUX EFFETS MÉCANIQUES DE L'OD

PAR

ALBERT DE ROCHAS

NOTICE HISTORIQUE

CHAPITRE PREMIER

Reichenbach et son œuvre

I

Reichenbach, né à Stuttgard en 1808, mourut à Leipsig, en 1869. Docteur en philosophie, il se fit connaître au monde savant par des recherches géologiques et des découvertes chimiques, telles que la paraffine et la créosote.

Esprit très net et très pratique, il ne tarda pas à porter ses efforts vers l'application des sciences à l'industrie. Avec la coopération du comte de Salm, il créa en Moravie de nombreux établissements, dont la prospérité fut une source de richesses pour lui et pour le pays. Le roi de Wurtemberg le récompensa en le créant baron.

Reichenbach, devenu possesseur d'immenses propriétés, réunit dans son château de Reisenberg, près de Vienne, de magnifiques collections d'Histoire naturelle, dont une, celle des météorites, a été longtemps sans rivale. Il consacra la fin de sa vie à des études sur certaines radiations émises par les animaux, les végétaux, les cristaux, les aimants, et en général par toutes les substances dont les molécules présentent une orientation bien déterminée.

Ces radiations étaient perçues seulement par quelques personnes douées d'un système nerveux particulièrement impressionnable; et elles l'étaient, avec une double polarité comme dans les phénomènes électriques, soit à l'aide du sens thermique (*chaud* ou *froid*), soit à l'aide du goût (*acide* ou *nauséeux*), soit enfin à l'aide de l'œil préalablement hyperesthésié par un long séjour dans l'obscurité (*lueurs rouges* ou *bleues*).

Reichenbach constata, en outre, qu'on trouvait ces radiations dans la lumière solaire, dans l'électricité et dans le magnétisme terrestre; qu'elles se produisaient par le frottement, par le son, par les actions chimiques et en général par tout déplacement moléculaire.

C'est pour cela qu'il appela cette force nouvelle **Od**, d'un mot sanscrit signifiant « qui pénètre tout ».

Le résultat de ces travaux a été consigné dans un grand nombre de publications, dont les principales sont les suivantes :

Recherches physico-physiologiques sur les dynamides du magnétisme, de l'électricité, etc. (Brunswick, 1849), dont une traduction anglaise a paru en 1851.

Aphorismes sur l'Od et la sensibilité (Vienne, 1866), dont j'ai publié la première traduction française chez Carré, en 1891, sous ce titre : *Le fluide des magnétiseurs*.

Les effluves odiques (Vienne, 1867), dont on trouvera plus loin la traduction, due au capitaine d'artillerie Lebas.

L'homme sensitif (Stuttgard, 1854-1855).

II

La voix de Reichenbach resta sans écho dans le monde savant. Comment admettre en effet que certaines personnes pussent voir des rayons que tout le monde ne voyait pas ? et cela, pour comble d'absurdité, à travers des corps opaques [1] ? Etait-il possible que des objets fussent mus par la simple volonté ? — Bien certainement, dans tout cela, il n'y avait que supercherie plus ou moins consciente et naïve crédulité.

L'expérimentateur avait beau invoquer le très grand nombre de sensitifs dont les affirmations concordaient ; les doctes professeurs des Universités allemandes répondaient que, dans la Science, on doit tenir compte seulement des phénomènes susceptibles d'être reproduits à volonté et perçus à la fois par un nombreux auditoire. C'est là, en effet, la base des cours, et ce sont les cours qui procurent les appointements.

Aujourd'hui, on pense encore un peu de même parmi les physiciens ; toutefois on montre plus de réserve pour se prononcer *à priori* sur la possibilité ou la non-possibilité des faits nouveaux, grâce aux rayons Roentgen, qui ont dérouté toutes les théories admises.

Ils ont à peine fait leur apparition, et déjà les sévères gardiens de la science officielle sont forcés de reconnaître l'existence de tout un monde nouveau d'effluves justement qualifiés d'occultes, il y a quelques mois.

Dans la *Revue scientifique* du 16 mai 1896, le Dr Lebon en donne l'énumération suivante :

Radiations X, traversent le papier noir, les corps organisés ; ne passent

1. Voir *Le Fluide des magnétiseurs*, chap. XI.

pas à travers la plupart des métaux, ne se réfléchissent, ni ne se réfractent.

Radiations invisibles des corps fluorescents, traversent les métaux, ainsi que l'ont montré MM. d'Arsonval et Becquerel, se réfractent et se réfléchissent ; ne présentent par conséquent aucune propriété permettant de les rapprocher des rayons X.

Radiations prenant naissance quand la lumière tombe sur des surfaces métalliques. — Nos recherches montrent que ces radiations ne traversent pas le papier noir, ni la plupart des corps organisés, mais qu'elles traversent un grand nombre de métaux. Elles jouissent en outre de la propriété de se condenser et de se diffuser, comme l'électricité à la surface des métaux.

Radiations propres aux êtres organisés. — Radiations qui paraissent exister chez les êtres organisés dans l'obscurité, et qui permettent de les photographier, comme je l'ai montré en opérant sur des fougères, des poissons ou divers autres animaux. Elles paraissent se rattacher à la phosphorescence invisible, mais s'en différencient cependant parce qu'elles ne traversent pas la plupart des corps métalliques, ceux du moins que j'ai expérimentés, l'aluminium notamment. Aucune de ces propriétés ne permet de les rapprocher des rayons X.

Nous voilà, ce me semble, bien près des radiations odiques de Reichenbach ; on finira certainement par reconnaître que les sens hypéresthésiés de certaines personnes sont des instruments enregistreurs encore plus parfaits et non moins réels que des plaques photographiques. Y a-t-il, en effet, un appareil capable de décéler la présence de la parcelle infinitésimale de musc qui se fait pourtant sentir d'une façon si intense ?

III

Tant qu'on n'a pu constater la production de mouvements qu'au contact ou avec des corps très légers, on a pu raisonnablement attribuer ces mouvements soit à des actions musculaires, soit à des causes d'erreur multiples, telles que la trépidation du sol ou l'agitation de l'air.

Mais, du jour où l'on a vu des objets lourds se déplacer sans contact sous l'influence de certaines personnes, toutes ces explications sont tombées. Il a été prouvé alors, d'une façon absolue, que l'organisme humain pouvait quelquefois donner naissance à une force agissant à distance comme la pesanteur, l'électricité et le magnétisme.

Il serait puéril de discuter les vieilles hypothèses; il n'y a qu'une chose à faire, c'est d'établir par un nombre suffisant de témoignages et d'observations la réalité de faits avec lesquels elles sont incompatibles.

C'est ce que j'ai réalisé dans mon livre sur l'*Extériorisation de la motricité*[1].

Pour les phénomènes d'où la vérité se dégage moins clairement, nous sommes d'ores et déjà autorisés à conclure que, s'ils ne sont point nécessairement dus à cette force organique, cette force doit y jouer, d'ordinaire, un rôle prépondérant. Par suite, leur étude faite avec méthode et intelligence doit nous aider à en déterminer les lois.

A ce point de vue, l'ouvrage de Reichenbach que nous publions aujourd'hui est d'une importance capitale.

Il n'est pas certain, en effet, que les lois soient les mêmes pour des manifestations très faibles et pour des manifestations très puissantes d'une même force, bien que ces manifestations soient reliées d'une façon continue, comme on le voit ici et comme on le constate partout dans la Nature. Nous savons déjà qu'il en est ainsi pour les forces brutes; la loi de Mariotte, par exemple, ne s'applique plus aux gaz voisins de leur point de liquéfaction. Nous devons prévoir des changements bien plus grands quand il s'agit des forces vivantes, des forces évoluées, dont l'étude commence à peine et qui semblent, lorsqu'elles sont suffisamment exté-

1. Paris. Chamuel, 1896.

riorisées, les agents d'intelligences appartenant à des entités invisibles.

Il ne faut point oublier en outre les réserves faites par Reichenbach lui-même dans sa Préface.

« Les recherches relatives au sujet traité sont, dit-il, de nature fort délicate ; elles exigent de l'observateur une attention rigoureuse, et beaucoup de circonspection dans l'exécution comme dans les conclusions à tirer des essais. Aussi les a-t-on bien souvent méconnues, et plus souvent encore mal comprises. Quand, çà et là, par ignorance des observateurs dans la matière, les faits n'apparaissaient pas satisfaisants dès les premiers essais, on les a rejetés, souvent avec impatience. Au lieu de s'imposer une courte préparation, dans le but de se bien pénétrer d'abord du sujet, on a souvent sans scrupule, en s'aveuglant volontairement sur les imperfections de ses propres essais, cru pouvoir écraser l'auteur sous la responsabilité de l'insuccès qui les a suivis. Bien des gens n'arriveront pas à surmonter pareils obstacles. Mais il n'est pas d'expérimentateur habile qui puisse verser dans de telles erreurs; celui qui saura éviter ces bévues, constatera que mes assertions, que les faits que j'ai avancés, se reproduisent tous exactement lorsqu'on répète mes expériences. Quant à l'interprétation théorique à leur donner, si, par ci par là, je me suis permis d'exprimer mon opinion personnelle, cette opinion ne doit rien faire préjuger ; quiconque pénétrera plus avant dans les phénomènes est libre de s'en remettre là-dessus à sa perspicacité propre.

« Les premières études que l'on fait dans le domaine d'une science nouvelle ne peuvent présenter un ensemble parfait : c'est dans leur nature même ; leurs résultats ne viennent d'abord au jour que par fragments et sans cohésion. On voudra donc bien m'excuser, si je ne puis toujours présenter ici, dans un ordre bien rigoureux, les faits nouvellement acquis ; si leur progression est encore défectueuse. Mon travail ressemble à celui du pionnier dans les solitudes inexplorées ; le pionnier s'oriente tantôt à droite, tantôt à gauche, toujours du côté où il a l'espoir de s'en tirer pour le mieux et de rencontrer un sol rémunérateur. Or, au point de vue sensitif, l'Od n'est encore aujourd'hui qu'une forêt vierge, à travers laquelle j'ai dû me frayer la route à coups de hache. »

Et, quand bien même les faits observés par Reichenbach ne se présenteraient pas toujours avec la régularité qu'il paraît leur attribuer, ce ne serait certes point une raison pour en nier la réalité.

« L'homme n'est pas un thermomètre qui s'élève quand il fait chaud, qui s'abaisse quand il fait froid ; il n'est pas une aiguille aimantée qui se tourne invariablement vers le même point. C'est dommage sans doute, et l'on fera bien d'y remédier. Du train dont vont les choses, je n'en désespère pas absolument ; les originalités s'effacent, les convictions spontanées s'en vont, l'individu disparaît derrière l'espèce, nous approchons de l'homme-machine autant que faire se peut. Cependant ne nous faisons pas illusion, l'homme court grand risque de conserver jusqu'au bout quelques inconvénients de sa nature mixte ; il ne fonctionnera jamais avec une égalité mathématique, il ne vaudra jamais un thermomètre ou une boussole. Les actes physiques continueront à être modifiés chez lui par les sentiments moraux : une mauvaise nouvelle l'empêchera de digérer, une émotion accélérera les mouvements de son cœur.

« Il n'est donc pas aussi scandaleux qu'on le dit que le dégagement de notre agent physique soit entravé par des causes analogues, et la science aurait mauvaise foi à s'en faire un prétexte pour exclure de ses études les faits que nous lui signalons. Les faits variables n'en sont pas moins des faits. Les faits exceptionnels même n'en sont pas moins des faits. Le fluide ne serait émis que par une personne sur dix, et une fois sur dix encore, qu'il ne perdrait aucun de ses droits à figurer au nombre des agents physiques. La science digne de ce nom lui devrait une place ; elle ne se croirait pas autorisée à maintenir délibérément une lacune dans l'énumération et dans la description des phénomènes.

« Où irions-nous, si nous nous permettions d'écarter ceux qui ne se produisent pas toujours de la même manière ?... Quels sont les faits en médecine, en thérapeutique, en physiologie qui soient toujours fixes et immuables? » (A. de Gasparin, *Les Tables tournantes.*)

Pour permettre au lecteur de juger les expériences de Reichenbach et de suivre les perfectionnements apportés peu à peu dans l'étude des phénomènes qui nous occupent, je vais, dans le chapitre suivant, résumer les observations et les recherches qui ont été faites avant comme après lui et dont la plupart sont encore aujourd'hui à peine connues.

Je n'essaierai pas de rapprocher les résultats obtenus par les divers auteurs pour tâcher d'en déduire les *constantes* en éliminant les variables qu'on peut attribuer à des erreurs personnelles. C'est là un bien gros travail, qu'entraîné par d'autres études, je n'ose pas entreprendre ; je me bornerai à le faciliter en indiquant les sources d'où sont tirés les documents que j'ai reproduits ici sans avoir pu vérifier par moi-même leur valeur.

CHAPITRE II

Recherches relatives à l'action mécanique de l'Od sur le pendule et la baguette tournante.

I. — Mouvements employés comme procédé divinatoire dans l'antiquité

Dans l'antiquité on connaissait les mouvements communiqués d'une façon inconsciente aux tables et au pendule, et on les attribuait à l'action d'un dieu ; aussi ne les employait-on que comme procédé divinatoire [1].

« 1. S'il est donné, dit Tertullien, à des magiciens de faire apparaître des fantômes, d'évoquer les âmes des morts, de forcer la bouche des enfants à rendre des oracles ; si ces charlatans imitent un grand nombre de miracles qui semblent dus aux cercles ou aux chaînes que des personnes forment entre elles ; s'ils envoient des songes, s'ils font des conjurations, s'ils ont à leurs ordres des esprits messagers et des démons par la vertu desquels les chèvres et les *tables qui prophétisent* sont un fait vulgaire, avec quel redoublement de zèle ces esprits puissants ne s'efforceraient-ils pas de faire pour leur propre compte ce qu'ils font pour le service d'autrui » ? (*Apologétique*, chap. XXIII.)

Ammien Marcellin (Liv. XXIX, chap. I) rapporte que des conjurés, conspirant contre l'empereur Valens, qui régna de 364 à 369, se livrèrent à des opérations magiques pour connaître le nom du successeur de Valens. Les conjurés ayant été découverts et saisis, Hilarius, l'un d'eux, après avoir subi la question, donna aux juges les détails suivant sur l'opération :

« Magnifiques juges, nous avons construit, à l'instar du trépied de Delphes, avec des baguettes de laurier, sous les auspices de l'enfer, cette malheureuse table que vous voyez, et après l'avoir soumise, dans toutes les règles, à l'action des formules mystérieuses et des conjurations avec tous les accompagnements, pendant de longues heures, nous sommes parvenus enfin à la *mettre en mouvement* ; or, quand on voulait la consulter sur les choses secrètes, le procédé pour la faire mouvoir était celui-ci : on la plaçait au milieu d'une maison soigneusement purifiée partout avec des parfums d'Arabie ; on posait dessus un plateau rond avec rien dedans, lequel était fait de divers métaux. Sur les bords du plateau étaient gravées les 24 lettres de l'alphabet, séparées exactement par des intervalles égaux. Debout au-dessus, quelqu'un instruit dans les sciences des cérémonies magiques, vêtu d'étoffes de lin, ayant des chaussures de lin, la tête

II. — La baguette employée a la recherche des sources et des filons métalliques.

A la fin du xve siècle, on voit apparaître l'usage de la baguette tournant entre les mains de certaines personnes pour découvrir en terre les filons métalliques [1] ; au milieu du xviie on l'emploie à la recherche des eaux [2], et, quelques années après, elle devient tout à fait célèbre grâce à un paysan dauphinois, Jacques Aymar, qui s'en servit officiellement pour suivre à la trace et finalement découvrir l'un des auteurs d'un assassinat commis à Lyon en 1692.

A la suite de cet événement, qui eut un retentissement considérable, de nombreux ouvrages furent publiés pour examiner les faits, détailler les procédés et en présenter des explications ; les principaux sont les suivants :

Physique occulte ou traité de la baguette divinatoire et de son utilité pour la découverte des sources d'eau, des minières, etc., par M. L. L. de Vallemont, prêtre et docteur en théologie. Paris, 1893.

Lettres qui découvrent l'illusion des philosophes sur la baguette et qui détruisent leurs systèmes, par le P. Lebrun, de l'Oratoire. Paris, 1693.

L'abbé de Vallemont, comme l'abbé de Lagarde, et les docteurs Chauvin et Garnier, qui ont également étudié la

ceinte d'une torsade et portant à la main un feuillage d'arbre heureux, après s'être concilié par certaines prières la protection du dieu qui inspire les prophètes, fait balancer un anneau suspendu au dais, lequel anneau est tressé d'un fil très fin et consacré suivant des procédés mystérieux. Cet anneau, sautant et tombant dans les intervalles des lettres selon qu'elles l'arrêtent successivement, compose des vers héroïques répondant aux questions posées et parfaitement réguliers comme ceux de la Pythie... » (*Trad. de Naudet.*)

1. Basile Valentin, *Testament*, lib. I, chap. xxv. — Agricola, *De re metallica*, lib. II. — Robert Fludd, *Philosophia mosaïca*, fol. 117, etc., etc

2. *La Science des eaux*, par le P. Jean-François. Rennes, 1653.

question, attribuent les effets de la baguette aux corpuscules qui, se dégageant de tous les corps, agissent, soit directement sur la baguette, soit indirectement sur le corps de l'opérateur, et, grâce aux tourbillons mis en vogue à cette époque par Descartes, déterminent le mouvement de la baguette d'une façon analogue à celle dont l'aimant agit sur le fer ; mais ces effluves agissent différemment sur les différents individus. Les bons opérateurs, doués d'un sens spécial très délicat, arrivent à reconnaître la nature des différents effluves quand ils les ont perçus et connus une première fois ; c'est pour cela qu'ils peuvent suivre un criminel à la piste comme un chien, une fois qu'ils l'ont découverte sur un point.

Le P. Lebrun conclut de divers exemples qu'il cite [1] que la cause qui fait tourner la baguette « s'accommode aux désirs de l'homme et qu'elle suit leurs intentions ».

Les expériences ne manquèrent pas non plus ; les unes échouèrent complètement, d'autres furent couronnées de succès et quelquefois avec des procédés inverses : tantôt il fallait tenir dans la main un objet de même nature que celui que l'on cherchait pour obtenir le mouvement de la baguette ; tantôt la baguette tournait partout, excepté dans l'endroit où se trouvait un métal déterminé ou un courant d'eau, si l'on tenait à la main ce métal ou un linge mouillé.

Vers la fin du siècle suivant, un autre Dauphinois nommé Bléton posséda à un très haut degré le pouvoir de découvrir les sources à l'aide de la baguette. Un médecin distingué, le Dr Thouvenel, en ayant entendu parler, le fit venir en Lorraine et le soumit à de nombreuses épreuves dont il publia les résultats sous le titre :

1. Pp. 276-280 et 283.

Mémoire physique et médicinal montrant des rapports évidents entre les phénomènes de la baguette divinatoire, du magnétisme et de l'électricité. Paris, 1781 (in-8° de 304 pages.)

Thouvenel croit qu'il s'élève des eaux souterraines et des minéraux cachés en terre des effluves, qui, pénétrant dans le corps du *sourcier* par les pieds, les yeux et les poumons, passent dans le sang, agissent sur le système nerveux et produisent une commotion dans la poitrine. De là les mouvements inconscients qui déterminent la rotation de la baguette; de là aussi l'accroissement de rapidité du pouls, avec fièvres, sueurs, syncope et déperdition considérable de force.

A la suite de cette publication Bléton vint à Paris, où il fut examiné par divers membres de l'Académie, notamment par Lalande, qui lui tendirent des pièges dans lesquels il tomba ; fait que l'on a vu et que l'on verra se reproduire chaque fois que les sensations si délicates des sujets seront soumises à des influences perturbatrices, même simplement morales.

A la suite de la Révolution, le Dr Thouvenel émigra en Italie, où il emmena un nouveau sourcier, Pennet, encore dauphinois; il le fit essayer par divers savants tels que Spallanzani, le P. Barletti, professeur de physique expérimentale à Pavie; Charles Amoretti, bibliothécaire de la bibliothèque Ambroisienne de Milan [1], et Fortis. Ce dernier publia le résultat des expériences auxquels il avait assisté dans le tome II de ses *Mémoires pour servir à l'histoire naturelle et principalement à l'oryctographie de l'Italie et des pays adjacents*. 1802.

1. Amoretti trouva dans sa famille plusieurs personnes capables de faire tourner la baguette; l'une d'elles était un petit domestique, Vincent Anfossi, âgé de dix ans, avec lequel il se livra à un grand nombre d'expériences, à la suite desquelles il publia un essai critique et raisonné de la *Rabdomancie*. Certaines substances faisaient éprouver à Anfossi une sensation de chaleur à la plante des pieds ; d'autres une sensation de froid; dans le premier cas, la baguette tournait en dedans dans le second en dehors.

Pennet avait réussi à trouver des dépôts métalliques et un aqueduc souterrain, mais il échoua dans un certain nombre d'épreuves; ce qui prouve seulement l'instabilité de ces facultés spéciales : car il n'y a pas de comparaison à établir entre le nombre des réussites et celui des échecs, quand il s'agit de trouver un objet placé dans un lieu déterminé et extrêmement restreint par rapport à l'espace où s'exercen les recherches.

Quelques années après, en 1806, un savant allemand, Ritter, trouva, sur les bords du lac de Garde, un jeune paysan nommé Campetti, qui s'était reconnu la faculté d'hydroscope après avoir vu opérer Pennet, de passage dans son pays. Ritter l'emmena à Munich où il fut expérimenté également par Schelling et François Baader.

En 1826, le COMTE DE TRISTAN publia un livre intitulé *Recherches sur quelques effluves terrestres*, où il constate encore la réalité du mouvement inconscient de la baguette sur les courants d'eau et au voisinage des métaux, et où il expose, avec beaucoup de bonne foi et de franchise, les nombreuses expériences qu'il a tentées pour établir une théorie, malheureusement un peu confuse; aussi me bornerai-je à citer quelques-unes de ses conclusions.

La terre émet des effluves d'une nature électrique, qui diffèrent en quantité et en qualité suivant les lieux, les saisons et les heures; ces effluves pénètrent dans le corps de certains hommes qui présentent pour cela une conductibilité spéciale et s'y polarisent, le fluide positif ou boréal passant dans la moitié droite et le fluide négatif et austral dans la moitié gauche. Des bas de soie s'opposent au mouvement de la gaguette en empêchant le fluide de pénétrer dans le corps du sensitif; de même le mouvement est arrêté par des rubans de soie qui entourent les poignées de la baguette et interrompent le courant. — Si le fluide positif l'emporte sur le négatif, la baguette partant du plan horizontal s'élève; elle s'abaisse dans le cas contraire. — Le fluide qui se dégage du sol au-dessus d'un courant d'eau est dû au frottement de l'eau contre les parois du canal.

On verra, dans le § III qui suit, les expériences faites sur les sources, avec un pendule, par M. l'abbé GUIGNEBAULT.

III. — EXPÉRIENCES FAITES AU XIXe SIÈCLE, AVEC LE PENDULE ET DES INSTRUMENTS ANALOGUES.

Les expériences qu'ils avaient faites sur la baguette tournante amenèrent Fortis, Amoretti, Volta, Ritter, Schelling et Baader à s'occuper d'un autre phénomène tout à fait analogue, celui d'un pendule tenu à la main et qui prend des mouvements divers selon la nature des substances sur lesquelles on le suspend. Les résultats obtenus par **Ritter** furent publiés en janvier 1807 par le *Morgenblatt* de Tubingue. On y trouve les premières indications un peu nettes relatives à la polarité du corps humain, des œufs, des fruits, des métaux, etc. [1]. Ritter y émet l'opinion que la baguette divinatoire n'est autre chose qu'un double pen-

1. Voici la traduction des passages principaux de l'article du *Morgenblatt*.

« On prend un cube de pyrite ou de soufre natif ou un métal quelconque. La grandeur et la forme de ce métal sont indifférentes (on peut, par exemple, employer un anneau d'or). On attache ce corps à un morceau de fil d'un quart ou d'une demi-aune de longueur; on tient celui-ci serré entre deux doigts et suspendu perpendiculairement en empêchant tout mouvement mécanique; le mieux est de mouiller un peu le fil.

« Dans cet état, on place le pendule au-dessus et assez près d'un vase plein d'eau ou au-dessus d'un métal quelconque; on choisit, par exemple, une pièce de monnaie, une plaque de zinc ou de cuivre; le pendule prend insensiblement des

dule qui, pour être mis en mouvement, n'a besoin que d'une force supérieure à celle qui produit les mouvements du pendule simple.

En 1808, **Gerboin**, professeur à l'école de médecine de Strasbourg, fit imprimer les *Recherches expérimentales sur un nouveau mode de l'action électrique*, gros volume in-8° de 356 pages, où il décrit 253 expériences qu'il a faites à l'aide d'un pendule formé d'une boule creuse fixée au bout inférieur d'un fil de lin, dont le bout supérieur est simplement tenu entre le

oscillations elliptiques qui se forment en cercle et deviennent de plus en plus régulières.

« Sur le pôle nord de l'aimant, le mouvement se fait de gauche à droite; sur le pôle sud, il se fait de droite à gauche ; — sur le cuivre ou sur l'argent, comme sur le pôle sud; sur le zinc et sur l'eau, comme sur le pôle nord.

« Il faut avoir soin de procéder toujours de la même manière, c'est-à-dire d'approcher toujours le pendule de l'objet, soit de haut en bas, soit de côté; car, en changeant de manière, on change aussi le résultat; le mouvement qui s'était fait de gauche à droite se fait de droite à gauche, et *vice versa*. Il n'est pas indifférent non plus que l'opération se fasse de la main droite ou de la main gauche ; car chez quelques individus il y a une telle différence entre le côté droit et le côté gauche, qu'elle forme la diversité la plus prononcée du pôle.

« Toute supposition d'erreur dans ces épreuves est facile à détruire, par cela seul que le pendule s'ébranle sans aucun mouvement mécanique; la regularité des mouvements finira par vous en convaincre entièrement. Vous pouvez multiplier les expériences à l'infini.

« Vous pouvez même donner au pendule une impulsion mécanique opposée à son mouvement ; il ne manquera pas de reprendre la première direction, lorsque la force mécanique aura cessé d'agir.

« Si l'on tient le pendule sur une orange, sur une pomme, etc., du côté de la queue, le mouvement se fait comme sur le pôle sud de l'aimant ; si l'on tourne le fruit du côté opposé, le mouvement change aussi ; la même différence de polarité se montre aux deux bouts d'un œuf frais.

« Elle se montre d'une manière encore plus frappante dans les différentes parties du corps humain. — Sur la tête, le pendule suit le même mouvement que sur le zinc ; sur la plante des pieds, le même que sur le cuivre ; sur le front, sur les yeux et sur le menton, pôle nord ; sur le nez et sur la bouche, pôle sud.

« On peut faire des expériences analogues sur toutes les parties du corps. Les surfaces intérieure et extérieure de la main agissent en sens inverse. Le pendule se met en mouvement sur chaque pointe de doigt. Mais le quatrième (ou l'auriculaire) provoque un mouvement en sens inverse des autres doigts; il a également la faculté d'arrêter le pendule ou de lui donner une autre direction, si on le pose seul sur le bord de la table sur laquelle on fait les expériences. »

pouce et l'index (fig. 1); c'est un ouvrage à consulter quand on reprendra l'étude de ces faits, mais qu'il est difficile d'analyser à cause de la complexité des conclusions.

En 1812, Deleuze fit connaître les recherches de Fortis, d'Amoretti et de Ritter à Chevreul, qui en parla à Œrstedt, alors à Paris. Tous deux constatèrent bien les mouvements du pendule ; mais, malgré l'estime qu'ils professaient pour les opinions de Ritter, ils réservèrent la leur sur la cause du mouvement. Quelques années plus tard (en 1833), **Chevreul**, qui avait continué à expérimenter le phénomène, publia, dans la *Revue des Deux Mondes*, sous la forme d'une lettre à Ampère, les conclusions auxquelles il s'était arrêté et qu'il formulait ainsi :

Fig. 1.

« *Penser* qu'un pendule tenu à la main peut se mouvoir, et qu'il se meuve sans qu'on ait la conscience que l'organe musculaire lui imprime aucune impulsion : voilà un premier fait.

« *Voir* ce pendule osciller, et que ces oscillations deviennent plus étendues par l'*influence de la vue* sur l'organe musculaire et toujours sans qu'on en ait conscience : voilà un second fait. »

Chevreul explique ces deux faits en supposant que la *pensée* seule de la possibilité d'un mouvement provoque des mouvements musculaires inconscients propres à le produire, et que la *vue* d'un mouvement provoque, par imitation, des mouvements de même nature.

A l'appui de cette dernière proposition, il faisait remarquer que :

1° Lorsque l'attention est entièrement fixée sur un oiseau qui vole, sur une pierre qui fend l'air, sur l'eau qui coule, le corps du spectateur se dirige d'une manière plus ou moins prononcée vers la ligne du mouvement;

2° Lorsqu'un joueur de boule ou de billard suit de l'œil le mobile auquel il a imprimé le mouvement, il porte son corps dans la direction qu'il désire voir suivre à ce mobile, comme s'il lui était possible encore de le diriger vers le but qu'il a voulu lui faire atteindre.

La même explication s'appliquait aussi bien à la baguette et aux tables tournantes; Chevreul l'a développée dans un ouvrage in-8° de 258 pages publié en 1854 sous ce titre : *De la baguette divinatoire, du pendule dit explorateur et des tables tournantes.* Comme je l'ai déjà fait observer dans le § III du chapitre Ier, elle tombe d'elle-même devant le fait de la production des mouvements sans contact, ou du moins elle ne peut plus être invoquée comme explication générale.

Mais, à une époque où ces mouvements sans contact paraissaient si absurdes qu'ils n'étaient même pas discutés, tous les efforts de ceux qui attribuaient les mouvements du pendule à une action exercée sur la matière du pendule par un agent fluidique spécial émis par l'opérateur, devaient tendre seulement à disposer les conditions de l'expérience de manière à annuler l'effet des mouvements inconscients au contact du pendule.

C'est ce que fit le premier **F. de Briche**, secrétaire général de la préfecture du Loiret, au moyen d'un appareil très simple qui lui donnait un point de suspension fixe.

Cet appareil (fig. 2) consistait en une petite escabelle de bois de chêne (A) d'environ 30 centimètres de hauteur, formée d'une traverse de 20 à 25 millimètres d'épaisseur et de 13 à 14 centimètres de largeur sur 36 centimètres de longueur, fixée sur une table solide (B) afin de lui donner toute la stabilité nécessaire et servir de point d'appui à la main de l'opérateur. A l'extrémité d'un fil délié de soie, de chanvre, de lin, de coton ou de laine de 21 à 22 centimètres de longueur

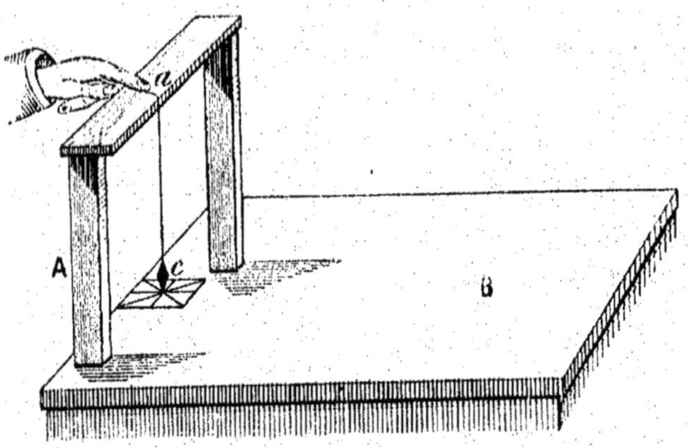

Fig. 2.

il attachait un anneau, une petite balle ou un petit cylindre de métal (or, argent, cuivre ou plomb) (*c*) ; il fixait ce fil sur le support en *a* avec une petite pelote de cire qui rendait le fil adhérent au bois ; dans cette position le pendule présenté à une substance quelconque prenait *spontanément*, par le contact de la main sur le fil, des mouvements rotatoires ou d'oscillation ; lorsqu'on le présentait à un autre objet devant produire un autre mouvement, il n'était pas nécessaire d'arrêter le premier mouvement, et, en continuant à tenir les doigts appliqués sur le fil, ce premier mouvement se modifiait lui-même insensiblement pour passer à celui (quelquefois tout à fait contraire) que devait produire la nouvelle substance explorée.

Enfin M. de Briche reconnut que le pendule, sous le simple

contact du doigt et sans aucune impulsion sensible communiquée par la main de celui qui opère, prend toutes les oscillations que lui commande la volonté de l'opérateur [1].

D'autres expériences analogues étaient entreprises vers 1851 en Angleterre par M. RUTTER de Brighton [2].

C'est dans une conférence faite à la *Brighton literary et scientific Institution* sur certaines questions de physiologie humaine, que Rutter produisit publiquement, pour appuyer

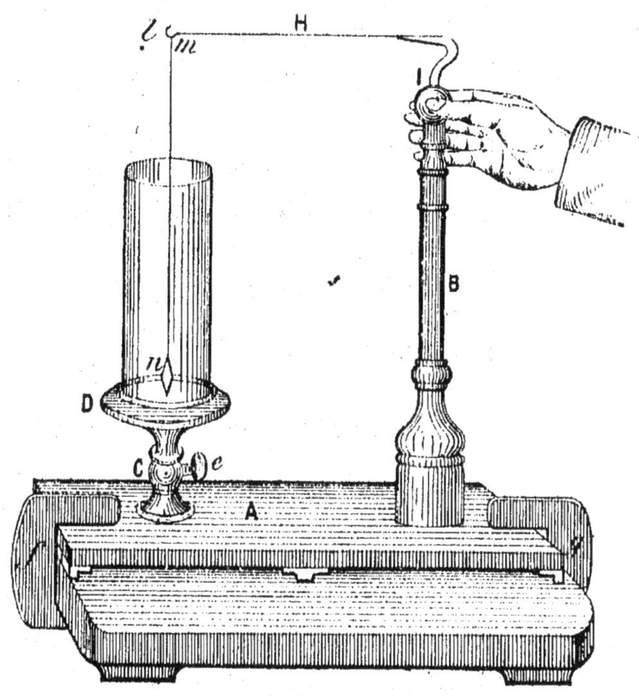

Fig. 3.

ses démonstrations, un appareil de son invention, qu'il appela *le Magnétoscope* (fig. 3).

Cet instrument se composait d'une tablette (A), d'une

1. J. DE BRIGHE, *Le pendule ou indication et examen d'un phénomène physiologique dépendant de la volonté.* Paris, Bachelier (1838).

2. *Recherches sur les courants et les propriétés magnétoïdes des corps*, par J. O. N. RUTTER de Black Rock. Brighton, 1851.

colonne (B), d'un support (C) et d'un disque (D) en acajou verni et bien sec. Le disque (D) était supporté par un pivot fait au tour qui s'emmanchait dans l'intérieur du support (C) et s'assujettissait au moyen d'une vis (E). On donnait de la stabilité à l'appareil en le maintenant par des emboîtures (*f* et *g*) sur une table parfaitement horizontale et placée dans une salle où l'on n'avait pas à craindre les vibrations du plancher. (H) est une tige de cuivre qui traverse la boule de cuivre (I) et s'emboîte dans une cavité pratiquée au centre de la colonne (B). La tige va en s'amincissant vers son extrémité (*l*) fendue en forme de pince qu'on peut fermer ou ouvrir à volonté au moyen d'un anneau coulant (*m*).

En guise de plomb, le Magnétoscope était armé d'un morceau de cire à cacheter chauffée au-dessus de la flamme d'une lampe à esprit de-vin et façonnée à la main en forme d'olive un peu pointue. Cette olive était suspendue aux pointes de la pince (*l*) au moyen d'un brin de soie extrêmement fin.

Sur le disque (D) était placé un rond de verre à vitre d'environ 4 pouces 1/2 de diamètre, dont le centre se trouvait immédiatement au-dessous et à une distance d'un pouce (anglais) environ de l'olive (*n*). Sous ce disque de verre était placé le diagramme de la rose des vents.

Pour protéger le pendule contre les courants d'air de la salle et contre la respiration des assistants et de l'opérateur, le pendule était entouré d'un cylindre en verre de dix à douze pouces de haut.

Les conditions à observer pour se servir de l'instrument étaient les suivantes : se tenir à côté de l'appareil, prendre entre le pouce et l'index de la main droite la boule de cuivre (I) qui surmonte la colonne, sans trop serrer les doigts, replier contre la paume de la main les doigts non employés, et fixer les yeux sur le pendule (*v*).

Comme on le voit, Rutter voulait éviter les objections qu'on faisait au pendule simple tenu à la main et il prétendait, en isolant ainsi le pendule, démontrer expérimentalement l'existence de courants ou rayonnements magnétiques émanant non seulement de l'organisme humain, mais encore de tous les corps de la nature.

Malgré les précautions qu'il avait prises dans la construction de son appareil de démonstration, ses théories et ses procédés expérimentaux furent violemment attaqués; de nombreuses polémiques, dont on retrouve la trace dans un journal scientifique de l'époque, *l'Homœopatic Times*, reproduisirent à peu de chose près les mêmes objections que celles qui avaient déjà été faites par Chevreul, en s'appuyant sur l'imperfection de certains détails de construction [1].

C'est alors que M. le Dr **Léger**, médecin français habitant Londres, partisan des théories de Rutter, chercha à rendre toute contestation impossible en construisant un nouvel appareil qui lui parut devoir écarter tout soupçon de poussée musculaire volontaire ou inconsciente.

Il plaça (fig. 4) le pendule sous une cloche de verre (A) surmontée d'une armature en cuivre terminée par une boule (B); puis, s'inspirant d'une des expériences de Rutter prouvant que les substances animales mortes, telles que l'os, l'ivoire et la baleine, n'ont aucune influence active sur le pendule, il eut l'idée de faire partir de la boule de cuivre (B) deux tiges de même longueur placées dans des directions

1. On trouvera les critiques des expériences de Rutter dans la quatrième conférence de Reichenbach.

opposées, l'une en cuivre comme l'armature et l'autre en *os*, *ivoire*, *baleine*, ou *porc-épic ;* chacune de ces tiges soutenant un fil de cocon de même longueur et une olive de cire de même forme et de même poids.

L'instrument comportait ainsi trois pendules : l'un,

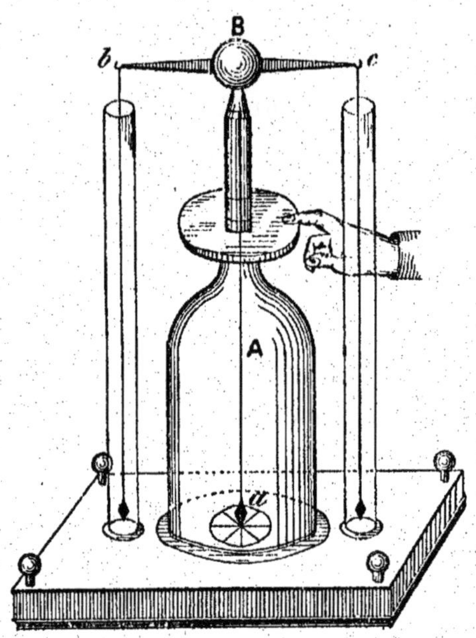

Fig. 4.

central (*a*) placé sous la cloche et *directement* actionné ; l'autre au bout de la tige de cuivre (*b*) et qui, *indirectement* actionné, prenait le nom de *répétiteur* (puisqu'il recevait la même action que le pendule central) ; enfin le troisième au bout de la tige de matière organique (*c*), qui, en raison des propriétés spéciales de la substance de son support, ne transmettait pas le courant et, restant alors dans l'inertie la plus complète, prenait le nom de *témoin*.

Il était évident que, dans un appareil ainsi construit, la

moindre impulsion mécanique, la plus légère poussée musculaire, consciente ou inconsciente, devait, si elle venait à se produire, ébranler les trois pendules; tous trois, par la nature même de leur mode de suspension qui était identique et d'une mobilité extrême, devaient répondre en même temps à la même action mécanique; et il est facile de comprendre que l'immobilité absolue du pendule *témoin*, pendant la mise en action des deux autres (pendule *central* et pendule *répétiteur*) devait être le signe probant de la réalité du phénomène, c'est-à-dire du passage d'un courant émis d'une source quelconque et venant sensibiliser l'appareil de démonstration.

Tel était dans son ensemble l'appareil avec lequel M. le Dr Léger répéta toutes les expériences de Rutter et put, en les variant à l'infini, démontrer à son tour non seulement que chaque corps de la nature, minéral, végétal ou animal, est doué de propriétés rayonnantes spéciales, mais que la volonté de l'homme est une force effective susceptible d'influencer par rayonnement la matière inerte.

Des expériences publiées par M. le Dr Léger, à Londres, il résulte, en effet, que par la seule influence d'une volonté ferme et soutenue, et sans l'aide d'aucune force mécanique (puisqu'un simple et léger contact du doigt sur l'armature de cuivre de la cloche suffit), le pendule se met en mouvement dans la direction voulue sur toutes les lignes du diagramme, c'est-à-dire qu'il décrit à volonté des rotations normales ou inverses et qu'il prend des oscillations (N.S) (E.O) (N.E-S.O) (N.O-S.E), etc.

Il ne faudrait cependant pas conclure de ce fait que la volonté est, dans tous les cas, la cause unique des mouvements du pendule et, par conséquent, que l'instrument ne peut donner aucune autre indication que celle de la volonté de l'opérateur; toutes les substances avec lesquelles l'opérateur se met en rapport en les touchant de la main gauche, viennent modifier d'une façon spécifique les mouvements de rotation ou d'oscillation du pendule; et ce n'est point là une illusion, car il n'est pas nécessaire que l'opérateur sache d'avance sur quelle substance va se faire l'expérience, pour que le phénomène ait lieu, toute substance mise en expérimentation pouvant être tenue renfermée dans une boîte en carton ou un tube en verre.

Cette façon d'expérimenter, sans connaître d'avance le nom de la substance et par suite le résultat qu'elle doit donner, est la garantie la plus sûre de la sincérité de l'opération, et en même temps donne la plus parfaite assurance de la neutralité de l'opérateur.

Ce qu'il faut savoir, c'est que l'opérateur peut à loisir substituer l'action de sa volonté à celle qui résulte du rayonnement spécial du corps mis en expérience, ou, réduisant sa puissance volitive personnelle à un état de neutralité passive, laisser le champ libre à la manifestation de ce rayonnement.

« Ce sont là, dit M. le Dr Léger[1], des nuances fort délicates dont n'ont pas tenu compte tous les expérimentateurs, et c'est à l'ignorance de cette condition indispensable au maniement d'un appareil de démonstration aussi délicat qu'est due la véritable cause des irrégularités ou des variations relevées dans les comptes rendus des expériences, varia-

1. *Essai philosophique sur les caractères magnétoïdes des principes élémentaires et leur relation avec l'organisme de l'homme*, par TH. LÉGER; in-8°, Londres, 1852.

tions qui ont pu faire douter de l'authenticité du phénomène. »

Aussi, malgré les nombreuses expériences faites par le Dr Léger avec un appareil dont la précision comme construction laissait peu de marge aux objections, l'idée fit-elle peu de progrès. Elle ne fut cependant pas abandonnée, et c'est là la meilleure preuve de sa valeur ; pas un seul instant elle ne cessa d'être l'objet des recherches persévérantes d'esprits indépendants et curieux.

C'est d'abord le chimiste Louis **Lucas** qui, vers 1854, s'efforce de fixer les rapports qui lient les êtres vivants aux forces libres ambiantes; il se sert alternativement d'aiguilles non aimantées en tôle de fer et d'un galvanomètre de construction spéciale qu'il appelle *biomètre* ou *balance de vie* [1] ; il tire de ses expériences les mêmes conclusions que les expérimentateurs du pendule, conclusions qu'on peut résumer ainsi :

1° Chaque corps est doué d'une puissance rayonnante spéciale.

2° Ce rayonnement est fidèlement traduit et rythmé par l'aiguille du biomètre, non seulement au contact, mais aussi à distance.

3° L'influence de la volonté dans le phénomène de transmission est considérable.

4° Les êtres vivants se différencient entre eux par le degré d'intensité de l'influence que chacun d'eux exerce sur l'instrument.

5° L'action des corps morts est nulle

1. Louis Lucas, *La médecine nouvelle basée sur des principes de physique et de chimie transcendantales.* Paris, 1862.

6° Les végétaux et les minéraux, comme les corps organiques vivants, ont des influences rayonnantes mais moindres.

7° Ces influences rayonnantes sont polarisées.

8° Le caractère de ce mouvement rayonnant est d'être continu et en rapport constant avec l'intensité du foyer d'action; ce qui permet d'établir une hiérarchie progressive dans l'émission radiante de tous les corps de la nature, minéraux, végétaux et animaux.

En 1855, M. **Durand de Gros** (Dr Philips) constate [1], dans tous les corps l'existence d'une force qui, suivant la nature de ces corps, est susceptible de déterminer, *à distance* et *malgré l'interposition de matières denses et compactes*, des effets spéciaux sur l'économie vivante, effets dont le caractère et l'intensité peuvent être exactement déterminés à l'aide de procédés mécaniques. Il appelle cette force *radiante*, dont les propriétés varient en raison de la qualité ou de l'*arrangement* moléculaire, ÉLECTRICITÉ PÉOTÉTIQUE, par opposition avec l'ÉLECTRICITÉ POSOTÉTIQUE dont, selon lui, les propriétés varient aussi en raison de l'arrangement moléculaire, mais surtout en *raison des masses*.

Il renouvelle toutes les expériences faites par ses prédécesseurs sur le pendule, en se servant de l'appareil du Dr Léger, dont il avait fait la connaissance à Londres; la longue série de résultats concordants obtenus par le Dr Durand de Gros le porte à prendre les conclusions suivantes :

1° Il existe un nouveau principe de physique qui se dégage

1. PHILIPS, *Electro-dynamisme vital ou les relations physiologiques de l'esprit et de la matière*. Paris, 1855.

incontestablement de l'ensemble des résultats particuliers obtenus à peu près simultanément en France, en Autriche[1] et en Angleterre, par des voies d'expérimentation diverses et par des hommes dont les recherches tendaient vers un même but sans qu'il y eût, dans leur tendance commune, aucun concert prémédité;

2° L'influence exercée par une substance sur le pendule est toujours la même, en nature et en amplitude, quel que soit le volume employé de cette substance; ainsi l'expérience prouve que de simples globules homœopathiques à des dynamisations élevées (la 30ᵉ par exemple) produisent sur le pendule un effet identique à celui de la substance ellemême employée en masse et dont ces globules portent le nom.

3° Dans les expériences, il importe peu pour le résultat final que la substance expérimentée soit à nu dans la main ou qu'elle soit placée dans une boîte de carton ou un tube de verre, le contenant fût-il hermétiquement clos Ce qui indique qu'un certain état d'isolement entre le corps de l'expérimentateur et la substance en expérimentation ne diminue pas sensiblement l'effet obtenu par le contact direct.

Vingt ans plus tard, M. le comte **de Puyfontaine** démontrait, à l'aide d'un appareil d'une sensibilité extrême, la possibilité pour la plupart des hommes de produire à distance des mouvements sous l'influence de la volonté.

Voici comment l'*Encyclopédie populaire* de Pierre Conil, publiée à Paris en 1880, rend compte des expériences de M. de Puyfontaine, au mot *Magnétisme*.

Il y a, dans l'acte magnétique, émission d'un fluide possédant des

1. Reichenbach venait de publier une partie de ses expériences.

qualités spéciales dues au milieu qui lui donne naissance et présentant, dans son essence interne, une analogie marquée avec les fluides électrique et électro-magnétique.

L'homme dont la volonté met en jeu le mécanisme de cette action est assimilable à une pile, et, comme elle, il produit des courants partant de lui pour revenir à lui après avoir traversé des conducteurs matériels et des êtres animés.

Cette *vérité physique* a été démontrée dès 1876, par des expériences qui ont eu lieu devant témoins et qui ne sauraient laisser subsister de doute sur l'exactitude d'un fait jusqu'alors contesté.

M. le comte de Puyfontaine a fait construire par Rhumkorff un galvanomètre à fil d'argent dont la sensibilité a été poussée jusqu'au degré extrême du possible actuel. Ce fil d'argent a une longueur de 80 kilomètres. Cet appareil, mis en communication avec la moindre source électrique, fournit toutes les indications connues lorsqu'on introduit dans le circuit un régulateur, un interrupteur, un commutateur. On supprime ensuite la source électrique, ainsi que les instruments accessoires, et l'on prend en main les électrodes.

Le *repos*, les *déplacements* de l'aiguille *à droite* ou *à gauche*, ou son *arrêt sur un degré désigné*, révèlent l'*absence* ou le *passage du fluide humain*, son *renforcement* ou son *affaiblissement* au gré de la personne substituée à la source électrique.

On peut également placer les électrodes dans des récipients isolants ou isolés pleins d'eau pure, et obtenir les mêmes indications en opérant avec les doigts plongés dans l'eau en face des électrodes.

Il résulte de ces expériences que l'homme possède en soi une source fluidique dont il dispose; les courants qu'il en tire peuvent être projetés hors de lui, et c'est dans sa volonté que se trouvent l'excitateur, le commutateur, le régulateur et l'interrupteur de cette faculté, qui tient à la vie elle-même et dont le principe réside dans des causes d'ordre supérieur.

En 1881, le Dr **Baréty**, de Nice, communique à la Société de Biologie un mémoire ayant pour titre : *Des propriétés physiques d'une force particulière du corps humain, force neurique rayonnante, connue vulgairement sous le nom de magnétisme animal.* Plus tard, en 1889, il publie un ouvrage volumineux sur le Magnétisme animal [1], où il cherche à mettre

1. Baréty, *Le magnétisme animal étudié sous le nom de force neurique rayonnante et circulante dans ses propriétés physiques, physiologiques et thérapeutiques.* Paris, 1887.

d'accord les *braidistes* et les *mesméristes* en représentant la force neurique comme une force essentiellement physique, analogue à celles déjà connues, le son, la chaleur, la lumière et l'électricité.

« Dans l'œuvre de revision du magnétisme qui se poursuit depuis tant d'années, nous sommes restés, dit-il, dans la période analytique; mais nous ne sommes peut-être pas éloignés du jour où tous les phénomènes, groupés dans un même faisceau par un grand travail de synthèse, apparaîtront aux yeux de tous dans leur éclatante et indestructible simplicité. »

M. le Dr Baréty cite, en les approuvant, les expériences faites par un de ses confrères, M. le Dr **Planat**, pour donner une preuve visible de l'action rayonnante de la force neurique sur les objets inanimés.

L'appareil du Dr Planat consiste en une aiguille d'acier, d'une ténuité extrême et de 3 à 4 centimètres de longueur, sur laquelle s'enroule un fil de laiton très fin dont les bouts se prolongent de 5 centimètres au delà de l'aiguille et se terminent par deux ailerons de clinquant. Ce petit système est ensuite emprisonné par sa partie médiane dans une chape de papier gommé de 1 à 2 centimètres de largeur, dont la portion libre, taillée en angle aigu, est munie sur ce point d'un fil de cocon servant à suspendre l'appareil sous un globe de verre recouvant un demi-cercle gradué à 90° à droite et à gauche avec la ligne médiane pour zéro.

Ainsi à l'abri de tout courant d'air et de l'action instantanée du calorique, l'aiguille libre conduit (quoique non aimantée), avec une extrême lenteur, tout l'équipage sur le méridien magnétique du lieu; subissant faiblement l'action coercitive du globe, elle offre cet avantage de jouer le rôle de ressort vis-à-vis des actions spontanées ou provoquées auxquelles elle peut être soumise. Ces actions, en tant que relatives aux courants électro-magnétiques des corps, ne s'exercent sensiblement au travers du verre de la cloche que pour les animaux, tandis que, s'il s'agit de métaux, de bois, de cristaux, etc., on n'obtient d'effet qu'en présentant ceux-ci directement aux ailerons de l'aiguille.

Ces influences se traduisent par de la répulsion ou de l'attraction. En présentant un ou plusieurs doigts très près du globe en face d'un aileron et en suivant très lentement le pourtour de l'écran de verre, on peut faire accomplir à l'aiguille un angle de 90°. La *production* de cette force n'est pas exclusive au système nerveux, puisqu'elle est observable dans les minéraux eux-mêmes, et l'appareil du Dr Planat semble propre à mesurer le degré de tension de son émission radiante.

M. le Dr **Baraduc** a également tenté d'établir une mensuration exacte de cette tension; il s'est servi pour cela du *Magnétomètre* de l'abbé Fortin, dont la construction compliquée, ne donne peut-être pas à l'expérimentateur la même certitude sur la véritable cause du phénomène, mais cependant permet de constater l'action des courants.

C'est ainsi que M. le Dr Baraduc est arrivé à conclure que le corps humain est influencé par le milieu qui l'entoure et exerce sur les corps environnants une action proportionnée au degré de sa propre énergie [1]. Il tend donc constamment à

1. Baraduc, *La force vitale, notre corps vital fluidique, sa formule biométrique.* Paris, 1893.

se mettre en rapport harmonique avec l'état vibratoire ambiant ; de là les influences réciproques échangées d'une façon permanente entre l'organisme et tous les corps de la nature, et la possibilité, avec un appareil suffisamment sensible, de constater les variations de ces émissions radiantes ; c'est à ce point de vue que l'appareil de l'abbé Fortin constitue, selon M. le Dr Baraduc, un procédé de biométrie susceptible de donner une mensuration suffisante de la tension vitale chez une personne bien portante ou malade. Il a constaté que la formule biométrique ainsi obtenue était en rapport avec l'énergie de la pulsation artérielle et de la force musculaire donnée par le dynamomètre.

M. Thore, de Dax, a publié en 1887 dans le *Bulletin de la Société scientifique de Borda* des expériences faites par lui sur « l'émission radiante d'une nouvelle force », au moyen d'un nouvel appareil. (Fig. 5.)

Cet appareil se compose d'un cylindre en ivoire de 24 millimètres de longueur et de 5 millimètres environ de diamètre, suspendu par un fil de soie d'un seul brin, de telle sorte que son axe soit bien dans le prolongement du fil de suspension ; ce dernier est fixé à un support pliant, ce qui permet d'abaisser ou de soulever le cylindre sans lui imprimer de secousses brusques ; en un mot, c'est un petit pendule que l'on pose à l'air libre au centre d'une table bien calée, placée elle-même au milieu d'un appartement ayant toutes les ouvertures closes, pour éviter autant que possible les mouvements de l'atmosphère.

Aussitôt la stabilité du premier cylindre (*a*) obtenue, si l'on en approche doucement un second (*b*) également en ivoire et disposé bien verticalement, on voit se produire dans le premier cylindre un mouvement accéléré de rotation qui semble n'avoir d'autre limite que l'effort contraire développé par la torsion du fil. Cette rotation s'effectue toujours *dans le même sens que celle des aiguilles d'une montre* lorsque le second *cylindre* est placé à gauche du premier par rapport à l'observateur faisant face à l'appareil; et *en sens contraire*, lorsque le second cylindre est placé à droite.

La nature de la substance des deux cylindres est

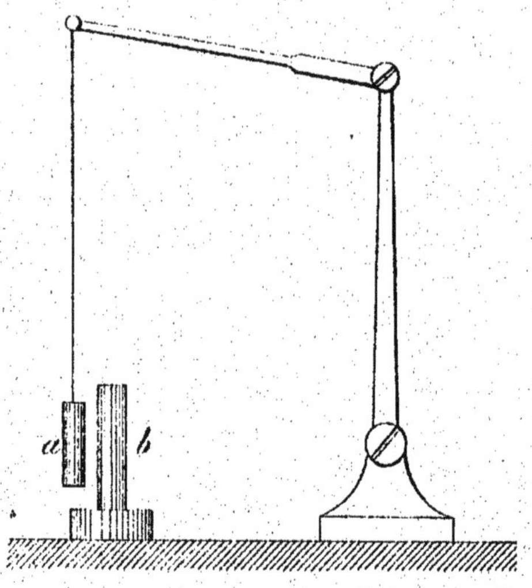

Fig. 5.

sans effet sur la production du mouvement, de même que leur masse; le sens de la rotation est intimement lié à la position de l'observateur par rapport à l'appareil, ce qui semblerait indiquer que l'origine de cette force est dans l'observateur lui-même; l'auteur en conclut qu'il est inutile de chercher la cause de ces singuliers mouvements dans les forces physiques connues, qu'elle doit être une propriété inhérente à l'organisme humain et peut-être, d'une manière générale, une propriété de la matière vivante.

Il y a quelques années, j'eus l'occasion de connaître en Touraine un vénérable prêtre, M. l'abbé **Guinebault**, dont la sensibilité nerveuse est telle qu'il a dû renoncer au service paroissial. Les orages l'affectent d'une façon terrible [1]; il jouit de la propriété de trouver les courants d'eau avec une baguette fourchue en fer en indiquant exactement leur profondeur; de plus il peut indiquer, les yeux bandés, la direction du pôle magnétique [2]. Un capitaine de vaisseau lui ayant dit que les Chinois se servaient d'un pendule pour trouver les sources, il fit lui-même des expériences dont il a bien voulu m'écrire les résultats. Les voici :

A. — *Mouvement du pendule sous l'action des cours d'eau souterrains.*

Si je tiens à la main droite un anneau de fer, de cuivre ou d'or suspendu par un fil de chanvre ou de lin, et que je tourne la face dans le sens d'un courant d'eau souterrain, c'est-à-dire en regardant vers l'aval, mon pendule se met presque aussitôt à osciller en ligne droite *dans le sens* du courant et les oscillations ne tardent pas à atteindre de 0 m. 70 à 0 m. 80 d'amplitude si le fil est assez long; puis, au bout de trois ou quatre minutes au plus, le pendule se met à décrire des ellipses allongées, ensuite des cercles concentriques, et il finit par osciller dans un plan *perpendiculaire* au courant.

Mais ce mouvement n'est pas définitif, car le pendule repasse ensuite par le mouvement elliptique et par le mouvement circulaire pour revenir au mouvement plan dans *le sens* du courant. Et ainsi de suite indéfiniment, sans jamais varier.

Deux jeunes professeurs du petit Séminaire de Tours, d'abord incrédules, ont fini par éprouver eux-mêmes ces effets.

1. En février 1893 il fut extrêmement secoué à l'époque de la grande perturbation qui renversa les pôles des instruments magnétiques du monde entier et dont il n'eut connaissance que par son propre état.

2. J'ai possédé moi-même cette propriété dans mon enfance, et je me rappelle que quand je portais mon attention sur mes sensations, je ne me sentais tranquille que lorsque j'avais la face tournée vers le nord.

Chose bizarre, chaque fois que je lève le pied droit, ne laissant que le gauche en contact avec la terre, il ne se produit aucune espèce de mouvement, quelle que soit la durée de l'épreuve. Pareillement, si je porte un gant de soie à la main droite, ou si, simplement, on m'applique un foulard de soie sur le côté droit du cou, tout mouvement s'arrête subitement. Enfin, si je tiens le pendule de la main gauche, jamais il ne se manifeste de phénomène.

Si, au lieu de me placer d'abord dans le sens du courant, je tourne la face du côté opposé, c'est-à-dire en regardant vers l'amont, le pendule se met également de suite en marche ; mais, au lieu de se balancer dans le sens du courant, il oscille d'abord perpendiculairement et passe, de même que dans le cas précédent, par des mouvements elliptiques et circulaires pour arriver à osciller dans le plan du sens du courant, et ainsi de suite indéfiniment.

On voit que le mouvement du pendule, en admettant qu'il soit *déterminé* par la présence du cours d'eau, est dirigé par la position du corps.

B. — *Mouvement du pendule sous l'influence du magnétisme terrestre.*

Quand, tenant en main le pendule, je me tourne la face du côté du nord, le pendule se met en mouvement dans le plan du méridien magnétique, en se dirigeant d'abord vers le nord ; puis, après quelques oscillations dans ce plan, il incline un peu à gauche et décrit successivement des ellipses et des cercles ; il finit par se mouvoir dans un plan perpendiculaire au méridien magnétique.

Si, au lieu de tourner la face vers le nord, je la tourne vers le sud, le pendule, au lieu de d'osciller d'abord dans le plan du méridien, se met de suite en mouvement dans un plan perpendiculaire.

L'action du courant magnétique est beaucoup plus faible que celle des courants d'eau.

C. — *Action de la volonté.*

Quand le pendule est bien lancé dans la direction du méridien magnétique par exemple, si je lui commande par une volonté intérieure très ferme de s'arrêter, il s'arrête presque instantanément et demeure immobile tant que ma volonté prohibitive se maintient.

Bien plus, si une personne étrangère me prend la main et veut mentalement que le pendule se dirige dans une direction qu'il ne m'indique pas, aussitôt le pendule s'arrête et prend peu à peu la direction indiquée mentalement.

Je dois ajouter que sous certaines influences, probablement atmosphériques, je perds parfois toute influence sur le pendule et je reste plusieurs jours sans pouvoir le mettre en mouvement par le procédé employé habituellement, malgré une volonté énergique et la persistance de l'essai.

Je terminerai ce chapitre par l'exposé encore inédit des recherches de M. A. Bué, à qui je dois une grande partie des renseignements précédents et qui, comme Reichenbach, a étudié la question avec une persévérance et une méthode tout à fait exceptionnelles.

Prenant en sérieuse considération les objections faites contre les premiers procédés d'expérimentation, qui laissaient, en effet, un trop large champ à la critique, M. Bué s'appliqua à entourer ses expériences de toutes les garanties suffisantes; dans ce but, variant autant que possible ses moyens de contrôle, il étudia en même temps sur les corps vivants organisés et sur les corps inorganiques non seulement le mode de transmission de cette force mystérieuse si diversement appréciée, mais aussi ses transformations et son influence.

Vers la fin du mois de mai 1886, M. Bué adressa en communication à M. Chevreul le résultat de ses recherches sur les propriétés magnétoïdes des corps et sur l'influence radiante des courants nerveux. M. Chevreul transmit, au mois d'août de la même année, cette communication à l'Académie des sciences.

L'objection faite contre la sensibilisation du pendule par le courant émanant du réseau nerveux de l'opérateur, fut à peu près la même que celle qui avait déjà été formulée, cinquante ans auparavant, dans la *Revue des Deux Mondes*.

Les muscles, disait-on, étant les organes auxiliaires de la volonté, obéissent à ses ordres avec une précision et une promptitude telles que les mouvements qui en résultent sont souvent spontanés et involontaires.

L'attention et *l'anticipation* ont une influence si puissante sur le système nerveux tout entier, que certains phénomènes *subjectifs* se présentent parfois de manière à simuler, à s'y tromper, les effets produits par des causes extérieures ou *objectives;* ainsi l'oreille tendue et anxieuse perçoit des sons dans le silence le plus profond, l'œil attentif qui guette fiévreusement voit des objets imaginaires; l'attention seule portée sur une partie indéterminée du corps y produit des sensations particulières; enfin un mouvement anticipé peut parfaitement, pour la même raison, être *inconsciemment* préparé par les muscles chargés de la production de ce mouvement. De là à conclure que le mouvement imprimé au pendule tenu entre les deux doigts de l'expérimentateur n'était que le résultat d'une impulsion musculaire inconsciente, amené par la puissance de concentration de l'attention anticipée de l'opérateur, il n'y avait qu'un pas, et c'est sur ce point que la critique s'appuyait pour nier l'existence de courants émanant des corps et s'irradiant autour d'eux dans la production du phénomène.

M. Bué qui, par une longue pratique dans l'étude du magnétisme humain, avait constaté maintes fois l'échange de ces courants [1] non seulement entre deux organismes en contact, mais encore entre des organismes placés à des distances plus ou moins considérables l'un de l'autre, avait toutes raisons de croire à la généralisation du phénomène. Il résolut, en conséquence, d'asseoir ses convictions sur des expériences probantes faites dans des conditions sévères d'expérimentation sur les différents corps de la nature, et c'est dans cette inten-

1. M. Bué, *Magnétisme curatif* (Manuel technique). Paris, 1893.

tion, en 1886, qu'il reconstitua, au moyen de documents puisés à la Bibliothèque Royale de Londres, l'appareil du Dr Léger dont les dispositions spéciales, ainsi qu'on l'a vu plus haut, présentent, à cause du pendule *témoin*, des garanties suffisantes pour qu'on ne puisse plus faire intervenir dans la critique *l'anticipation* ou *la tendance au mouvement*.

M. Bué renouvela avec cet appareil toutes les expériences faites avant lui ; il en imagina même de nouvelles, et, pour donner à la démonstration du phénomène une consécration plus sûre, il convint de mener de front les expériences faites au moyen du pendule avec celles entreprises dans le même temps sur des sujets sensitifs par MM. Dècle et Chazarain, qui s'occupaient alors de recherches sur les lois de la polarité [1].

La concordance des résultats obtenus par ces deux modes d'investigation est extrêmement curieuse à noter. MM. Dècle et Chazarain essayèrent successivement sur leurs sujets sensitifs l'influence des courants polarisés de l'organisme humain, des aimants, des couleurs, de l'électricité, des substances végétales et de tous les produits chimiques, sels, bases acides, alcalis, métaux et métalloïdes; M. Bué, sans avoir aucune indication des effets ainsi obtenus par MM. Dècle et Chazarain, répétait à son tour chaque expérience en la soumettant au contrôle de son appareil. Pour se rendre compte des points de comparaison au moyen desquels on peut se prononcer sur l'identité des phénomènes, il faut savoir que le pendule accomplit six mouvements absolument distincts, dont la trace est indiquée sur le diagramme du socle de l'appareil (fig. 6) :

1. C. Dècle, *Démonstration expérimentale des lois et phénomènes de la polarité du corps humain*. Paris, 1885. — A. de Rochas, *Les États superficiels de l'hypnose* (Paris, Chamuel), chap. I.

1° Par un cercle donnant deux rotations circulaires antagonistes : *a*) *Rotation normale*, mouvement circulaire de droite à gauche dans le sens du mouvement des aiguilles d'une montre ; *b*) *Rotation inverse*, mouvement circulaire de gauche à droite en sens inverse du mouvement des aiguilles ;

2° Par deux autres lignes se coupant à angle droit en opposition normale : *c*) Mouvement d'oscillation N.S ; *d*) Mouvement d'oscillation E.O ;

3° Par deux autres lignes se coupant également à angle droit en opposition normale : *e*) Mouvement d'oscillation N.E-S. O ; *f*) Mouvement d'oscillation N. O-S. E.

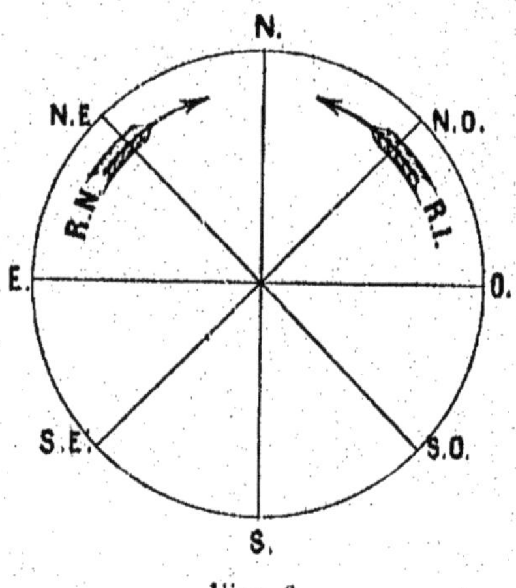

Fig. 6.

Les opérateurs admettaient comme résultats d'une polarité positive (+) les mouvements suivants : *Rotation normale* (R.N) ; oscillations N.S et N.E-S.O. Par ce fait les trois autres mouvements du pendule, *Rotation inverse* (R.I) et oscillations E O et N.O-S.E devenaient nécessairement négatifs (—), puisqu'ils sont en opposition contraire avec les premiers.

Ceci posé, voici le tableau sommaire des résultats obtenus

en même temps par MM. Decle et Chazarain sur leurs sujets sensitifs et par M. Bué sur le pendule.

Polarité humaine

Main *droite* : (R.N.), (+).
Main *gauche* : (R.I.), (—).
Côté *pouce*, dans les deux mains : (R. I.), (—).
Côté *petit doigt*, dans les deux mains : (R.N.), (+).

Polarité de l'aimant [1]

Pôle *Nord* : (R.N.), (+).
Pôle *Sud* : (R.I.), (—).

Polarité des végétaux

Plante, côté *racine* ou *terre* : (R.I.), (—).
Plante, côté *fleur* ou *feuille* : (R.N.), (+).
Fruit, côté *queue* : (R.I.), (—).
Fruit, côté *tête* : (R.N.), (+).

Tranches horizontales d'une tige, d'un légume ou d'un fruit :

Face *postérieure* (côté *terre*) : (R.I.), (—).
Face *antérieure* (côté *ciel*) : (R.N.), (+).

Les *fleurs*, réduites en *poudre*, donnent indistinctement : (R.N.), (+).
Les *racines*, réduites en *poudre*, donnent indistinctement : (R.I.), (—) [2].

1. M. Bué, pensant obtenir des effets plus marqués sur le pendule en employant un aimant plus puissant que celui dont il se servait d'habitude, constata avec étonnement qu'au lieu du résultat attendu, la transmission du courant troubla la sensibilité de l'appareil au point d'empêcher ce jour-là la continuation des expériences. Le pendule, immobilisé sans doute par une influence trop persistante, avait tout à coup perdu cette sensitivité remarquable qui jusque-là lui avait permis de traduire les impressions les plus délicates ; il ne recouvra cette sensitivité que le lendemain après un long repos de l'appareil.

2. Si l'on mêle en quantités égales la poudre de la *fleur* et la poudre de la *racine* d'une même plante, on obtient sur le pendule le mouvement que donnerait la *teinture mère* extraite de la plante tout entière, comme si la reconstitution de *l'individu* végétal avait été faite

Polarité des substances chimiques et des minéraux

a) Or, cuivre, soufre, magnésium, antimoine, lithium, arsenic, mercure, donnent : (R.N.), (+).

Argent et bismuth : (R.I.), (—).
Fer et manganèse : osc. N. S., (+).
Acier et platine : osc. E. O., (—).
Zinc, étain, brome et iode : osc. N. E-S. O, (+).
Nickel, aluminium, cobalt, plomb : osc. N.O-S.E, (—)[1].

b) Les *acides* donnent (+); les *alcalis* et *carbonates* donnent (—).

c) Plus une substance est composée d'éléments divers, moins elle détermine vite et nettement le mouvement du pendule; les carbonates sont bien plus longs à sensibiliser le pendule que leurs métaux et donnent des amplitudes moins grandes.

Influence de la forme. — M. Bué a constaté que la forme des corps exerce sur le mode de manifestation du phénomène une influence prépondérante, et que toute disposition « en défilé » modifie la nature du courant, de façon à substituer

par ce mélange. Le mouvement cesse alors d'être *polarisé* pour devenir *spécifique* à la substance. Exemple :

Arnica (teinture mère) | donne : osc. N.E-S.O, (+)
Belladone — | donne : osc. N.O-S.E, (—)

Arnica { poudre de *fleurs* donne : (R. N), (+)
poudre de *racines* donne : (R. I), (—)

Belladone { poudre de *fleurs* donne : (R. N), (+)
poudre de *racines* donne : (R. I), (—)

Arnica (poudre mélangée fleurs et racines) : osc. N.E-S.O, (+)
Belladone (poudre mélangée fleurs et racines) : osc. N.O-S.E, (—)

1. Ici à signaler une légère divergence entre les expériences faites sur les sensitifs de MM. Décle et Chazarain et celles faites sur le pendule de M. Bué : tandis que les premières déterminent *positive* la polarité de *l'argent*, de *l'aluminium*, du *plomb*, du *cobalt* et du *platine*, et *négative* celle du *soufre*, celles faites sur le pendule déclarent le contraire. D'où vient cette divergence ? Elle est difficile à expliquer; c'est la seule qui existe parmi les nombreuses constatations identiques faites d'un commun accord par les expérimentateurs. Disons que les expériences faites par MM. Durand de Gros et Léger donnent raison à M. Bué, en caractérisant la polarité de ces substances dans le sens où il la détermine lui-même.

au mouvement spécifique donné par la substance le mouvement polarisé de l'aimant; ainsi, si l'on prend une substance quelconque, minérale ou végétale, en poudre, et qu'on en fasse une cartouche allongée de 12 à 15 centimètres, cette cartouche, au lieu de sensibiliser le pendule par l'influence radiante spéciale à la substance qui forme son contenu, se comporte absolument vis-à-vis de l'appareil comme le barreau d'aimant, c'est-à-dire qu'elle donne la R.N (+) par un bout et la R.I (—) par l'autre bout, quelle que soit sa composition, accusant ainsi nettement la polarité double de l'aimant; une règle, un cigare, un bâton de cire, un crayon, un porte-plume, un tube de verre, tous les corps cylindriques ou allongés se comportent de même. D'où M. Bué, en s'appuyant sur d'autres expériences similaires, arrive à conclure que la forme des corps et la disposition *en défilé* influent puissamment sur la marche des courants; il a tiré de ces considérations des déductions nouvelles applicables à la physiologie du système nerveux et à la marche des courants dans l'organisme humain [1].

Influence de la masse. — D'après M. Bué, les effets obtenus sur le pendule ne seraient pas, comme on pourrait le croire et comme l'ont avancé plusieurs expérimentateurs, en raison directe de la masse des corps. A l'instar de M. le Dr Durand de Gros et de M. le Dr Léger, M. Bué a expérimenté sur les dynamisations homœopathiques, et il a constaté comme eux, que les préparations végétales ou minérales à la trentième accusaient au pendule un mouvement de même nature et aussi nettement marqué que celui donné par la substance elle-même : ce qui tendrait à faire supposer que les courants ne sont pas en puissance proportionnelle de la

1. *Magnétisme curatif* (Biologie et hygiène.)

masse des corps, et, en démontrant que le *millionième du grain* d'une substance peut produire le même effet qu'un gramme de la même nature, on reconnaît implicitement aux dynamisations médicales une vertu qu'on leur a déniée et qu'on leur conteste encore plus ou moins aujourd'hui.

Influence de la volonté. — Les constatations les plus curieuses que M. Bué ait tirées de ses expériences sont sans contredit celles qu'il a faites au sujet de l'influence de la volonté dans la manifestation du phénomène.

« Au premier abord, dit M. Bué, rien ne paraît plus aisé que de se servir de l'appareil : faire marcher le pendule, en mettant un doigt sur le disque de l'armature, est une chose si simple en soi que chacun est disposé à croire que l'instrument produira nécessairement et immédiatement entre ses mains les résultats attendus; c'est là, cependant, une erreur profonde : car il n'y a peut-être pas d'instrument qui soit plus difficile à manier et qui réclame plus d'attention et de soins. La principale déconvenue chez tous les commençants provient de ce que l'on veut essayer de suite, à bâtons rompus, les expériences les plus diverses et les plus compliquées, sans se préoccuper des conditions nombreuses et délicates qu'il faut observer pour produire le phénomène avec exactitude; quelques-uns même refusent d'écouter aucune explication; ils échouent et naturellement se hâtent de conclure qu'on ne doit pas ajouter foi à la réalité des découvertes annoncées. Ils devraient bien songer, cependant, que même les personnes qui ont une grande habitude des expériences scientifiques ne réussissent pas toujours à la première épreuve; elles n'arrivent à leur but qu'après des tâtonnements et lorsqu'elles ont acquis une certaine pratique. Ne serait-il pas contraire à la raison de s'attendre à un plein succès d'emblée? Est-il un instrument, un outil quelconque dont on puisse user convenablement sans avoir appris au préalable comment il doit être manié? Pourquoi n'exigerait-on pas cet apprentissage lorsqu'il s'agit de l'instrument le plus délicat de tous?

« En dehors des conditions matérielles et de milieu dans lesquelles il est indispensable de se placer pour expérimenter convenablement sur le pendule, le point essentiel est de savoir mentalement disposer de sa volonté de façon à rayonner sur l'instrument et à lui communiquer certaines propriétés qu'il n'acquiert qu'à la longue; un pendule devient d'autant plus sensible qu'il est depuis longtemps et d'autant plus souvent manié; presque tous les expérimentateurs l'ont constaté et sont d'accord sur ce point.

« Cet état particulier de la force nerveuse, dont l'influence agit si singulièrement sur l'instrument, est la chose la plus difficile à obtenir et en même temps la chose la plus délicate à expliquer et à faire comprendre de ceux surtout qui n'ont aucune habitude de magnétiser. C'est cependant cet état qui donne à l'appareil ses qualités spéciales de conduction, condition fondamentale de l'expérience.

« Il ne faudrait pas inférer de là que la volonté est la cause unique des mouvements du pendule et que l'instrument ne peut donner aucune autre indication que celle de la volonté de l'opérateur. L'expérience qui consiste à agir avec des substances renfermées dans des boîtes en carton et des tubes de verre, sans connaître d'avance la nature de la substance soumise à l'expérience, ni le mouvement qu'elle doit produire, suffit amplement à démontrer en cette circonstance la neutralité de la volonté : c'est même là la meilleure preuve que l'on puisse donner de la sincérité de l'opération, puisque l'opérateur ne peut intervenir d'une façon effective dans la production du phénomène, et c'est aussi la meilleure manière d'acquérir personnellement l'assurance qu'on se sert convenablement de l'instrument.

« Mais si, dans cette catégorie d'expériences, l'état de neutralité nerveuse qui réduit la puissance volitive de l'opérateur à zéro et laisse le champ libre à l'action radiante de la substance, est voulu par la nature même de l'opération, il n'en est pas moins vrai que l'opérateur reprend, quand il lui plaît, le libre exercice de sa volonté. Alors il peut à loisir renverser toutes les polarités obtenues ; il lui suffit pour cela de sortir de la neutralité et de formuler mentalement avec énergie l'expression de sa volonté; le pendule alors, au lieu d'obéir aux radiations spéciales des substances, ne répond plus qu'à la pensée mentalement exprimée par l'opérateur. »

C'est une circonstance fortuite qui a mis M. Bué sur la voie de cette distinction subtile de l'influence de la volonté en tant qu'elle reste neutre ou qu'elle entre en activité. Il expérimentait sur des produits chimiques renfermés dans des boîtes en carton portant le nom de la substance sur le revers du couvercle. Il crut prendre une boîte contenant du *carbonate de bismuth* dont il connaissait le mouvement négatif (osc. N.O-S.E). Il obtint, en effet, cette oscillation ; mais, à son grand étonnement, il constata, en vérifiant, qu'il s'était trompé et qu'il venait d'expérimenter sur l'*acide oxalique* qui donne précisément l'oscillation antagoniste positive (N.E-S.O). La prédisposition mentale où il s'était trouvé pendant l'opération, avait suffi pour déterminer la mise en mouvement du pendule dans le sens conforme à sa pensée.

Une série d'expériences faites dans les mêmes conditions lui démontra bientôt que l'influence prépondérante de toute prédisposition mentale, en substituant l'activité volitive du cerveau à l'influence radiante de l'objet, vient infailliblement modifier la nature du résultat; il est probable que les divergences relevées dans les résultats obtenus par le très grand nombre de ceux qui ont manié le pendule (divergences dont l'effet regrettable est de compromettre l'unité du phénomène), ne sont pas dues à d'autres causes, et c'est pourquoi le meilleur moyen de ne pas subir, même involontairement, ces prédispositions mentales qui viennent plus ou moins troubler l'accomplissement du phénomène, est d'expérimenter *sans connaître à l'avance* la nature de la substance ou tout au moins la façon dont elle doit influencer le pendule.

L'influence de la volonté mal exercée peut donc être troublante, et présente un inconvénient grave contre lequel on doit toujours être en garde; mais cette constatation nous fixe sur un point intéressant: c'est que l'organisme humain non seulement possède la faculté d'unipolariser ses polarités de détail et d'agir directement dans certaines conditions d'état et de mesure sur la matière inerte, mais que cette action a lieu par l'impulsion radiante de la volonté qui absorbe alors toutes les manifestations polaires inférieures à la sienne.

CHAPITRE III

Recherches relatives à l'action mécanique des effluves humains sur un organisme humain vivant.

Jusqu'ici je n'ai parlé que de l'action des effluves humains sur la matière brute; et ces effets, d'une très faible intensité, ont pu être niés ou attribués à d'autres causes.

Quand notre organisme agit sur des organismes analogues, c'est-à-dire sur le corps de personnes vivantes comme nous, mais présentant une impressionnabilité spéciale qui en fait des *sujets*, il se produit un phénomène qu'on pourrait comparer à celui de l'acier aimanté attirant le fer et n'attirant que le fer. Les résultats sont tellement visibles qu'on ne saurait plus les nier; on a cherché alors à les expliquer par la suggestion, mais cette explication, qui peut être vraie dans certains cas, ne peut être admise d'une manière générale ainsi qu'on le verra, et cela suffit à notre point de vue.

Le baron du Potet [1] a découvert, ou du moins fait connaître, des premiers, les phénomènes d'attraction exercés par le magnétisme. D'après lui, il suffit que le magnétiseur étende ses mains de manière qu'elles soient opposées à une grande surface du corps du sujet et qu'il les rapproche ensuite de lui, pour que le sujet, *éveillé ou endormi*, suive cette

1. *Journal du magnétisme*, t. I (1845), p. 346.

direction. Le magnétisé s'inclinera, décrira un cercle, s'avancera, se reculera si les mains du magnétiseur indiquent ces mouvements lentement. M. du Potet affirme qu'il a montré cent fois qu'une porte fermée n'est point un obstacle à son action et que le magnétisé venait se heurter contre elle lorsque lui se trouvait dans une pièce voisine.

Lafontaine [1] cite plusieurs exemple de ce phénomène. Le plus curieux est le suivant.

A Londres, M. Busch et miss Rummer conduisirent chez moi une dame habitant ordinairement Chelthenham, chez laquelle le fait d'attraction se présentait d'une manière curieuse et sans que le magnétiseur cherchât cette expérience. Je magnétisai cette dame, le docteur Mayo étant présent. En quelques minutes, elle fut dans un état de somnolence complète, qui bientôt disparut pour la laisser dans un état particulier, les yeux fermés sans pouvoir les ouvrir, les mâchoires contractées et la langue paralysée sans qu'elle pût la remuer.

Dans cet état, sa tête se pencha en avant jusqu'à son estomac; puis elle s'avança lentement; je reculai, elle s'avança jusqu'au moment où elle me toucha. Je me levai, elle me suivit. Si j'allais de côté, la tête s'inclinait du même côté et venait me trouver. Je la conduisis de cette manière sur un sofa, et là, posant mes mains entre sa tête et moi, je rompis pour un instant cette attraction, qui, chez moi comme chez elle, était indépendante de la volonté.

Après quelques instants cependant, cette force attractive reparut, la tête se pencha de mon côté, la dame tomba sur le tapis et vint me trouver en se traînant sur la tête et sur les reins sans s'aider des mains ni des pieds. Lorsqu'elle fut près de moi, je me penchai au-dessus de sa tête et elle se trouva assise sur le tapis; je montai sur une chaise et, plaçant ma tête au-dessus de la sienne, j'agis avec force. Elle se trouva sur ses pieds, relevée comme par un ressort sans qu'elle se fût aidée des mains.

Je me jetai à terre et m'étendis derrière elle sur le tapis. Sa tête se pencha en arrière et vint par terre frapper ma poitrine; ses pieds n'avaient pas remué, ses mains étaient restées pendantes près du corps; elle formait en ce moment le cerceau, comme le ferait le plus souple acrobate.

Ce qu'il y avait de curieux, c'est que cette dame ne dormait pas et faisait tous ses efforts pour résister à cette force qui l'entraînait malgré

1. *L'Art de magnétiser*. Paris, 1886. p. 88.

elle. Elle n'en éprouvait cependant ni douleur, ni fatigue, ni contrariété.

Je la laissai ainsi posée la tête en bas sur ma poitrine, les pieds sur le tapis sans qu'elle éprouvât le moindre malaise. Ce fut avec de grandes difficultés que je séparai sa tête de ma poitrine.

Je répétai, l'espace d'une heure, toutes ces expériences, tantôt en restant passif, tantôt en agissant fortement ; alors les mouvements d'attraction étaient d'une violence et d'une vivacité extraordinaires.

J'ai magnétisé cette femme deux fois et j'ai eu, chaque fois, les mêmes effets.

Le docteur Thermes a fait une observation ayant beaucoup de rapport avec celle que nous venons de rapporter. Il avait, dans son établissement d'hydrothérapie, une jeune femme hystérique, dont certaines crises nécessitaient son intervention : la tête de la malade se rapprochait alors de celle de son médecin et, une fois le contact opéré, elle ne pouvait plus s'en détacher pendant tout le temps de la crise. Malgré les mouvements convulsifs qui agitaient le reste de son corps, la tête de la jeune femme suivait, attachée à elle, celle du docteur Thermes dès que celui-ci s'avançait ou se reculait, absolument comme le pôle d'un aimant suit le pôle d'un autre aimant qui l'a attiré [1].

Toutes les personnes qui ont assisté à des expériences d'hypnotisme ont pu voir les patients en état de catalepsie, la tête sur une chaise et les pieds sur une autre, dont le corps se courbe ou se redresse à volonté également sous l'action de la main de l'opérateur dont le corps suit le mouvement à distance.

Le docteur Petetin [2] cite les faits suivants observés sur une cataleptique naturelle.

1° Réunissez les doigts d'une main en forme de cône; faites les

1. Dr CHAZARAIN, *Découverte de la polarité vitale*, p. 22.
2. *Electricité animale*, p. 293.

tomber lentement sur ceux de la cataleptique. Lorsqu'ils sont à une certaine distance, ses doigts s'élèvent et se fixent à un pouce, plus ou moins, de leurs extrémités.

2° Éloignez avec lenteur vos doigts de la malade, ils s'élèvent simultanément pour les suivre, ensuite le bras; vous pouvez lui faire exécuter les mouvements d'adduction, d'abduction. Si vous retirez brusquement la main, le bras reste suspendu jusqu'à ce que l'accès de catalepsie soit passé [1].

3° Pendant que vous attirez le bras de la malade, qu'un tiers place entre vos doigts et les siens un carreau de vitre : l'attraction cesse aussitôt, quelque précaution que l'on prenne de faire suivre le carreau en même temps; une étoffe de soie blanche jetée sur la main de la cataleptique, ou un gant de soie de même couleur qui couvre la vôtre, produisent le même effet.

4° Au lieu d'éloigner lentement vos doigts de ceux de la malade, essayez de les approcher; le bras, loin d'être plus fortement attiré, est repoussé simultanément et bientôt la convulsion s'étend à tous les autres membres.

Le Dr Dufour, médecin de l'asile Saint-Robert (Isère), décrit ainsi [2] un phénomène d'attraction beaucoup plus fréquent.

Le sujet étant placé, de préférence dans la station debout, l'opérateur lui pose la main, largement ouverte, entre les deux omoplates, le pouce appuyant d'un côté du cou et les autres doigts sur l'autre côté, de manière à comprimer légèrement la partie supérieure du trapèze.

Le sujet prend immédiatement l'attitude d'une personne dans l'attente : son regard devient fixe et, s'il est sensible, il éprouve presque immédiatement un effet de chaleur dans le dos, rayonnant plus ou moins bas et en haut; cette sensation de chaleur peut aller jusqu'à la brûlure. Puis un certain tremblement dans les membres inférieurs se produit, ainsi que parfois de la lourdeur à la tête; souvent une sueur plus ou moins abondante mouille son front. Ces phénomènes se manifestent d'une façon instantanée dans certains cas; d'autres fois au bout de quelques minutes seulement. Ils peuvent être plus ou moins accentués ou faire défaut partiellement.

En même temps, le patient éprouve une sensation de pesanteur dans le dos et d'attraction en arrière qui peut aller jusqu'à le renverser.

1. On remarquera l'analogie de ce phénomène avec celui de la prise du regard qu'on fixe ensuite dans l'espace (*Les états superficiels de l'hypnose*, chap. VII).

2. *Contribution à l'étude de l'hypnotisme*. Grenoble, 1886, pp. 7 et suiv.

Quand cela arrive, les jambes et le corps se raidissent, l'individu pivote sur les talons et tomberait infailliblement s'il n'était soutenu. D'autres fois le phénomène est moins prononcé : la partie supérieure du tronc s'incurve en arrière, les jambes opèrent alors un mouvement de recul naturel.

Quand, au lieu de poser la main au milieu du dos, on la pose sur une épaule, le mouvement en arrière se produit encore, avec inclinaison du corps du côté où la main de l'opérateur est placée.

J'ai vu ces phénomènes se produire instantanément chez un jeune homme de 18 ans, vigoureux et bien portant d'autre part, qui serait tombé comme une masse inerte si on ne l'eût retenu. Qu'on juge de la surprise des sujets parfaitement éveillés et lucides...

Tous les sujets sensibles à l'hypnotisme que nous avons observés dans la population saine avec laquelle nous sommes en contact, et ils sont très nombreux, ont présenté ce phénomène bizarre, plus ou moins développé, de la propulsion en arrière par l'application de la main dans le dos.

Ce phénomène est, en effet, fort commun et se rencontre même chez des personnes sur lesquelles on ne peut produire aucun autre effet magnétique. Chez quelques-unes, après s'être mis en *rapport* une première fois par l'attraction de la main en contact, on arrive à déterminer l'attraction à distance simplement en approchant la main à dix ou quinze centimètres du dos et en faisant effort comme pour ramener la personne en arrière. J'obtiens même souvent le recul par une action analogue exercée simplement avec les yeux.

Le Dr Berjon relate [1] les faits suivants observés à Rochefort sur le fameux sujet de MM. Bourru et Burot.

Dans l'état cataleptique, si on approche du sujet un aimant, on voit la partie la plus rapprochée de l'aimant qui est attirée, et bientôt tout le corps lui-même suit et obéit à cette attraction. On peut faire prendre au sujet les attitudes les plus variées : ainsi, en plaçant l'aimant au-dessus de la tête, il s'élève peu à peu et arrive à ne plus toucher le sol que par la pointe des pieds. Cette action de l'aimant se fait sentir à une distance même assez grande. Le malade étant éveillé et dans son état habituel, c'est-à-dire paralysé à droite, l'aimant exerce la même

1. *La grande hystérie chez l'homme.* Paris, 1886.

influence. Il suit instinctivemen et invinciblement la personne qui porte un aimant sur elle (p. 24).

Si on place la main en regard d'une partie quelconque du sujet, mais particulièrement du côté gauche, il y a attraction à distance. La main joue ainsi le rôle d'un véritable aimant. Si c'est à la tête qu'on opère, on voit bientôt celle-ci se pencher peu à peu, attirée par la main de l'expérimentateur. Le bras peut être changé ainsi de position, mais il ne peut être enlevé comme avec un aimant puissant. Il peut glisser lentement sur le lit et suivre la main qu'on lui présente, toujours à distance. On observe les mêmes phénomènes d'attraction à la cuisse et à la jambe gauche (p. 50).

Il est certain que tous les phénomènes que nous venons de rapporter peuvent être produits par suggestion : dites à un sujet suffisamment sensible qu'il est attiré vers une porte, vers le plafond, il se sentira immédiatement attiré *comme si on l'entraînait avec une corde.* Il n'est pas même besoin d'une affirmation précise ; pour peu que le sujet puisse trouver dans vos gestes, dans le mouvement de l'air, un indice quelconque de votre désir, ou même dans sa propre pensée une raison pour se déterminer dans un sens ou dans un autre, l'équilibre est rompu et le voilà invinciblement emporté du côté où la balance a penché dans son esprit.

J'en donnerai pour preuve une expérience qui a paru merveilleuse à bien des gens : c'est l'Y de Pythagore. La tradition rapporte que le célèbre philosophe, pour choisir ses disciples, traçait sur le sol deux lignes, l'une noire à gauche, l'autre blanche à droite, qui divergeaient après avoir été parallèles sur une certaine longueur, de manière à présenter l'aspect de l'upsilon grec. Il plaçait ensuite successivement les néophytes, le pied gauche sur l'une et le pied droit sur l'autre, en les prévenant que celui qui était vertueux, arrivé à la bifurcation, suivrait la ligne blanche, tandis que celui qui avait un penchant pour le mal ne pourrait s'empêcher de suivre la ligne noire.

J'ai répété l'expérience maintes fois et elle a toujours réussi (sur les sensitifs, bien entendu). Ils vont tous à gauche ; ce qui confirme tout simplement la parole de l'Ecriture : « Le juste pèche sept fois par jour. » Il suffit en effet simplement d'affirmer au malheureux qui s'efforce en vain de se diriger vers la droite, qu'il est d'une excellente nature, pour qu'il y aille sans difficulté. C'est sa conscience qui l'avait suggestionné.

Mais il doit y avoir en outre, dans beaucoup de cas, une impression physique, une attraction réelle, si faible qu'elle soit, qui détermine cette suggestion. Cette attraction, j'ai vainement essayé de la mettre en évidence de la manière suivante :

J'ai fait asseoir le sujet sur une chaise placée sur le plateau d'une bonne bascule ; j'ai placé un carton uni sur ses genoux et j'ai posé dessus mes mains en hétéronome ; puis je les ai soulevées. Le sujet a éprouvé le sentiment d'attraction, mais la balance n'a pas varié. J'ai contracturé ses jambes et j'ai recommencé, sans plus de succès, soit en isonome, soit en hétéronome pour produire une répulsion. Un second sujet prenant ma place a déclaré, lui aussi, sentir l'attraction en hétéronome et ne plus pouvoir détacher ses mains ; il fut obligé de les enlever par glissement, mais la balance resta tout aussi fixe.

Je fis construire alors l'appareil à bascule du Dr Mosso[1]. Là encore mes essais n'ont donné aucun résultat.

La seule chose qu'on puisse conclure de ces insuccès, c'est que, dans les conditions où j'ai opéré, l'action mécanique était insuffisante pour impressionner les appareils dont je me suis servi et que la force attractive que je développais était absorbée tout entière par la production de la sensation chez le sujet.

1. *Revue scientifique*, 1886, 1er sem., p. 591.

Peut-on, dans d'autres conditions, produire des actions plus énergiques?

Les constatations relatées dans mon livre sur l'*Extériorisation de la motricité*[1] de l'action exercée par les médiums puissants sur les objets inanimés ne permettent point d'en douter; je me bornerai donc à rappporter ici quelques autres documents qui pourront être utiles à consulter quand on s'occupera de la théorie du phénomène.

Les premiers sont du magnétiseur Lafontaine.

J'ai attaché, dit-il, une jeune fille par le milieu du corps avec une corde en filoselle non tordue, et je l'ai suspendue horizontalement après l'avoir mise préalablement dans un état de catalepsie entière. Lorsqu'il y a eu immobilité complète, j'ai agi sur la tête et sur les épaules ; bientôt le corps s'est mis en mouvement et a suivi l'impulsion que je lui donnais ; la jeune fille décrivait un quart, une moitié de cercle, selon que j'employais plus ou moins de force. Pour que cette expérience réussisse, ainsi que celle dont je vais parler (*celle des balances*), il faut que la catalepsie soit très forte et qu'il y ait raideur cadavérique ; aussitôt que les muscles du col se détendent un peu, le mouvement de rotation s'arrête..... Après avoir produit, comme ci-dessus, un état cadavérique, j'ai placé le haut de la tête d'une jeune fille sur le bord d'une chaise, de sorte qu'il y eût à peine la moitié de la tête qui touchât, puis l'extrémité des talons sur une autre chaise. Quoiqu'il n'y eût que ces deux points d'appui, j'ai agi fortement sur les pieds, et tout à coup ils se sont élevés ensemble, le corps n'ayant d'autre appui que la tête[2].

Lafontaine raconte ensuite qu'il a placé à plusieurs reprises une jeune fille sur le plateau d'une bascule ou d'une balance ordinaire, soit debout, soit assise, soit couchée horizontalement (mais toujours après l'avoir complètement paralysée pour qu'elle ne fît pas de mouvement), et que, en agissant au-dessus et en attirant fortement, il faisait élever le plateau sur lequel était le sujet.

1. Paris, Chamuel, 1896.
2. *L'art de magnétiser*. Paris, 1886, p. 41.

Les seconds faits sont consignés dans un ouvrage[1] du Dr Charpignon. Ils lui ont été certifiés en ces termes par M. Bourguignon, négociant à Dijon, dans une lettre en date du 5 septembre 1840.....

1° J'ai encore ce sujet à ma disposition et, huit fois sur dix, cette expérience réussit.

2° M'étant aperçu que ses membres suivaient, quand je le désirais, tous mes mouvements, je me suis avisé de les attirer; différents essais ayant réussi, je voulus voir si je pourrais opérer une ascension complète. Je plaçai ma main à deux ou trois pouces de l'épigastre, et le corps entier perdit terre et demeura suspendu.

3° Jusqu'à présent, je n'ai vu et produit ce fait sur aucun autre sujet. M. Théron, de Montauban, avec qui je suis lié et qui s'est occupé de magnétiser d'après mes conseils, m'a assuré avoir obtenu le même résultat sur une somnambule; je ne l'ai pas vu, mais je le connais trop homme d'honneur pour altérer la vérité.

J'ajouterai que la personne que je magnétise ayant eu, il y a six semaines, une fluxion de poitrine, j'ai cessé, pour ne pas la fatiguer, de l'enlever horizontalement; je place maintenant ma main au-dessus de sa tête et lui fais perdre terre de manière à pouvoir passer plusieurs fois la main ou ma canne sous ses pieds.....

On lit encore dans le *Journal du Magnétisme* de M. Ricard (n° de novembre 1840):

M. Schmidt, médecin à Vienne (Autriche), vint se fixer en Russie avec sa fille, qu'il maria à M. Pourrat (de Grenoble). Ce fut à Kiew que Mme Pourrat, qui était d'une mauvaise santé, fut magnétisée par son père. L'effet fut si puissant, qu'après avoir fait quelques passes la malade, au grand étonnement des assistants, fut soulevée de son lit sur lequel elle était étendue de son long, de manière que l'on pouvait passer la main entre le lit et le corps sans toucher ni l'un ni l'autre.

Le Dr Kerner rapporte également, dans sa *Voyante de Prévorst*, qu'ayant constaté que ses doigts attiraient ceux de Mme Hauffe, il étendit les mains au-dessus d'elle et la souleva de terre. Sa femme obtint le même résultat.

1. *Physiologie, médecine et métaphysique du magnétisme.* Paris, 1848, p. 73.

Tout récemment, M. Boirac, professeur de philosophie au lycée Condorcet à Paris, a publié dans la *Nouvelle Revue* (1er octobre 1895) sur ces phénomènes d'attraction, une étude remarquable que je reproduis ici en partie.

Gustave P....., ouvrier électricien, âgé de vingt ans, a été endormi par moi, pour la première fois, dans l'hiver de 1892, par la fixation du regard; il avait alors dix-huit ans. Il n'a jamais eu de maladie grave ni jamais présenté d'accident nerveux; la sensibilité paraît normale. Il passe seulement dans son entourage pour rêveur et faible de caractère. Je ne fis avec lui, en 1892 et dans les premiers mois de 1893, qu'un très petit nombre d'expériences, mais qui suffirent à me prouver qu'il était hypnotisable et suggestible au plus haut degré. Je l'avais entièrement perdu de vue, lorsque je le retrouvai en février 1894. Je commençai alors à expérimenter régulièrement avec lui, et, dès la première séance, je constatai les particularités suivantes :

Sous l'action de ma main droite, présentée vis-à-vis du front, il passe successivement par trois états différents. Au bout de trente secondes environ, sans qu'aucun signe extérieur, sinon peut-être un léger mouvement, trahisse l'effet produit, il entre dans un premier état, analogue à celui que certains auteurs ont appelé état de charme ou de crédulité, ou état suggestif, caractérisé par trois circonstances principales : amnésie, crédulité et suggestibilité absolues, persistance de la sensibilité et des mouvements volontaires. En présentant de nouveau la main droite vis-à-vis du front pendant trente secondes, il passe dans un second état, cataleptoïde, où la sensibilité et les mouvements volontaires sont abolis. Une nouvelle présentation de la main droite amène le somnambulisme. Si je présente la main gauche au front du sujet pendant qu'il est en somnambulisme et que je la retire après trente secondes, il passe dans le second état; de même, si je la présente pendant le second état, il passe dans le premier, Présentée dans le premier état, la main gauche le réveille. Cet effet, que j'ai obtenu sans aucune suggestion verbale, dès la première séance, est jusqu'ici resté constant. Je ne me charge pas de l'expliquer, je ne fais que le constater.

En dehors de cette singulière polarité de la main droite, provoquant les différents degrés du sommeil, et de la main gauche provoquant les différents degrés de réveil, je n'avais rien observé chez G. P... qui ne rentrât dans le cadre des phénomènes déjà étudiés par les Écoles de l'hypnotisme et de la suggestion, lorsqu'un phénomène inattendu m'ouvrit tout à coup une nouvelle voie.

Il y avait à peu près deux mois que ce sujet se rendait chez moi environ deux fois par semaine pour se prêter à des expériences. Un dimanche matin, il venait d'entrer dans mon cabinet et s'était assis à côté de ma table de travail, sur laquelle son coude gauche était appuyé. Tandis que j'achevais d'écrire une lettre, il causait avec une troisième personne, vers laquelle il était à demi tourné. J'avais posé ma plume, et mon bras étendu sur la table, les doigts allongés, se trouvait par hasard dans la direction de son coude. A ma grande surprise, je crus m'apercevoir que son coude glissait, comme attiré par ma main. Sans dire un mot, le sujet continuant à causer et paraissant tout à fait étranger à ce qui se passait là, je soulevai légèrement mon bras, et le bras du sujet se souleva en même temps. Mais, comme si l'attraction, en devenant plus forte, avait éveillé sa conscience, Gustave P... s'interrompit tout à coup, porta sa main droite à son coude gauche qu'il retira vivement en arrière et, se tournant vers moi : « Qu'est-ce que vous me faites donc? » s'écria-t-il.

Depuis lors, au début des séances qui suivirent ou dans les intervalles des expériences de somnambulisme, je m'ingéniais à détourner l'attention du sujet pour présenter à son insu ma main droite vis-à-vis l'un ou l'autre de ses coudes, de ses genoux, de ses pieds, etc., et toujours j'observais le même phénomène : attraction du membre visé, qui semblait cesser d'appartenir au sujet pour tomber sous l'empire de ma volonté jusqu'au moment où, par une sorte de brusque secousse, le sujet était informé de ces mouvements involontaires et se dérobait à mon influence. Oui, pensais-je, voilà bien le fait qui pourrait servir de preuve à la réalité d'une action pesonnelle, d'un rayonnement nerveux de l'opérateur, qu'on l'appelle d'ailleurs magnétisme animal ou autrement, le nom n'importe guère à la chose; mais comment savoir si le sujet, quelque distrait qu'il paraisse, ne guette pas du coin de l'œil la main sournoisement tournée vers sa jambe ou son bras, et s'il ne simule pas; ou du moins comment savoir s'il ne la voit pas inconsciemment, et s'il ne s'auto-suggestionne pas? Comment supprimer jusqu'à la possibilité de la simulation et de l'auto-suggestion?

A force d'y rêver, je me dis que le plus sûr moyen pour cela c'était d'aveugler le sujet en lui bandant hermétiquement les yeux. Je fis donc fabriquer un bandeau en drap noir, assez épais pour intercepter complètement la lumière et encapuchonnant à la fois les yeux et le nez. Puis, sans dire au sujet quel genre d'expériences je voulais faire, je lui demandai de se laisser appliquer ce bandeau et de rester seulement immobile quelques instants sur sa chaise. M'étant alors approché, je présentai, sans faire de bruit, ma main droite à environ huit ou dix centimètres de sa main gauche, et bientôt, en moins d'une demi-minute, celle-ci fut attirée. Même effet produit sur l'autre main, sur le coude droit et le coude gauche, le genou droit et le genou gauche, le pied droit et le pied gauche, etc. Il va sans dire que je ne suivais aucun ordre, mais que j'entremêlais ces actions de toutes les façons possibles, pour que le sujet ne pût deviner par aucun raisonnement quelle était la partie de son corps que je visais. Et cependant il y eut toujours concordance entre la direction de ma main et le mouvement obtenu. Du reste, ce n'est pas dans une seule séance, c'est dans plus de dix séances que j'observai ces mêmes phénomènes.

Je n'avais agi, dans la première séance, qu'avec la main droite; dans une seconde séance, après avoir reproduit et vérifié tous les résultats de la première, j'eus l'idée d'agir avec la main gauche, toujours, bien entendu, sans ouvrir la bouche. Aussitôt, au lieu de l'attraction attendue, je vis des tremblements, des secousses se produire dans le membre visé, et j'entendis le sujet s'écrier : « Vous ne m'avez pas encore fait cela; je vous en prie, cessez : cela est trop énervant, on dirait que vous m'enfoncez un millier d'aiguilles sous la peau. » Je cédai à sa prière et lui demandai de me décrire, aussi exactement qu'il le pourrait, son impression. Après y avoir réfléchi, il me dit que ce qu'il éprouvait lui rappelait tout à fait les sensations produites par une pile de cinq ou six éléments. J'avais dès lors un nouveau moyen de varier mes expériences, en variant non seulement les parties du corps du sujet sur lesquelles j'agissais, mais encore mon action même, selon que j'employais la main droite pour produire de l'attraction, ou la main gauche pour produire des picotements.

Qu'arrivera-t-il, me demandai-je après cette seconde séance, si, appliquant mes deux mains l'une sur l'autre, paume contre paume, je les présente ainsi au sujet ? Probablement leurs actions se neutraliseront, et leur effet sera nul. Mais lorsque, dans une troisième séance, après avoir expérimenté séparément avec la main droite et la main gauche, j'expérimentai tout à coup avec les deux mains réunies, le résultat fut tout autre que celui que j'attendais. Cette fois encore le sujet s'écria : « Que me faites-vous là? C'est encore du nouveau, mais plus énervant que tout le reste. Je ne vois pas ce que c'est; c'est un gâchis. Ah! je comprends. Vous m'attirez et vous me picotez en même temps. » De fait, le membre visé venait, en effet, dans la direction de mes mains, tout en étant agité de tremblements presque convulsifs. Ainsi j'avais une triple action, attractive avec la main droite, picotante avec la main gauche, simultanément attractive et picotante avec les deux mains réunies; et toujours, ou du moins quatre-vingt-dix-neuf fois sur cent, dans toute cette première série d'expériences, cette action se produisait régulièrement.

Je priai un de mes collègues, M. Louis B..., professeur de physique au collège M..., de bien vouloir assister à une séance, et après lui avoir montré — sans explication verbale — tous les faits précédents, j'obtins avec son concours des faits nouveaux plus remarquables encore.

Sur un signe de moi, il présenta sa main droite au sujet dans les conditions où je la présentais moi-même, et au bout d'un moment le sujet, s'adressant à moi, me dit : « Où êtes-vous? Vous devez être loin? Je sens quelque chose dans ma main comme si vous vouliez m'attirer, mais c'est beaucoup plus faible qu'à l'ordinaire. » Je constatai ainsi que le rayonnement nerveux est inégal chez les différents individus, ou peut-être que la réceptivité des sujets est plus forte pour le rayonnement de certains individus que pour celui de certains autres.

Mon collègue et moi nous prîmes alors — toujours silencieusement — un fil de cuivre isolé, comme ceux qui servent pour les sonneries électriques d'appartement; je tins une des extrémités dénudées du fil dans ma main droite et m'éloignai le plus possible du sujet; mon collègue lui présenta l'autre extrémité, après l'avoir enroulée autour d'une règle de bois qu'il tenait à la main; et nous vîmes la pointe de cuivre produire le même effet qu'eût produit ma main droite présentée à la même distance, c'est-à-dire attirer la partie du corps du sujet qu'elle visait. Je remplaçai la main droite par la main gauche : le fil de cuivre transmit fidèlement l'influence picotante comme il avait transmis l'influence attractive. Je greffai sur le fil unique présenté au sujet un second fil, de manière à agir simultanément avec les deux mains, et le fil unique conduisit sans les confondre les deux sections réunies, ce que le sujet appelait le « gâchis ».

Je passai dans une autre pièce : on ferma la porte, le fil seul dont je tenais un bout communiquant par-dessous la porte avec les personnes restées dans mon cabinet. L'action de ma main se transmit encore, mais les expériences ne purent pas avoir le même degré de précision, parce que nous ignorions ce que nous faisions de part et d'autre. Cependant, mon collègue ayant présenté le bout de cuivre au front du sujet, toujours à 0 m. 10 ou 0 m. 12 de distance, celui-ci, très rapidement, donna des signes d'un grand malaise, dit qu'il sentait sa tête s'échauffer et s'alourdir et porta ses mains vers son front comme pour éloigner cette influence, obligeant ainsi mon collègue à écarter le fil à chaque fois. Je constatai, du reste, dans un grand nombre de séances qu'en prolongeant cette action de la main droite, soit directement, soit par l'intermédiaire d'un fil de cuivre, le sujet, malgré le bandeau interposé, s'endormait en passant successivement par les trois états habituels, et que de même l'action de la main gauche, soit directe, soit conduite, provoquait à travers le bandeau les trois degrés du réveil.

J'ai pu, moi-même, constater ce phénomène de l'attraction des membres avec Eusapia Paladino à l'état de veille, ainsi que je l'ai rapporté dans mon livre sur l'*Extériorisation de la Motricité*, p. 17.

SECONDE PARTIE

CONFÉRENCES

FAITES EN 1866 PAR

LE BARON DE REICHENBACH

À L'ACADÉMIE I. ET R. DES SCIENCES DE VIENNE (AUTRICHE)

PREMIÈRE CONFÉRENCE

LE FLAMBOIEMENT ODIQUE (LA LOHÉE). — HISTOIRE DE SA DÉCOUVERTE. — SES SOURCES

En 1844 et 1845, il y donc vingt ans de cela, plusieurs personnes très sensitives me dirent qu'elles percevaient nettement des effluves lumineux au bout de leurs doigts, non seulement dans l'obscurité de la chambre noire, mais même dès le soir, alors qu'il faisait encore assez clair. Je ne donnai d'abord que peu d'attention à ces déclarations et je n'examinai pas la chose de plus près. Je ne pouvais m'imaginer que l'on pût voir avec certitude, en plein crépuscule, des lueurs aussi faibles que les lueurs odiques. — Mais c'était de ma part une méprise, qui ne s'éclaircit pour moi que vingt ans plus tard : ce n'était pas la lumière odique que l'on voyait ainsi, mais un phénomène corrélatif. Ce fut à Berlin, en 1862, qu'un étudiant d'une vingtaine d'années, le sieur Zöller, sensitif instruit et excellent observateur, me rendit attentif à ce fait pour la seconde fois. Ce n'était pas dans l'obscurité seulement qu'il voyait des lueurs émaner du bout de ses doigts : *même en plein jour* il en voyait jaillir quelque chose de ténu et d'incolore, qui se mouvait. Dès lors, je me mis en quête d'autres haut-sensitifs, le sieur Wiebach, madame Sophie Fritzchen, sa fille Élise, mademoiselle Marie Kügler, madame Élise Marnitz et ses deux enfants, mademoiselle Scheibe, le sieur Durieu, le sieur Kuhn et bien d'autres. Tous aperçurent, en plein jour, quelque chose de subtil s'élever de leurs doigts, sur une longueur de 1/4 de pouce à 2 pouces. D'une voix unanime, ils décrivaient ainsi le phénomène : *effluve montant, légèrement incliné vers le sud, aériforme, non lumineux, et s'attachant aux doigts, dans quelque direction qu'on les tournât.* A en juger par les peintures qu'ils en font, *ce n'est ni de la fumée, ni de la vapeur plus ou moins légère; cela a l'air d'une espèce de flamboiement ténu* (Lohe) (1) analogue (mais notablement plus subtil que lui) à l'air chauffé qu'on voit s'élever autour d'un poêle surchauffé.

A Vienne, je réitérai ces observations auprès de sensitifs nombreux, et tout d'abord auprès de mes propres gens, dont une bonne moitié est plus ou moins sensible aux influences odiques; puis j'opérai sur des savants, sur des amateurs de sciences naturelles : j'ai pu, avec raison, je crois, m'en rapporter ainsi ouvertement aux observations du docteur Bilhuber, médecin en exercice; du sieur I. Fichtner, fabricant à Atzgersdorf; du menuisier Joseph Czapeck; du jeune Charles Schelnberger et de bien d'autres. Actuellement il y a 46 personnes en bonne santé, des hommes pour la plupart, à qui j'ai posé des questions au sujet de la Lohée, et qui toutes unanimement, m'ont répondu de la même façon.

Le résultat, le voici : des personnes sensitives aperçoivent très bien ce flamboiement vaporeux, non seulement en plein jour, mais même à la lueur des lampes, et à l'éclat des bougies. Et je dus bientôt reconnaître ceci : il s'en faut de beaucoup que l'effluve se borne aux doigts; il émane aussi des autres membres, en particulier des doigts de pied et de toutes les parties saillantes du corps vivant, même des cavités des oreilles. D'autres corps organiques, comme les plantes; les cristaux; des substances inorganiques, comme les aimants; enfin des matières complètement amorphes, barres métalliques, mercure, eau, etc., participent à ce phénomène de production de la Lohée.

Le haut intérêt scientifique auquel ces observations courantes peuvent prétendre, par leur importance intrinsèque comme par l'extension considérable dont elles sont susceptibles, m'imposaient de toute nécessité une enquête méthodique plus attentive. J'en fis mon étude de prédilection, j'y consacrai toute ma persévérance, et

(1) Désormais, nous donnerons indifféremment au flamboiement odique étudié ici, le nom de Lohée ou d'effluve.

je vais maintenant en analyser ici les résultats avec précision. Je demande qu'on fasse bon accueil à cette étude : ce sont les premiers débuts d'une branche d'une science naturelle, qui vraisemblablement un jour sera fort étendue ; la nouveauté du sujet fera pardonner à ce volume ces imperfections.

Comme première question, je veux traiter ici de la façon dont se présente le phénomène, et faire sur ses sources une enquête aussi approfondie que possible ; comme question connexe, j'examinerai si la production de la Lohée est simplement le *fait de la matière* en elle-même ou si cette production est subordonnée *aux formes* que revêt la matière. Je traiterai ensuite des *propriétés essentielles*, et enfin des *propriétés relatives* de l'effluve.

CORPS SOLIDES. — Je commence par l'étude des masses amorphes, petites et grandes, en premier lieu des matières simples. Parmi celles ci, les métaux offrent au premier abord des effluves de nature vaporeuse, flamboyante, qui frappent les yeux.

Si les deux extrémités d'une baguette de plomb se montrent garnies d'un flamboiement haut de 4 lignes ; si d'autres baguettes, en bismuth, en cuivre, en zinc, en antimoine, en étain, en argent, donnent de 5 à 6 lignes, on voit flamboyer des morceaux de fer, d'acier et de laiton (de 5, 12 et 20 livres de poids) sur une hauteur de 50 à 120 lignes.

Même phénomène : au pourtour d'un poêle en fer ; aux coins de grandes feuilles de tôle d'acier et de cuivre ; aux extrémités de cylindres de fer, longs de 6 pieds : la hauteur varie alors de 6 à 24 lignes.

Elle est de :

48 lignes pour une enclume de forgeron ;
60 — pour un cylindre de fer tourné (longueur 10 pieds, épaisseur 2 pouces) ;
104 — pour un morceau de fer forgé, pesant 5 quintaux ;
228 — (c'est-à-dire plus d'un pied et demi), pour une colonne de fonte grise pesant 10 quintaux.

J'avais installé, devant ma maison de campagne, une reproduction en fonte d'une œuvre antique remarquable, le colossal Molosse florentin : il pesait près de 15 quintaux avec les accessoires. Sa gueule soufflait un effluve de 36 lignes de long ; à la pointe de chacune de ses oreilles, l'effluve avait 27 lignes.

FLUIDES. — J'expérimentai alors des fluides. Je remplis de mercure, à le faire déborder, un récipient de verre de 2 pouces de profondeur : le faible ménisque que l'on connait dépassait le bord du verre, ce qui me rendait possible et facile l'inspection de profil de la surface ; il se développa une bordure flamboyante de 31 lignes de hauteur. De l'eau, versée de même dans un récipient de 10 pouces de profondeur, montra à sa surface une vapeur de 6 lignes d'épaisseur.

On plaça ensuite à côté l'un de l'autre 2 flacons égaux, de 1 pied de profondeur : l'un fut laissé vide, l'autre rempli d'eau jusqu'au bord, sauf un faible ménisque, et on les examina tous deux de profil. Le bord du flacon vide ne présentait qu'une frange de 2 lignes de haut ; mais, dans le flacon plein, l'eau fournissait un flamboiement de 8 lignes. Pareille expérience répétée

sur de l'acide acétique	donna un effluve de	6	lignes de haut,
sur de l'alcool	—	8	—
sur de l'éther	—	6	—

CORPS COMPOSÉS. — Enfin, des matières comme le bois, furent soumises à l'épreuve. Une règle de hêtre, longue d'une toise, suspendue dans la direction du parallèle terrestre, donna des effluves de 4 à 6 lignes de longueur à ses deux extrémités ; une poutre en sapin, de 7 pieds de longueur et de 2 pouces d'équarrissage, donna 9 lignes. Bien plus, des meubles d'appartement, une table en cerisier, par exemple, laissèrent échapper de leurs encoignures des effluves de 12 à 16 lignes ; un secrétaire, à ses deux coins, 12 et 25 lignes. Le faîte de ma maison était garni sur toute sa longueur d'une émanation de 108 lignes ; la voûte d'une cheminée en pierre, refroidie, 144 lignes.

Tout ce que j'ai pu me procurer, corps simples et corps composés, solides ou fluides, matières brutes de toute espèce, tout cela a fait preuve d'aptitude à la production de la Lohée. Il était clair que la matière, une ou composite, suffisait, en tant que matière même, et abstraction faite de toute forme, à produire les ondes flamboyantes dont les dimensions étaient liées avant tout à la masse et à l'étendue de la matière brute.

Cela m'amenait naturellement, considérant la matière dans les formes qu'elle affecte, à expérimenter l'influence de celles-ci sur la conformation de l'effluve. J'avais à m'adresser d'abord aux cristaux.

CRISTAUX. — On était justement en hiver, et j'habitais ma maison de campagne, en plein champ. Je me pris donc à considérer d'abord ces cristaux tout neufs que le ciel m'envoyait, sous forme de flocons. La neige, tombée depuis plusieurs jours déjà, qui couvrait au loin la campagne, laissait voir à sa surface, un voile flamboyant de 3 lignes de haut. Vieille seulement de quelques heures, mais épaisse de 2 pieds, son tapis flamboyant avait 25 lignes de hauteur. Une couche de neige toute fraîche, où tombaient encore les derniers gros flocons, épaisse d'un pied, était couverte de 30 lignes de flamme.

C'est un cristal diamantin hexaédrique de 3 lignes de côté, qui offrit, à proportion de sa grandeur, le maximum de flamboiement, très supérieur à ses propres dimensions. J'examinai ensuite une tourmaline du Brésil, dont les effluves furent plus longs que ce petit cristal lui-même. — La castine (spath fusible et le spath lourd donnent des effluves plus longs que ceux du spath gypseux, comme celui-ci les donne plus longs que ceux du cristal de roche; plus courts encore parurent ceux du spath calcaire. Toutes ces pierres étant sensiblement de la même grosseur. — Quelques parcelles limpides de sel de cuisine portaient des effluves, dont la longueur allait jusqu'à 20 lignes, grisâtres à leur base et bleuâtres au sommet.

On pouvait, en les juxtaposant, augmenter les dimensions des cristaux. De gros cristaux de roche, du poids de 10 à 35 livres furent disposés sur une seule pile, en plaçant l'un contre l'autre les pôles de nom contraire; ils formèrent, de cette façon, une espèce de colonne cristalline de 5 pieds de longueur, c'est-à-dire de la taille d'un homme. Plus on ajoutait d'éléments à cette série, plus l'effluve grandissait aux extrémités; et, lorsque cet effluve eut atteint son maximum, les sensitifs le virent s'épanouir sur la longueur d'un bras, avec 4 à 5 pouces d'épaisseur à sa base, et se prolonger en forme de cône dans la direction du grand axe.

Propriétés des pôles. — On reçonnut, en même temps, qu'il y avait contraste entre les pôles. C'était aux deux extrémités de l'axe longitudinal des cristaux que la Lohée avait, de beaucoup, le plus de force et de longueur. On en mesura un certain nombre, et voici les chiffres que donnèrent les mensurations opérées par divers observateurs :

	A l'extrémité positive (où les cristaux sont nourris par la base)	A l'extrémité négative (où les cristaux croissent en pointe)
	—	—
Spath gypseux de 6 pouces de long..	3 lignes	6 lignes
Spath gypseux de 10 — ..	3 —	6 —
Spath gypseux de 9 — ..	3 —	7 —
Tourmaline de 2 — ..	4 —	12 —
Diamant de 3 lignes de long......	4 —	6 —
Spath lourd......................	6 —	14 —
Cristal de roche de 1 1/2 pied.....	8 —	20 —
Colonne cristalline de 3 pieds de long.	9 —	22 —
Cristal de roche à 30° R..........	10 —	24 —
Asbeste, même dure...............	12 —	20 —
Spath gypseux à 40° R............	17 —	36 —
Colonne cristalline de 5 pieds de long.	36 —	78 —
	145 lignes	251 lignes

Ainsi la longueur des Lohées, pour les cristaux, était à peu près dans le rapport de 1 à 2, suivant qu'il s'agissait du pôle positif ou du pôle négatif. En se basant sur ces chiffres, qui ne sont qu'approximatifs, voici tout ce qu'on peut dire : le pôle positif des cristaux fournit, en général, des effluves plus courts; le pôle négatif des effluves plus longs et proportionnellement plus épais, et, par suite, tout compte fait, de beaucoup les plus considérables.

Surfaces planes. — Les arêtes de cristaux dans des morceaux de spath gypseux de 1 pied de long, se montrèrent flamboyantes sur une hauteur de 1 à 2 lignes, avec un minimum au milieu; de ce point, les effluves se partagent vers les deux pôles, en se renforçant graduellement en route; ils viennent enfin se joindre aux effluves des angles et des pointes. Les plans latéraux portaient un duvet flamboyant d'une demi-ligne au-dessus. Un cristal de roche, de même longueur, mais d'épaisseur plus grande, était garni sur les arêtes d'un flamboiement de 9 lignes de haut, qui se portait vers les angles, et, réuni aux effluves de ces derniers, rejoignait la pointe polaire. Sur les plans latéraux, le duvet s'élevait à 3 lignes.

ORIENTATION. — En plaçant dans la direction du méridien une colonne cristalline de grandes dimensions, en sens direct (c'est-à-dire le pôle négatif tourné vers le Nord) les effluves des deux pôles allaient en augmentant. La longueur, au pôle positif, monta à 40 lignes, au pôle négatif à 84; dans un autre cas à 56 et 144 lignes; dans un troisième cas, à 86 et 165 lignes. Lors même que les cristaux étaient disposés dans le méridien en sens inverse (le pôle positif vers le Nord), le pôle négatif conservait toujours sur le positif l'avantage de fournir l'effluve le plus considérable, bien que la proportion diminuât. — Du reste, le flamboiement au pôle négatif était toujours plus pur, plus net, plus délicat, plus transparent; au pôle positif il était notablement plus sombre, plus brouillé, plus compacte, plus dense.

PRÉCAUTIONS A PRENDRE. — Quant aux mensurations elles-mêmes, il faut se garder de négliger les précautions que réclame la délicatesse du sujet. Le sensitif qui observe doit toujours s'affranchir autant que possible de toute influence extérieure : dans ce but, il doit s'efforcer, autant qu'il le peut pratiquement, de se maintenir au milieu de la chambre; en tout cas se tenir assez également loin de tous les gros objets, des gros meubles, des poêles et des murailles, des lustres et des appareils métalliques. Nul ne doit se tenir à proximité; on doit lui tourner la face du côté du nord; les observations doivent toujours se faire dans la matinée, après un déjeuner aussi frugal que possible; mais surtout l'observateur ne doit opérer que s'il n'a pas auparavant séjourné au soleil. S'il s'agit d'observer des phénomènes où les pôles jouent un rôle, les attouchements manuels sont toujours très nuisibles à l'exactitude des résultats; ce qu'il y a de mieux à faire, c'est de fixer au plafond un léger cordon de laine et d'y suspendre les objets doués de pôles, sur lesquels on veut travailler. Si l'on ne se propose pas absolument d'apprendre à connaître les rapports avec le magnétisme terrestre, on peut encore les placer dans le sens du parallèle terrestre, et prendre la moyenne de deux observations, chaque pôle se trouvant dirigé successivement à l'est et à l'ouest.

Dans l'examen du susdit phénomène, l'observateur doit se placer de façon à apercevoir l'objet se détachant sur un fond obscur; il doit en même temps ne pas s'en tenir trop près : c'est à chacun de mesurer la distance qui convient à l'adaptation de sa vue; pour beaucoup, le maximum de visibilité correspond à la distance d'une toise, par conséquent la chambre ne doit pas être trop claire, et ne doit pas recevoir directement la lumière solaire. Il ne faut pas non plus fixer trop longtemps l'effluve, mais on doit promener l'œil tantôt sur un objet, tantôt sur l'autre, de façon à le délasser. Enfin la puissance visuelle des sensitifs n'est pas la même pour les deux yeux : j'y ai trouvé une différence de plus de moitié. Un cristal de roche, examiné avec l'œil gauche, présentait un effluve de 15 lignes de hauteur au pôle positif et de 40 lignes au pôle négatif; dans le même temps, l'œil droit n'indiquait que 16 et 18 lignes, et, en usant des deux yeux réunis, on obtenait 36 et 84 lignes. Les yeux ne se comportent donc pas, vis-à-vis de la Lohée, comme des spectateurs purement passifs; mais ils concourent activement, en raison de leur propre dualisme sensitif, à la création de l'image sur la rétine.

Aimants. — Nous voici amenés par notre enquête à l'étude des aimants, dont les effluves sont également visibles au jour, au crépuscule ou à la lumière.

Un puissant aimant en forme de barre librement placé dans le parallèle terrestre, laissait échapper à ses deux extrémités, absolument comme font les cristaux, une vapeur flamboyante. Le fait se produisait aussi bien sur une petite aiguille aimantée, que sur des barreaux d'acier de plusieurs pieds de long. Un barreau aimanté de 2 pieds de long, avec un pouce carré de section, déposé dans le méridien, en sens direct le (pôle négatif vers le Nord) (1),

(1) Je rappelle que les Allemands ont une convention inverse de la nôtre en ce qui regarde la dénomination des pôles. Regardant comme positif le pôle Nord de la terre, ils appellent *négatif* le pôle de l'aimant qui, attiré par lui, se dirige vers le Nord et que nous appelons *positif*.

donna une Lohée de 30 lignes de long à son pôle positif, tandis qu'elle n'était que de 12 lignes à son pôle négatif.

Pour un barreau aimanté de 5 pieds de long, dans les mêmes conditions, les effluves à l'extrémité négative étaient de 23 lignes, et de 48 à la positive; renversé bout pour bout dans le méridien (sens inverse) l'aimant donnait 40 lignes à l'extrémité négative et 18 à la positive.

Quand on chauffait les barreaux aimantés près du pôle à l'aide d'une lampe, l'effluve s'allongeait. Un barreau de 2 pieds, placé en sens direct, donnait alors à son extrémité négative échauffée, 48 lignes; à son extrémité positive, restée froide, 16 lignes. Un barreau de 5 pieds, à son extrémité négative échauffée, 50 lignes; à son extrémité positive restée froide, 18 lignes : placé en sens inverse, au bout négatif échauffé 54 lignes, au positif froid, 6 lignes. L'Od négatif du feu ajoutait donc en général à l'effluve négatif.

Les aimants en fer à cheval donnent des résultats correspondants. En les plaçant debout, dans le parallèle, les pôles en haut, la branche positive à l'Ouest, on obtenait d'un fer à cheval de 4 pouces : du côté négatif, 14 lignes; du côté positif, 18 lignes d'effluve. Un aimant formé de cinq plaques de métal, le pôle positif du côté Sud, donna au pôle négatif une flamme bleuâtre de 17 lignes, au pôle positif une flamme grise de 20 lignes avec une pointe de rouge. — De toutes ses arêtes les effluves montaient vers les pôles, pour former sur la section de chaque branche, aux 4 angles, des effluves plus puissants, plus hauts qui montaient doucement; ils se prolongeaient entre eux par un flamboiement moins haut, affaibli, délicat au plus haut degré, qui couvrait la section. Les quatre courants extérieurs étaient tous plus puissants que les quatre intérieurs; par conséquent, pas d'attraction polaire, mais plutôt une sorte de répulsion, eu égard au principe d'où découlaient les effluves.

Un autre fer à cheval, formé de 5 plaques métalliques, donna :

dans le *sens direct*,	au pôle (+)	24 lignes;	au pôle (—)	21 lignes
dans le parallèle, à l'ouest,	au pôle (+)	28 — ;	au pôle (—)	23 —
— à l'est,	au pôle (+)	18 — ;	au pôle (—)	21 —

Un fer à cheval de 9 plaques, pesant 24 livres, placé en *sens direct* dans le méridien, donna : à la branche positive dirigée au sud, 84 lignes ; à la branche négative, dirigée au Nord, 72 (effluve moins net). Avec un aimant en fer à cheval, placé debout, les deux pôles en haut, en sens direct dans le méridien, une légère inclinaison des branches (environ 12° sur l'horizon) modifiait aussitôt les longueurs des effluves. Si le pôle positif restait en dessus, l'effluve s'y allongeait environ de 3 lignes; au pôle négatif, qui se trouvait légèrement en contre bas, l'effluve se raccourcissait d'autant. Si au contraire le pôle négatif se trouvait en dessus, l'effluve s'y allongeait d'autant à peu près, tandis qu'à l'autre pôle il se raccourcissait. Tant sont assez souvent délicates les circonstances qui modifient les Lohées.

Une masse métallique, en forme de fer à cheval, debout dans la direction du parallèle et pesant 5 quintaux, donna à chacune de ses branches, des vapeurs de hauteur égale, 54 lignes, en raison sans doute de l'égalité d'action qu'exerçait alors sur les deux branches l'induction du globe terrestre.

Magnétisme terrestre. — Pour expérimenter la coopération du magnétisme terrestre à la formation des Lohées, on prit un rouleau de fil de fer de 8 toises de longueur et 3 lignes d'épaisseur, dans l'état où le livrent les fabricants; on le plaça sur le plancher et on en considéra les deux extrémités : l'effluve était, aux deux bouts, de 4 à 5 lignes. On le déroula alors sur toute sa longueur et on le suspendit librement dans le Méridien à son extrémité négative, tournée vers le pôle Nord terrestre, il donna une Lohée de 8 lignes; à l'extrémité positive opposée, une de 16 lignes. La première était d'une épaisseur inusitée. Le magnétisme terrestre, dans cette expérience, n'avait donc exercé qu'une action relativement modérée.

Le sol nu, dans le champ fraîchement labouré, herbé et aplani, la terre en un mot, récemment remuée, se montra recouverte d'une Lohée de 6 à 12 lignes de haut : cela ne pourrait être mis qu'au compte de la fermentation végétale.

Un couteau pointu, assujetti horizontalement dans un support, fut soumis à un mouvement lent de rotation dans un plan horizontal.

Il donna :

dans la direction du nord...	9 lignes	d'effluve
de l'est....	6	—
du sud.....	17	—
de l'ouest...	11	—

Une lourde enclume, amenée dans le plan du méridien, la pointe vers le Sud, donna 60 lignes d'effluve à cette pointe et 36 sur la face opposée au Nord ; sur la surface polie, 3 lignes de fumée seulement. — Un cylindre de fer forgé, de 10 pieds de long et de 2 pouces d'épaisseur, les bouts appointés, fut placé dans le méridien et donna, au Sud 114 lignes, au Nord 78. La partie supérieure de la surface cylindrique était couverte d'une sorte de duvet, qui se partageait au milieu du cylindre, de là se dirigeait au Nord et au Sud en se renforçant graduellement, pour venir se réunir aux effluves terminales. — Un tube de fonte quadrangulaire, pesant 2 quintaux qui prenait appui sur deux chantiers en bois, donna aux quatre angles tournés vers le Sud 6 lignes ; aux quatre angles Nord, 4 lignes ; le long des arêtes 3 lignes d'effluves. — Une colonne en fonte de 9 pieds de long pesant 6 quintaux, avec 4 pouces de diamètre aux extrémités, et placée dans le Méridien sur deux chantiers en bois, donna au Sud 216 lignes, au Nord 168, c'est-à dire des effluves de 18 et 14 pouces de longueur. Une colonne semblable en fonte, du poids de 10 quintaux, donna lieu à des effluves massifs qui, à l'extrémité Sud, atteignaient 264 lignes, et au Nord 192 lignes, c'est-à-dire 22 et 16 pouces de longueur avec 4 pouces d'épaisseur à la base du cône que formaient les vapeurs.

Cette masse de fer sans propriétés magnétiques pouvait se retourner ; on pouvait la déplacer bout pour bout dans le Méridien, sans influencer aucunement le phénomène ; la Lohée attachée à l'extrémité tournée vers le Nord se révélait toujours plus courte que celle du Sud. Comme le magnétisme en général, le magnétisme terrestre a partout une influence considérable sur les Lohées et sur le principe dont elles découlent. La puissance de celles-ci dépend de la nature du pôle que l'on considère.

Si l'on compare les Lohées de l'ensemble des cristaux à celles de l'ensemble des aimants, sous le rapport de la grandeur et en particulier de la longueur, on arrive à cette conclusion inattendue : *les cristaux, sans exception, donnent naissance, au pôle positif, à une Lohée plus courte que celle du pôle négatif; les aimants au contraire portent au pôle positif la Lohée la plus longue, et la plus courte au pôle négatif;* différence qui, en grande moyenne, s'élève jusqu'au double. Si l'on considère maintenant qu'en substance le cristal est formé de matières od-négatives, comme ici le spath gypseux ou le quartz; que l'aimant au contraire est formé d'une matière od-positive (sa masse métallique) ; on s'explique cette visible anomalie. On découvre en effet dans les expériences que, par l'active émission des effluves, la substance à elle seule prend puissamment part aux émanations odiques de ses pôles; que, par suite, l'od-négative de la substance du gypse et du cristal de roche, pour le pôle négatif de ces cristaux; que l'od-positive de l'acier, pour le pôle positif des aimants, ajoutent respectivement aux effluves de ces pôles et leur assurent la supériorité, tant en ce qui concerne les quantités d'od qu'en ce qui touche aux effets de ce principe inconnu. Les valeurs intrinsèques des pôles d'un corps se présentent donc toujours comme les résultantes de diverses composantes odiques appliquées aux mêmes points : magnétisme propre, magnétisme terrestre et od terrestre, genre d'od propre aux substances dont sont formés les corps, et autres causes accidentelles, plus ou moins efficaces. Ces valeurs ne sont pas la conséquence d'un fait simple, mais celle de plusieurs faits juxtaposés, et l'on en trouve l'expression sensible dans la grandeur relative des Lohées dont elles sont la source.

Son. — Le son est une source très importante de Lohée. Un simple diapason qu'on fait vibrer se voile déjà d'un brouillard vaporeux et ténu. Les cordes d'un piano-forte, dans lequel, après avoir mis la sourdine, on poussait une forte exclamation, donnaient une Lohée de 1 ligne de hauteur; mais en frappant rapidement l'une après l'autre un grand nombre de cordes et en répétant rapidement le mouvement, on obtint plus de 6 lignes sur tout le tableau des cordes. — Une cloche métallique renversée, de 10 pouces de diamètre, frappée avec un marteau en bois dur, se couvrit sur ses bords de franges de 42 lignes de haut. Le flux du côté du Nord, c'est-à-dire du côté le plus négatif, était un peu plus fort que sur le reste du pourtour. Il ne s'élevait pas bien exactement dans la perpendiculaire, mais s'incurvait de tous côtés vers le centre, et se réunissait à la partie supérieure, de façon à former une sorte de voûte au-dessus de l'ouverture de la cloche. — Une cloche d'église en métal, pesant 7 quintaux, suspendue dans le clocher de la chapelle du château de Reisemberg, donna, pendant qu'on en sonnait, une Lohée annulaire de 7 à 8 pouces de hauteur, sur tout le pourtour de son rebord, et cette Lohée s'élevait après s'être retournée.

CHALEUR. — L'action de la chaleur se fait sentir d'une façon très nette.

Un cristal de roche, de 18 livres, donna en hiver, à 8° C. au-dessous de zéro : à sa pointe négative, 20 lignes; à sa base positive 8 lignes. Transporté dans une chambre chauffée à 20°, les émanations furent de 25 et 10 lignes de haut. — La colonne cristalline, de 5 pieds de long, donna en hiver dans une chambre froide à 5° C. au-dessous de zéro : au pôle négatif, 108 lignes; au pôle positif, 36 lignes. Porté à la température de + 15°, il donna 120 et 50 lignes. — Un barreau de fer de 5 pieds $^1/_2$ de long et 4 lignes d'épaisseur, cylindrique, placé sur deux chantiers en bois dans le Méridien, donna dans une chambre d'habitation, à température normale, une Lohée simple de 10 lignes à son extrémité sud. Mais quand avec une lampe d'Argand on eut chauffé cette extrémité, la Lohée y monta à 32 lignes, tandis qu'à l'autre bout elle disparaissait presque. Il se fit en même temps une scission de l'effluve en deux parties : la plus forte s'incurva vers le haut, et la plus faible vers le bas. — Un certain nombre de barreaux de fer de $^3/_8$ de pouce, de 1 pouce et 3 pouces de diamètre, et de 4 à 6 pieds de long, furent portés au feu de forge et placés de façon qu'une des extrémités se trouvât en pleine chaleur, et que l'autre, hors du feu, demeurât froide ; lorsqu'ils se furent échauffés au contact des charbons sur lesquels on soufflait, l'effluve se mit à décroître à l'extrémité froide à tel point qu'en atteignant enfin la température du fer suant, on la vit ne plus conserver que le quart à peine de sa grandeur primitive.

Plus la température s'élevait, plus la Lohée froide s'affaiblissait. L'expérience est incomplète en ce sens qu'on n'a pu examiner ce qui se passait à l'extrémité chauffée. Mais nous avons vu plus haut qu'en général l'échauffement renforce l'émission odique, et qu'en particulier, dans les barreaux longs, elle la renforce surtout au point où se trouve la source de chaleur; nous sommes donc fondés à admettre que l'effluve se développait d'autant plus aux extrémités rougies au feu qu'elle s'affaiblissait davantage aux extrémités froides opposées.

Électricité. — En développant, avec une peau, de l'électricité négative sur un électrophore, on obtint une importante émission de Lohée. Laissé à lui-même, le gâteau de résine n'en possédait pas. Mais, en le battant, on fit s'élever une vapeur de 30 lignes de haut, qui tendait de la circonférence au centre et s'élevait à la façon d'une flamme. — En développant de l'électricité positive sur un disque de verre, on obtint sur le conducteur, sur le verre, sur une pointe, sur les pieds en verre de l'appareil, et même sur les fils conducteurs négatifs, partout en un mot, une Lohée rougeâtre. — Une bouteille de Leyde chargée s'en montra toute enveloppée. — Une pile voltaïque, chargée d'après la méthode de Smée, avec 6 doubles éléments à 5 % d'eau sulfureuse, donna, pendant l'action chimique, snr tous les rhéophores, 12 lignes d'une Lohée montante; les bords des récipients en verre de l'appareil en étaient garnis et la hauteur en était aussi de 12 lignes.

Lumière. Couleurs. — Une pointe de coloration, des traces de décomposition de lumière, des reflets, avaient été déjà assez fréquemment remarqués par les sensitifs moyens. La longue colonne cristalline, qui avait presque 5 pieds de haut, donnait, au pôle du côté négatif, de la Lohée avec une pointe de bleu, et du côté positif on pouvait percevoir des traces de coloration rougeâtre. Ce contraste était plus frappant, lorsqu'on amenait la colonne dans la direction de la ligne d'inclinaison magnétique. Un spath gypseux, de 1 pied de long, donna : au pôle négatif, 6 lignes de Lohée d'apparence bleuâtre; au pôle positif, 3 lignes gris rougeâtre; sur ses faces latérales, un duvet gris. — Une tourmaline brun sombre dégageait de la Lohée d'aspect brunâtre. — Un aimant à 5 plaques paraissait comme recouvert d'une gaze bleuâtre au pôle négatif, gris rougeâtre au pôle positif — Une Pœonia arborea, qui venait de fleurir, présenta 24 lignes de Lohée d'un bleu intense inusité.

Le cône intérieur, ou la base moins nette de la Lohée, se montra toujours gris avec une pointe de rouge ou de jaune; tandis que l'enveloppe extérieure ou la couche plus subtile qui enveloppe la pointe, avait toujours une tendance au bleu.

Tous les phénomènes de coloration ont été perçus avec une grande clarté par les haut-sensitifs. La dame Rueff voyait, le soir, lorsque déjà le jour tombait, la Lohée s'élever rougeâtre de sa main gauche, et bleue de sa main droite. Elle voyait tout aussi bien les mêmes phénomènes se produire sur ses doigts de pied. Pour les narines même, elle remarqua que la Lohée, à chaque temps de la respiration, en émanait rouge à gauche et bleue à droite. On amena devant elle une jeune fille de 15 ans : elle la vit tout enveloppée d'un brouillard bleuâtre; la netteté maxima correspondait à la tête.

Ainsi, partout, même en plein jour, la Lohée od-positive a paru rougeâtre, l'od-négative bleuâtre.

Rayonnement solaire. — Un bâton de bois et un bâton de verre, fixés dans un support, furent tirés à moitié, de l'ombre au soleil, dans une chambre fermée. Aussitôt des extrémités restées à l'ombre s'élevèrent 6 et 7 lignes de Lohée; puis on ouvrit les fenêtres, laissant les bâtons exposés à l'influence directe de la lumière solaire : la Lohée s'éleva alors à 12 lignes sur le bâton de bois et à 15 lignes sur le bâton de verre.

On prit deux barreaux de fer que l'on fixa sur une planchette, de telle façon qu'une de leurs moitiés dépassât le bois; ils étaient placés parallèlement l'un à l'autre, à une distance d'un pouce et demi. A l'ombre, les extrémités libres donnèrent chacune 5 lignes de Lohée. Au moyen d'un prisme de verre, on projeta sur la table le spectre de la lumière solaire; des portions des barreaux de fer fixés sur la planchette, l'une fut plongée dans la lumière bleue et l'autre dans la lumière rouge. Dans la lumière bleue, le flamboiement du premier barreau se renforça de 8 lignes; dans la lumière rouge, sur le second barreau, de 5 lignes. Cette expérience eut lieu en janvier, le matin à 10 heures, avec un ciel un peu couvert; en opérant en été et à midi, on aurait obtenu des effets incomparablement plus forts.

Si délicates et si extraordinairement faibles que puissent être ces Lohées diurnes, elles portent, cependant, toujours en elles comme un soupçon de coloration, et pourtant les observations que l'on consigne ici ont été faites en des jours de soleil, et seulement par des sensitifs moyens.

Actions chimiques. — Le travail chimique nous fournit partout d'abondantes Lohées.

Un professeur de chimie de Vienne, sensitif, et qui malheureusement ne veut pas être nommé, a observé cette action sous cent formes différentes, sur ses verres, ses capsules et ses agitateurs Un petit morceau de sucre, suspendu dans l'eau, développait déjà pendant sa dissolution une Lohée abondante; au fond, où s'amassaient les parcelles de sucre, on voyait une couche grisâtre de 4 lignes, tandis qu'au-dessus du verre, qui était plein d'eau jusqu'au bord, une Lohée bleuâtre de 18 lignes de haut formait voûte. Un verre sans pied, empli d'eau, au fond duquel se trouvaient de petits morceaux de spath calcaire, développa, lorsqu'il y eut versé de l'acide muriatique étendu, 6 lignes de Lohée sur tout son pourtour; une autre fois, pendant qu'on y versait de l'acide sulfureux étendu, 12 lignes; une troisième fois, en versant une proportion plus forte d'acide, 36 lignes sur le bord du verre, et 72 lignes à l'extrémité d'une petite baguette de verre qu'on y avait plongée; un jour même, 108 lignes d'une part et 120 de l'autre.

La respiration provoque pour sa part, dans les bronches, de puissantes réactions chimiques. Afin d'expérimenter son action sur la Lohée, je pris un tube de verre d'un demi-pouce de largeur, dont on avait fermé au chalumeau une extrémité; dans ce tube, j'en introduisis un autre plus étroit, ouvert aux deux bouts, que j'enfonçai jusqu'au fond; puis je soufflai, à travers le petit tube, dans le tube plus large, en poussant le souffle juqu'à la partie bombée : aussitôt s'y manifesta, extérieurement au tube, une Lohée qui atteignit d'abord 9, puis 12 lignes de longueur.

Que la combustion, pendant la période chimique, puisse provoquer l'émanation lohique, on peut s'en convaincre facilement après examen.

Il suffit, pour en faire la preuve, de ficher un copeau dans un support et de l'enflammer à une de ses extrémités; tandis qu'il brûle à sa partie inférieure, une Lohée vaporeuse s'y développe sur 3 lignes de hauteur, tout le long de ses arêtes, pour se réunir à celle qui émane de la partie supérieure, avec 18 lignes de hauteur. En couvrant latéralement la flamme d'une lampe ou d'une bougie au moyen d'un petit écran, qui donne une séparation précise, on pouvait distinguer nettement le développement de la Lohée de l'air chaud qui se produisait en même temps. L'air s'élève verticalement immédiatement au-dessus de la flamme; la Lohée, un peu plus terne, sort perpendiculairement au feu et s'incurve vers le haut; de sorte que les sensitifs pouvaient parfaitement se rendre compte de la différence des deux mouvements.

Cristallisation. — Que l'acte de la cristallisation soit perçu par la main sensitive, et comment il l'est, c'est un sujet que jadis j'ai développé. Mais c'est aujourd'hui seulement que nous en arrivons à constater la visibilité au jour de son effet dynamique.

Prenons une solution de sel de Glauber, saturée à chaud, et amenons la à se cristalliser; dès que la solidification se produit, de la façon rapide que l'on connait, le récipient de verre se frange incessamment d'une Lohée de 15 lignes de hauteur, qui, sur une baguette de verre, plongée dans la masse, s'élève à 40 et 42 lignes; elle est, en bas, un peu brouillée, et plus claire en haut.

Frottement. — Le frottement est une source puissante de Lohée. Le seul fait de frotter un crayon de plombagine sur du papier, en rebroussant un peu celui-ci, fait apparaître aussitôt la Lohée sur une hauteur de 18 lignes. Un bâton en bois de 1 pied et demi de longueur, appuyé fortement par une de ses extrémités contre la meule d'un tour, laissait s'écouler, à son autre extrémité, un courant lohique de 26 lignes de long. Un tube de verre, long de 2 pieds, et soumis au même traitement, donna 38 lignes de Lohée. Pour opérer le frottement par l'air, on prit un tube de verre que l'on plaça horizontalement dans le parallèle, et l'on y fit passer, au moyen d'un soufflet, un violent courant d'air. On donna ainsi naissance, a l'extrémité du tube, à 21 lignes de Lohée, que le courant d'air, malgré sa violence, n'empêchait pas d'observer. De cette Lohée, 3 lignes étaient imputables au tube même, qui les eût fournies à vide et au repos; le frottement de l'air dans le soufflet et dans le tube augmentait donc de 18 lignes la hauteur de la Lohée.

Condensations gazeuses. — Nous connaissons les délicates condensations qui se font sans cesse à la surface des corps, et dont les variations constantes correspondent à celles de la température. Puisqu'il y a là de continuelles modifications des groupements moléculaires, il est hors de doute que cette activité permanente de la nature, si délicats et si subtils qu'en puissent être les effets, ne peut manquer d'apporter son petit contingent au développement incessant de la Lohée dans tous les corps; nous avons le devoir de ne pas les passer sous silence, bien qu'ils ne puissent être que d'une importance presque négligeable.

Vie végétale. — La source la plus riche de Lohée est l'activité vitale. En premier lieu, celle du monde végétal. Lorsqu'aux premiers jours du printemps la chaleur atmosphérique agit déjà sur eux, et bien avant qu'ils ne s'épanouissent, les bourgeons des arbres laissent déjà sourdre de la Lohée en abondance.

Un observateur vint à passer, à midi, par une neige épaisse, au commencement de mars, à travers une allée de jeunes érables, à Grinzig; le soleil chauffait dans les branchages. Pas un bourgeon n'était encore ouvert; cependant, le soir du même jour, à son retour, il vit que les branches des arbres étaient tout enveloppées d'une sorte de nuage de Lohée. Des prunelliers, des églantiers aux mille ramifications, des plants de seringas et de genévrier, des cerisiers, des hêtres, des chênes semblaient couverts d'un brouillard de Lohée; le phénomène était moins sensible sur les bois de pins.

Des prairies, sous la première poussée de la germination, étaient couvertes, sur toute leur surface, de 3 à 6 lignes de Lohée. Des brins d'herbe isolés en donnaient 9 lignes, et bientôt après, les herbes en pleine croissance donnaient 40 lignes. Un beau champ de luzerne alla jusqu'à 72 lignes.

Au-dessus du limbe des pétales ou de l'ombelle et des grappes de leurs fleurs, on remarqua, sur des seringas en fleur, 12 lignes de Lohée; sur des rosiers, 18 lignes; sur des cerisiers à grappes (*Pr. Padus*) et sur la Staphiiea primata 20 lignes; sur la Pœonia arborea, 24 lignes; sur des tulipes, 5 lignes: sur des jacinthes, 6 lignes; sur une Primula sinensis, 4 lignes.

On prit des croceus et des jacinthes que l'on transporta d'une chambre chaude dans une froide : en moins d'une demi-heure, la Lohée doubla de hauteur. Des aiguilles d'if à deux rangs donnèrent des filets ténus de Lohée, de 8 lignes de longueur; le pin unilatéral, à la pointe de ses nombreuses aiguilles, seulement 2 lignes.

Vie animale. — Elle donne lieu aux observations les plus variées. La première observation s'applique à tous les hommes; il s'agit des doigts; c'est la plus proche de nous, la plus commode et la plus expressive. Chez tous les hommes les doigts laissent, pour ainsi dire, bouillonner abondamment la Lohée : l'effluve est plus puissant chez les hommes, plus faible chez les femmes; plus haut chez les adultes bien portants et forts, plus bas chez les enfants, les vieillards, les malades. Au prorata de ces différences varie la hauteur des effluves lorsqu'on élève les doigts, le bout en l'air; chez les enfants et les malades; on ne l'a souvent trouvé que de 1 à 2 lignes. Chez les adultes, il s'élève de 4 à 6; chez les hommes vigoureux et actifs, à 8, 12, 20 lignes et plus. Mais j'ai cependant rencontré une femme de soixante dix-huit ans, bien portante, mère de 11 enfants, dont les doigts donnaient encore 10 lignes.

On pouvait, de bien des façons, renforcer et affaiblir les effluves. Je faisais lever une main au sujet, et si je plaçais ensuite les doigts de ma propre main de même nom, de façon que les bouts de mes doigts arrivassent à l'articulation des premières phalanges de la main du sensitif, la Lohée s'allongeait de moitié environ. En répétant l'expérience avec les doigts de mon autre main, les effluves se raccourcissaient, diminuaient jusqu'à s'évanouir parfois complètement. En appliquant le même procédé à la réunion des mains de même nom de plusieurs personnes, les mains disposées les unes au-dessus des autres, à la façon des tuiles d'un toit, les Lohées grandissaient à chaque adjonction ; et, avec 5 personnes, hommes et femmes, on obtenait des Lohées qui, s'élevant tout droit, atteignaient en longueur le double du médius.

Les rayons solaires opèrent des modifications analogues. En plaçant ma main droite au soleil, on voyait s'épaissir et augmenter la Lohée émanant des doigts de ma main gauche, maintenue à l'ombre, jusqu'à doubler de grandeur. Au contraire, si je maintenais à l'ombre ma main droite et plaçais la gauche au soleil, la Lohée sur ma main droite diminuait jusqu'à s'effacer presque. En hiver, les doigts refroidis ne donnaient qu'un faible développement de Lohée ; mais, dès qu'en passant dans une chambre chaude les doigts se réchauffaient, la Lohée doublait et triplait de longueur.

La façon de tenir les mains avait sur le phénomène une influence essentielle ; en laissant mes mains pendre le long du corps, la Lohée était toujours plus longue aux doigts de ma main droite qu'à ceux de ma main gauche, 5 lignes d'un côté, 1 ligne et demie de l'autre. Mais si j'élevais les mains, les doigts en l'air, les Lohées s'inversaient : celle de ma main droite devenait la plus courte et celle de ma main gauche la plus longue ; 4 lignes d'une part et 9 de l'autre. Peu importait dans ces circonstances ma position dans le méridien : sens direct ou sens inverse. La Lohée, qui prenait sa source dans mon corps, avait une prépondérance très marquée sur l'influence du magnétisme terrestre. L'afflux plus ou moins considérable du sang dans mes mains n'amenait aucune différence dans la grandeur des Lohées. Après avoir placé mes mains horizontalement, je les élevais verticalement et j'en laissais descendre le sang autant que possible ; puis je les abaissais, je laissais revenir le sang : il ne se produisait pas de différence sensible. Les Lohées avaient seulement un peu plus de ténuité et de clarté; quant à la hauteur elles n'étaient ni plus courtes, ni plus longues.

Chez un sujet réchauffé par la marche, les vapeurs des doigts s'élevaient au double et même au triple. Dans un bal, une dame sensitive, que la danse avait échauffée, remarqua avec étonnement, et cela en pleine lumière du gaz, que ses doigts, garnis en temps ordinaire de quelques lignes de Lohée seulement, donnaient alors des effluves d'une hauteur de 6 à 7 pouces. Si l'on prenait un peu d'une boisson spiritueuse, les Lohées gagnaient encore en grandeur et s'élevaient de 6 à 24 lignes.

En se frottant les mains, les bouts des doigts ou leurs jointures, la Lohée allait croissant en hauteur. Il suffisait d'entourer un bras avec ses doigts et de le comprimer en progressant pouce à pouce de haut en bas, aussi fort qu'on pouvait, pour voir la Lohée croître graduellement à l'avant des doigts. J'expérimentai la pression sur un tube de verre de 1 pouce; livré à lui-même, il ne montrait à son extrémité que 3 lignes de Lohée; il me suffisait de le tenir entre mes bouts de doigts pour lui faire donner 6 lignes. En le comprimant fortement entre les bouts de mes pouces et ceux de mes doigts, il donnait 9 lignes; si je l'entourais simplement de mes deux mains, la Lohée montait à 12 lignes, et si je le comprimais entre mes mains, aussi fort que je pouvais, elle était de 26 lignes. La Lohée suivait donc le développement de la force vitale. Si j'étendais ma main et mon bras droits, en poussant l'effort jusqu'à la crampe, la Lohée des bouts de doigts s'en augmentait jusqu'à doubler sa longueur habituelle.

La Lohée des bouts de doigts se montrait plus dense que celle des cristaux et des aimants. Par conséquent aussi, on la voyait mieux. Les sensitifs, qui n'apercevaient plus la Lohée sur les deux matières susdites, la voyaient encore jaillir de leurs doigts et de ceux de leurs voisins.

Un sensitif se plaçait dans le méridien, de façon qu'une de ses mains fût dirigée au nord, l'autre au sud, ou inversement; dans les deux cas la Lohée se montrait plus longue à sa main droite qu'à sa main gauche.

Je fis examiner les doigts de mes deux pieds. Ils se comportèrent comme ceux des mains. Ils donnaient, tout comme eux, naissance à de longues Lohées, chaque doigt de pied nettement différencié des autres. Le gros doigt du pied gauche donna un effluve de 9 lignes, les autres, seulement 5 et même 4 lignes.

Le souffle, dans les jours chauds de l'été, qu'il vînt de la bouche ou des narines, fut reconnu vaporeux; celui qui sort de la bouche est décrit comme peu net, comme trouble; il y a là, en effet, un mélange de bleu grisâtre et de rougeâtre. Mais la Lohée qui accompagne le souffle à sa sortie des narines, est rougeâtre à gauche et bleuâtre à droite, obéissant en cela à la loi générale qui régit le dualisme odique dans le corps des animaux. Les cavités des deux oreilles donnèrent lieu à la même remarque. La Lohée qui en sort est rougeâtre à gauche, bleuâtre à droite et s'élève haut.

On reconnut aussi que ma chevelure était vaporeuse; chaque poil blanc isolé émettait à sa pointe un courant ténu de 3 à 4 lignes de long. Mes cils eux-mêmes laissèrent apercevoir de légers fils de Lohée.

Tous ces phénomènes étaient visibles pour des sensitifs moyens.

Pour les haut-sensitifs, comme Mme Rueff, tous ces phénomènes étaient également perceptibles, mais avec une acuité qui répondait à leur sensitivité plus grande. Tout leur paraissait plus net, plus grand, plus coloré, plus développé. La Lohée colorée des doigts, cette dame l'observait sur une longueur de 16 à 18 pouces. Chez un chien, elle vit les deux pattes gauches en Lohée rougeâtre; les deux droites, bleuâtres; même observation pour les yeux. A la queue pendait tout un panache de Lohée, formé, sans doute, des émanations de tous les poils isolés. En observant un canari, elle remarqua qu'il était tout enveloppé d'une vapeur de Lohée; les ongles de sa patte gauche se terminaient en fines émanations rougeâtres, tandis qu'elles étaient bleuâtres à droite. A chaque temps de la respiration, sortait de son bec une Lohée visible. Plongée dans l'état de somnambulisme, Mme Rueff voyait s'accroître bien davantage encore la puissance de ses sens. J'ai plusieurs fois indiqué, dans mes précédents écrits, que les émanations odiques atteignaient le plafond; les haut-sensitifs, pour qui les Lohées étaient visibles sur tout leur trajet dans la chambre, voyaient celles-ci aussi atteindre à la même hauteur, semblables à de la fumée.

Plus on s'étendait sur ce sujet, plus on se rendait compte que toute activité vitale a sa part dans l'émission de ces Lohées.

Voilà quelles sont, jusqu'à présent, les principales sources de Lohées qu'on ait observées; nous allons aborder les considérations sur les propriétés particulières à cette Lohée.

DEUXIÈME CONFÉRENCE

LE FLAMBOIEMENT ODIQUE (LA LOHÉE). SES PROPRIÉTÉS PARTICULIÈRES

De la Lohée dans les fluides. — Jusqu'ici nous ne nous sommes occupés que de la façon dont les phénomènes lohiques se présentaient dans l'atmosphère; la question se pose, maintenant, de savoir comment se comporterait la Lohée odique, si l'on transportait dans d'autres milieux, dans les fluides liquéfiables, et tout d'abord dans l'eau, les corps qui portent cette Lohée.

On reconnut d'abord qu'on pouvait percevoir et suivre la Lohée, non seulement dans l'air, mais aussi dans l'eau, et que le contrôle des phénomènes s'y présentait dans d'excellentes conditions.

On prit des récipients de forme allongée, en porcelaine, en cuivre, en bois, en n'importe quelle matière; on les remplit d'eau tiède à la hauteur d'un peu plus de 4 pouces; quelqu'un y plongea, jusqu'au coude, le bras droit nu, de façon à avoir sous l'eau la main et le coude, la paume de la main tournée vers le haut, la main du côté du Nord, en sens direct dans le méridien; puis, on frotta un peu les bouts des doigts pour en faire partir complètement l'air qui s'était attaché à la peau et aux pores. Tournant légèrement le bout des doigts vers le haut, on les garda quelques minutes immobiles, puis on les fit observer attentivement à la clarté du jour, par un bon sensitif. Au bout de quelques instants, celui-ci remarqua des petits points isolés, qui se multiplièrent ensuite jusqu'à devenir peu à peu innombrables; ils se détachaient du bout des doigts, et s'élevaient en zigzag avec la rapidité de l'éclair, vers la surface de l'eau. Ce phénomène n'était perçu que par les sensitifs, à l'exclusion des non-sensitifs, dont j'étais, qui ne voyaient absolument rien. Je répétai l'expérience à différentes époques, au cours de vingt années, avec toutes sortes de personnes, hommes et femmes, qui ne savaient rien des expériences précédentes. Les résultats et l'expression de ces résultats furent exactement les mêmes en toutes circonstances. Les phénomènes se reproduisaient sans modifications et sous une forme constante, aussi longtemps que l'on pouvait maintenir la main au fond de l'eau.

Lorsque ces petits points en nombre infini étaient parvenus à la surface, leur rôle actif n'était pas terminé; il est vrai que pour l'œil ils s'évanouissaient; mais, par leur réunion, ils constituaient une Lohée, qui paraissait flotter au-dessus de l'eau, sur une hauteur de 8 à 10 lignes; ce qui répondait à la Lohée que ces mêmes doigts eussent donnée dans l'air. Dans l'eau, aussi bien que dans l'air, on pouvait distinguer l'effluve de chaque doigt pris isolément. Si un bon sensitif plaçait alors, au-dessus de ces émanations et de l'eau tiède, les bouts des doigts de la main gauche, il y ressentait cette fraîcheur odique que toute main gauche exerce toujours sur la droite du corps des sensitifs, seulement un peu affaiblie. Avec l'autre main, en plongeant la main et le bras gauches dans l'eau, les phénomènes de vision restaient les mêmes, les sensations s'inversaient. Ces phénomènes n'arrivaient à leur plein développement qu'après une attente de quelques minutes, et non pas au moment même où l'on plongeait le bras dans l'eau; évidemment l'eau devait se saturer d'abord d'Od émanant de la main et du bras, avant de lui livrer passage et de lui laisser former l'effluve subséquent. La main gauche donnait des résultats toujours un peu plus faibles que ceux de la droite; cela, du reste, est naturel, puisque sa puissance odique est plus faible. En plaçant les deux mains à côté l'une de l'autre dans l'eau, on obtenait, au-dessus de l'une et de l'autre, l'émanation odique : cette émanation, en sortant de l'eau, laissait à une main gauche placée au-dessus, une impression de tiédeur ou de fraîcheur, suivant qu'elle provenait de l'immersion de la main gauche ou de la main droite.

Si c'étaient là des phénomènes purement odiques, on devait pouvoir les contrôler en employant, dans les mêmes conditions, d'autres sources d'Od. A cet effet, je plongeai successivement dans l'eau de gros cristaux de roche, des spaths gypseux, des spaths lourds, puis des aimants, des pièces de fer et d'acier de forme allongée, en ayant soin de toujours les placer en sens direct dans le méridien (les pôles négatifs dirigés vers le Nord). A travers l'eau, d'innombrables étincelles s'élevaient des pôles et se répandaient dans l'air, à la surface du liquide qu'elles avaient traversé, formant ainsi une Lohée visible et sensible. En remplissant presque complètement d'eau une petite cuvette en cuivre, dont je me servais habituellement pour les essais, on voyait, tout autour de son bord, se dessiner des franges hautes de 6 lignes : c'était la Lohée, telle qu'elle se présente ordinairement. En plaçant ensuite dans l'eau un cristal de roche ou un morceau de gypse, d'un pied de longueur à peu près, et en approchant ce corps de la paroi de la cuvette jusqu'à la toucher avec l'un ou l'autre pôle, la Lohée s'élevait de 6 lignes à 16 et 20 lignes à l'endroit du bord qui correspondait au point de contact : la Lohée du reste du pourtour n'était en rien modifiée. La Lohée se communiquait donc du pôle du cristal à la tôle de cuivre ; elle suivait alors la génératrice du point de contact, en se glissant entre l'eau et le métal, dépassait le niveau de l'eau, continuait son chemin le long de la paroi métallique, sans prendre grand souci du restant de la masse aqueuse ou du surplus du pourtour de la cuvette.

L'essai que je fis du mercure, comme producteur de Lohée, donna un résultat remarquable. Considéré en lui-même, ce métal dégage une Lohée qui lui est propre, d'apparence trouble et grisâtre à sa partie inférieure, au contact de la surface métallique; mais, un peu plus haut et pour plus de la moitié de son volume, cette même Lohée devient plus claire et bleuâtre. En versant le mercure dans une écuelle d'eau, on voyait reparaître cette Lohée grise et bleue : mais elle n'était plus massée maintenant sur le métal, elle ne lui était plus attachée tout entière ; elle se séparait en deux parties, dont l'une traversait l'eau. Immédiatement au-dessus du métal, une couche de Lohée grisâtre et sombre de 4 lignes de hauteur; mais à la surface de l'eau, une couche libre de Lohée flottante, bleuâtre et claire, de 18 lignes de hauteur. Entre les deux, dans la masse aqueuse même, mes observateurs ne voyaient rien de l'effluve qu'ils percevaient au-dessus des deux pôles des corps composés. La raison en est sans aucun doute que l'ensemble de la surface du mercure n'ayant point de pôles n'offre pas de point de condensation, et que du reste la quantité du mercure employée était relativement trop faible. Le croquis ci-joint éclaircira ce que je veux dire.

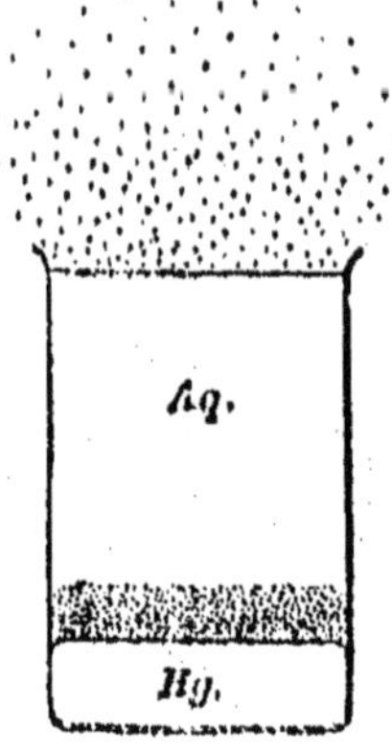

Ces essais ont été aussi pratiqués dans l'alcool. Dans un récipient de 2 pouces de hauteur, rempli d'alcool, les résultats furent les suivants :

NATURE DES MÉTAUX	COLORATION ET Hauteur de la Lohée inférieure à la surface du métal	COLORATION ET Hauteur de la Lohée supérieure à la surface de l'alcool	MÉTAUX PLACÉS A SEC DANS LE MÉRIDIEN	
			Extrémité sud	Extrémité nord
Mercure	6''' gris	18''' bleu	—	—
Fer	3''' gris rougeâtre	30''' gris-bleuâtre	—	—
Plomb	3''' violet	9''' bleu sur gris	48'''	18''' bleu de ciel
Nickel	1''' gris jaunâtre, assez dense	9''' gris, faible	7'''	3''' gris rougeâtre
Iridium	1''' gris rougeâtre, jaunâtre	15''' jaunâtre	5'''	2''' gris rougeâtre
Tellure	½''' gris lumineux	15''' bleuâtre	6'''	3''' gris bleu
Bismuth	2''' gris lumineux	10''' gris lumineux	5'''	2'''
Cadmium	3''' jaunâtre, assez dense	15''' gris-bleu jaunâtre	6''' tronquée	3''' en pointe
Etain	3''' jaune sale, dense	12''' gris jaunâtre	6'''	2''' bleu foncé
Antimoine	2''' gris foncé	10''' gris bleuâtre	7'''	3''' gris jaunâtre

Versé dans l'éther, le mercure donna une couche inférieure de Lohée de 1 ligne de hauteur, trouble et un peu foncée ; une couche supérieure de 7 lignes, gris bleuâtre. — Dans l'acide acétique étendu, la couche inférieure, immédiatement au-dessus du mercure, avait 3 lignes : la Lohée était brumeuse, grise, assez épaisse ; la couche supérieure, au-dessus de l'acide, avait 9 lignes était plus ténue et de couleur jaunâtre.

Ces essais, par suite de l'inégale grosseur des pièces métalliques, ne peuvent être considérés que comme approximatifs; mais ils donnent des aperçus suffisants (en ce qui concerne la portion de Lohée qui constitue la couche inférieure et reste au contact du métal — et celle qui s'élève au-dessus du liquide) sur la grandeur relative des Lohées au Sud et au Nord, ainsi que sur les traces de coloration qu'elles manifestent.

On peut en conclure que le phénomène ne se borne pas à la production des Lohées à la surface des corps dans l'air, mais que les Lohées prennent leur source dans l'essence même de la matière; et quand les milieux sont fluides et transparents, comme l'eau et l'alcool, l'emploi des sensitifs nous permet, au moins en partie, de nous rendre compte des mouvements de la Lohée dans ces milieux. Nous acquérons donc ainsi la notion d'une décomposition des Lohées, dont les indices nous avaient déjà frappés ailleurs.

Conductibilité. Accumulation. — Au point de vue de la conductibilité et de l'accumulation sur les autres corps, les Lohées se comportent comme la sensation nous l'a déjà fait pressentir. Si l'on enroule un fil de cuivre en spirale autour d'un cylindre de verre, et qu'on attache les deux extrémités du fil aux deux pôles d'un aimant puissant ou d'un spath de grandes dimensions, les franges de Lohée apparaissent au bout de peu de temps sur les bords du verre. — Le même phénomène se produit, si l'on appuie simplement l'extrémité des doigts des deux mains, pendant 5 minutes et même moins, aux extrémités du fil. — En plaçant respectivement les deux mains sur les branches de même nom d'un fer à cheval aimanté, on voyait croître les Lohées des deux pôles. — En prenant à la main un couteau par le manche, la pointe en dehors, la Lohée s'y renforçait rapidement. En remplaçant le couteau par une fourchette ordinaire en argent, à 4 dents, on voyait paraître à leurs extrémités 4 petites Lohées hautes de 1 ligne. — Un crayon glissé entre les doigts jusqu'au creux de la main, la pointe taillée en l'air, laissait flotter à cette pointe un petit cône de Lohée. Même résultat quand on plaçait simplement le crayon sur l'extrémité des doigts réunis : on obtenait ainsi des fils de Lohée dont la longueur allait jusqu'à

24 lignes. Bien plus, en plaçant simplement le crayon en équilibre à l'extrémité d'un seul doigt, on distinguait à la pointe comme un rayon de Lohée. — Dans le but de suivre en quelque sorte la marche du phénomène, on posa une petite carte de visite au bout d'un doigt, par exemple au bout du médius de la main gauche : aussitôt un sensitif pouvait voir aux 4 coins de ce papier mouvant la Lohée jaillir, avec des dimensions variables. Le coin le plus éloigné de l'opérateur portait l'effluve le plus considérable, 8 lignes de longueur; le plus éloigné après celui-là, un plus petit; le troisième un plus petit encore; et le quatrième le plus proche de l'opérateur, un reste seulement de Lohée, de la grosseur de quelques graines de pavot. En répétant l'expérience sur un doigt de la main droite, les résultats étaient identiquement les mêmes, mais les Lohées disposées en sens inverse. Pour donner à l'expérience plus de signification, on prenait la carte ou une enveloppe de lettre à la main, de façon à la tenir facilement par le milieu, le pouce en dessous, les 4 doigts en dessus. La Lohée effluait alors plus abondamment des 4 coins; mais toujours les coins éloignés du corps donnaient les plus fortes émanations, et ceux qui s'en rapprochaient, les plus faibles. — En prenant un couteau dans la main gauche, la pointe en l'air, il s'échappait de cette pointe une Lohée de 3 lignes de hauteur; une seconde personne plaçant sa main gauche sur la première main, la Lohée montait à 6 lignes; à l'aide d'une troisième main, à 9 lignes. — Si l'on prend un corps léger, un peloton de fil de coton parexemple, dans la main gauche, en l'y gardant cinq minutes, pour le placer ensuite sur la table ; qu'on l'examine dans le sens de la surface de la table, en le faisant se projeter sur un fond sombre; un sensitif voit alors ce peloton complètement enveloppé d'un brouillard de Lohée qui s'en élève et peut être observé pendant plusieurs minutes.

La transmission de la Lohée ou de son principe se dessine très nettement dans l'eau. On avait rempli d'eau, jusqu'à 3 lignes du bord, 3 récipients semblables; ils fournissaient par eux-mêmes, sur leurs bords, une couronne de Lohée bleue de 3 lignes. Au dessus de l'eau qui n'avait qu'un pouce $^1/_2$ de hauteur, on n'apercevait qu'un duvet lohique ayant à peine 1 ligne. On pritalors un verre dans la main gauche, un autre dans la main droite, le troisième restant à sa place; au bout de cinq minutes, on les compara. L'eau tenue dans la main gauche fournit alors cinq lignes de Lohée jaune rougeâtre; celle de la main droite, dix-huit lignes de Lohée bleuâtre. Ainsi ces deux verres s'étaient chargés de Lohée, et cette Lohée ils l'exhalaient maintenant, positive à gauche et négative à droite.

Mais tous ces résultats furent surpassés dans l'expérience suivante de conductibilité à travers un fil de fer, de l'épaisseur d'un tuyau de plume et d'une longueur de 50 pieds, qu'on avait suspendu dans le méridien, en lui faisant traverser 3 chambres; dans ces conditions, livré à lui-même, il donnait à son extrémité sud une Lohée de 6 lignes de longueur et peu nette. L'extrémité Nord fut alors exposée à la lumière solaire directe; aussitôt s'éleva au Sud une Lohée de 24 lignes, claire et blanchâtre, qui se prolongeait encore en arrière par un duvet blanchâtre, sur le fil même dont il couvrait 1 pied 1/2. Ainsi l'influence de la lumière solaire se faisait sentir instantanément à 8 toises de distance, par une production de Lohée.

Tous ces cas différents ne sont que des exemples de conductibilité ou d'accumulation de la Lohée ou de son principe.

Décharges lohiques. — La décharge de la lohée par les corps où elle réside, ou plutôt où réside son principe, se fait à la fois sur toute la surface de ces corps; on voit ses émanations vaporeuses envelopper les corps de toute part, sous forme de duvet, de franges ou de nuages; elle affiche en même temps sa préférence pour les arêtes vives, et ce d'autant plus que les angles sont plus aigus. Une table ordinaire, à coins, laissait effluer le duvet lohique tout le long de ses pieds et de ses arêtes, mais toujours avec plus d'intensité aux coins de la tablette. Dans les cristaux et les aimants, l'activité lohique se développe surtout aux pôles; mais, dans le voisinage de ces pôles, ce sont toujours les arêtes et les angles qui donnent lieu de préférence à un développement plus considérable des effluves, en hauteur et en longueur. Un couteau pointu portait de la Lohée au dos, mais les franges étaient bien plus larges le long du tranchant, et le courant lohique était de 4 à 8 fois plus long à sa pointe qu'en tout autre point de sa surface. — *Le courant lohique, par analogie avec l'électricité, se porte donc de préférence aux saillies du corps, et particulièrement aux pointes.*

État d'agitation de l'air. — L'agitation de l'air n'est pas sans influence sur la Lohée. Quand on soufflait sur une Lohée, elle cédait un instant comme ferait une belle flamme, celle de l'alcool par exemple ; mais, à l'instant même, elle reprenait sa position primitive dès que cessait l'insufflation.

Ici encore les Lohées se comportent à la façon des corps matériels : cela saute aux yeux.

Direction de l'effluve. — La direction que suivent forcément les effluves lohiques, lorsqu'il leur est permis, dans une certaine mesure, de suivre librement leur cours, est rectiligne et se confond d'abord avec celle de l'axe longitudinal des corps. C'est de cette façon qu'ils jaillissent des cristaux, des aimants, des masses métalliques cylindriques, des doigts, des tiges des plantes, etc. Mais ce n'est que rarement qu'ils jouissent de cette indépendance, et, dans la plupart des cas où le phénomène se présente, ils sont influencés par des agents extérieurs et des circonstances diverses. Il en résulte cette sensation qu'en général elles affectent une tendance à s'élever. Un cristal de gypse, placé horizontalement, donnait à ses deux pôles des Lohées qui se prolongeaient horizontalement aussi ; mais, avant d'être à moitié route, elles s'incurvaient, s'élevaient en décrivant un quart de cercle, et, lorsqu'elles avaient une longueur suffisante, prenaient enfin la direction verticale, pour se perdre ensuite dans l'air. C'est ce qu'on avait pu remarquer déjà sur les doigts d'une main étendue horizontalement. Mais cette tendance se manifestait surtout d'une façon frappante lorsqu'on dirigeait vers le sol le pôle producteur ; les mains tombant naturellement, les sensitifs voyaient les Lohées effluer d'abord des bouts de doigts dans la direction du sol ; mais elles s'incurvaient immédiatement, et l'effluve montait alors en s'élevant le long de ces mêmes doigts. Il en était de même dans toutes les circonstances, quand bien même le bras n'était pas pendant, ou que, la main étant levée, les doigts seuls étaient dirigés vers le sol ; dans ce cas l'effluve descendait sur le tiers de sa longueur, puis remontait verticalement sur les deux autres tiers.

Des spaths gypseux de la grosseur de la main, placés debout, émettaient la vapeur d'abord verticalement vers le sol ; mais celle-ci s'incurvait ensuite et remontait non moins verticalement le long des facetes de la pierre. La grande colonne cristalline de 5 pieds, le pôle négatif en bas, donnait naissance à une colonne de Lohée de 15 pouces de profondeur et de 3 pouces d'épaisseur ; mais celle-ci se retournait alors et remontait sur une hauteur de 22 pouces; après quoi, aux yeux des sensitifs moyens, elle s'évanouissait dans la clarté du jour.

Je n'ai parlé jusqu'ici que des effluves immédiats. Mais les Lohées qu'on obtient par conductibilité, obéissaient aux mêmes lois de direction et de changement de direction. On pouvait s'en convaincre par l'emploi d'un simple crayon qu'on tenait à la main, la pointe en bas : le principe inconnu passait de la main dans le crayon, se dirigeait à travers ce corps, sortait à la pointe en allant vers le sol et se retournait alors immédiatement pour remonter le long du bois.

De tout ceci il résulte que la Lohée participe aux lois de la pesanteur : donc, ou bien elle est, en soi, quelque chose de pondérable, ce qui est invraisemblable absolument; ou bien le milieu ambiant auquel elle s'attache est altéré, dilaté, modifié dans son poids spécifique, comme il le serait par la chaleur. Mais ces phénomènes montrent aussi en même temps que la Lohée n'est pas inerte à sa sortie des corps, qu'elle en jaillit avec une certaine vitesse, surtout aux pôles, où bientôt, malgré les sollicitations opposées de la pesanteur spécifique, elle prend sur celle-ci la prépondérance.

Inclinaison au Sud. — Un autre motif déterminant sollicite la Lohée dans la direction du Sud. Si l'on élevait les deux mains, les doigts en l'air, on remarquait dans les effluves qui s'élevaient une faible inclinaison vers le Midi. Deux morceaux de gypse, placés l'un près de l'autre, le pôle positif de l'un et le pôle négatif de l'autre tournés vers le haut, donnaient des Lohées qui s'inclinaient au sud, la première de 12 degrés, la seconde de 5. Un fer à cheval à 5 plaques, les pôles en l'air, les branches dans le Parallèle, donnaient des Lohées qui s'inclinaient au Sud : la positive de 10 degrés, la négative de 5 degrés.

Action de direction des Aimants sur la Lohée. — Les expériences suivantes pourraient donner quelques éclaircissements à ce sujet. Deux barreaux aimantés, de 6 pouces, furent fixés horizontalement chacun dans un support en bois ; leurs deux pôles faisant saillie plongeaient librement dans l'atmosphère ; tous deux, dirigés en sens direct vers les pôles de la terre, étaient placés en ligne droite l'un derrière l'autre dans le Méridien, à une distance de 5 pieds, le pôle Sud de l'un et le pôle Nord de l'autre se faisant face. Nous appellerons, si l'on veut, *pôles intérieurs* ces deux derniers pôles. A la distance de 5 pieds, les deux Lohées intérieures, c'est-à-dire les Lohées de l'un et de l'autre aimant qui se faisaient face, n'avaient pas d'action l'une sur l'autre : on ne remarquait rien. Mais dès qu'on avait rapproché les deux pôles intérieurs à 4 pieds l'un de l'autre, on voyait s'allonger la Lohée négative intérieure ; et, si l'on ramenait à 3 pieds 1/2 la distance, on voyait se produire le même phénomène au pôle positif intérieur. Les Lohées semblaient s'attirer mutuellement. A mesure que le rapprochement des barreaux augmentait, les Lohées perdaient en largeur et gagnaient en longueur. A la distance :

de 3 pieds,	la Lohée intérieure à l'extrémité sud	s'allongeait à	9 lignes
— 2 pieds,	—	—	15'''
— 1 pied 6 pouces,	—	—	20'''
— 1 pied 3 pouces,	—	—	26'''

les Lohées allaient donc en croissant jusqu'à ce que, à cette distance de 15 pouces entre les pôles, elles commençassent à se toucher par leurs pointes. En dépassant alors cette limite, et les rapprochant encore plus, comme les Lohées ne pouvaient s'allonger davantage, mais qu'elles étaient pressées l'une contre l'autre, nous vîmes les phénomènes précédents se reproduire en suivant l'ordre inverse. Les Lohées ne se neutralisaient pas l'une l'autre, elles ne s'absorbaient pas, comme on aurait pu s'y attendre.

elles se contentaient de revenir lentement à leur forme primitive. Mais, en continuant de rapprocher les pôles jusqu'à 2, puis jusqu'à 1 ligne, elles prenaient l'une après l'autre la forme de l'ellipsoïde, de la sphère, du tore et enfin d'un disque entre les deux pôles. En fin de compte, les pôles se trouvant en contact parfait, les Lohées intérieures s'éteignirent ; les deux barreaux n'en formèrent plus qu'un de grandeur double, avec allongement de Lohée aux deux pôles extérieurs. Au cours de l'expérience, aussi longtemps que durait le rapprochement, tous les effluves extérieurs et intérieurs conservaient comme direction celle de la longueur des barreaux, d'une façon générale la ligne droite dans le Méridien.

Il en était tout autrement (*Aphorismes*, n° XVI), lorsqu'on détournait de la ligne méridienne (10, 20 ou 30°) l'un ou l'autre des barreaux ou tous les deux à la fois, et qu'on les inclinait sur l'horizon, les deux pôles extérieurs en bas. Alors il est vrai, les Lohées intérieures étaient encore tournées l'une vers l'autre, suivant une direction unique ; mais les Lohées extérieures ne gardaient plus ni l'une ni l'autre la direction de l'axe longitudinal des barreaux : elles se prolongeaient horizontalement, l'une vers le Sud, l'autre vers le Nord. Dès qu'on descendait au-dessous de 4 pieds d'écartement, elles abandonnaient la direction de l'axe longitudinal pour prendre celle de l'horizontal : on eût dit que chaque pôle intérieur soufflait au pôle extérieur qui lui était opposé sa Lohée propre.

On pouvait attribuer ces faits soit à l'action du magnétisme, soit à celle du principe inconnu d'où découlent les Lohées. Pour faire la lumière à ce sujet on accoupla exactement de la même façon deux morceaux de gypse, qu'on disposa dans le Méridien à 4 pieds de distance l'un de l'autre, en mettant en regard leurs pôles sympathiques, comme on l'avait fait déjà avec les barreaux aimantés. Le rapprochement progressif donna lieu entre les deux pôles intérieurs à des phénomènes lohiques absolument semblables à ceux qu'on avait remarqués sur les aimants. Mais il n'en fut pas de même des pôles extérieurs, lorsqu'on soumit les cristaux à l'inclinaison. Rien ne fut changé à la direction des Lohées, elles n'adoptèrent pas l'horizontale, mais à chaque rapprochement des pôles intérieurs elles continuèrent à jaillir sans modification dans leur direction primitive commune, celle de l'axe longitudinal des cristaux.

Pour tirer la chose au clair, on réunit dans la même expérience un barreau aimanté et un cristal : sur l'un des supports était fixé un aimant, sur l'autre un cristal ; on leur donna une inclinaison de 30 degrés. Le résultat fut que l'aimant agissait sur les Lohées des pôles du cristal, en particulier sur la Lohée et le pôle extérieurs, exactement de la même façon qu'il l'avait fait sur ceux de l'aimant qu'on lui avait opposé précédemment. Pour reproduire la série des phénomènes, il fallait approcher l'aimant du cristal plus qu'il n'avait été nécessaire avec l'autre aimant ; l'action aussi était un peu plus faible : car la Lohée extérieure du cristal n'était pas amenée complètement à l'horizontale, mais relevée seulement jusqu'à ne plus faire avec elle qu'un angle de 5 à 6 degrés ; vraisemblablement, l'aimant était un peu faible pour la grosseur du cristal.

Il n'en était pas moins clair que les Lohées et le principe actif qui se développe aux pôles, n'avaient pas de pouvoir directeur vis-à-vis des Lohées extérieures des cristaux qu'on leur opposait, lorsqu'elles émanaient elles-mêmes de cristaux ; qu'au contraire, les pôles d'un aimant ont une action de direction puissante non seulement sur les Lohées d'un aimant qu'on lui oppose, mais encore sur celles des cristaux. Elles agissent d'une façon appréciable sur la direction des Lohées de même nom, les poussent hors de leur direction axiale, et les forcent d'adopter plus ou moins exactement l'horizontale. Évidemment, d'*invisibles* courants magnétiques entraînaient après eux les Lohées *visibles*, de même nom, comme le ferait un souffle puissant. *C'est là*, si je ne me trompe, *une manifestation nouvelle, sous forme visible, d'une action mécanique du magnétisme.*

Déviation au Sud. — Dès lors, on ne peut méconnaître que la lumière se fait sur ce phénomène, que partout les Lohées affectent une certaine inclinaison vers le Sud. Si les courants magnétiques dévient les courants lohiques des pôles de même nom des aimants et des cristaux de la direction de l'axe longitudinal des barreaux qui les portent, et leur imposent l'horizontale, le magnétisme terrestre, à son tour, doit agir de la même façon. Or, dans notre hémisphère, ses effluves vont d'une façon prédominante du Nord au sud, comme le prouve si clairement l'effluve, dit aurore boréale; donc, selon toute vraisemblance, la déviation que toutes les Lohées ont à subir du Nord vers le Sud, n'est que le résultat immédiat de l'action qu'exerce sur elles le magnétisme terrestre, émanant du Nord.

Incidemment, s'offre à nous, comme conséquence de ces observations, cette idée que, sans cesse et partout, nous sommes enveloppés d'effluves magnétiques, pour l'étude desquels nous ne possédons jusqu'ici ni moyens d'observations, ni réactifs. L'aiguille aimantée mobile ne nous renseigne encore là-dessus d'aucune façon. Mais ce qui nous le garantit, c'est la susceptibilité si facile à émouvoir des sensitifs. En même temps, ces expériences nous fournissent de nouvelles preuves *des différences fondamentales qui existent entre le magnétisme et les forces* (*odiques*) dont il est question dans ce travail.

TROISIÈME CONFÉRENCE

DE QUELQUES PROPRIÉTÉS RELATIVES A LA LOHÉE

On remarque une variété très grande dans les circonstances pour ainsi dire innombrables où la nature, force ou matière, donne naissance à la Lohée. Je ne puis en spécifier ici que quelques-unes, dans les limites de mes investigations, et encore ne sera-ce qu'une véritable rapsodie.

Matériaux tenus a la main. — Dans les corps simples et les combinaisons communes se sont manifestées des propriétés relatives qui leur sont propres. Les doigts de la main droite d'un sensitif ne donnaient, dans un moment où il souffrait légèrement de rhumatismes, que 4 lignes de Lohée : on lui fit tenir dans cette main un morceau de sel gemme ; la Lohée monta rapidement à 6 lignes. On remplaça le sel gemme par un quart de livre d'antimoine : la Lohée monta à 7 lignes ; un morceau d'arsenic métallique la porta à 8 lignes et demie. Tout corps od-négatif exerçait la même influence, faisait croître la Lohée des doigts. Pour tous les corps od-positifs, l'action était inversée ; un quart de livre de fer en barre diminua la Lohée jusqu'à 2 lignes. Quelques morceaux bien secs de potasse hydratée l'abaissèrent à 1 ligne. Quelques demi-onces de natron métallique la faisaient presque disparaître. Tout corps positif, pris dans la main droite, comprimait, diminuait la Lohée des doigts de cette main, plus ou moins, suivant le rang qu'occupaient dans l'échelle odique ses propriétés polaires. Tout corps négatif ajoutait ainsi directement à l'action de la main négative, et la Lohée croissait; tout corps positif l'affaiblissait.

Pour changer le sens des expériences, on s'y prit de la façon suivante : au lieu de placer les objets dans cette même main droite, dont on observait la Lohée, on les plaça dans l'autre, la main gauche, tout en continuant comme devant à observer la Lohée des doigts de la main droite. Tous les susdits corps négatifs qui, dans les précédents essais, avaient fait croître la Lohée des doigts, comme aussi le soufre et les sels, agissaient maintenant en sens inverse et la diminuaient. L'action des corps positifs variait, en conséquence, et renforçait la Lohée des doigts de la main droite. En employant dans le même but les mains d'une troisième personne on arrivait aux mêmes résultats, *mutatis mutandis*. L'action qu'avaient manifestée tous les corps, quand on les tenait dans la main droite, était absolument inversée lorsqu'ils se trouvaient dans la main gauche.

On donna alors plus d'extension à ces expériences : c'est sur la main gauche, cette fois, qu'on observait la Lohée. On obtint exactement les mêmes résultats, seulement ils avaient pour ainsi dire changé de signes en gardant les mêmes valeurs absolues.

L'explication qu'on donnerait de ces faits serait ici prématurée ; il faut la remettre à plus tard; mais on ne pouvait passer outre, en ce moment, à la constatation de ces remarquables propriétés relatives.

Acides et bases (vinaigre et potasse). — On a, d'autre part, fait cette remarque, que, chez les gens qui souffrent beaucoup d'attaques de nerfs, le mal augmente, quelquefois même apparaît, lorsqu'ils plongent les mains dans le vinaigre; au contraire, il diminue et parfois même disparaît complètement lorsqu'ils les enfoncent dans une lessive de cendres. On fit donc de ces deux matières une solution aqueuse très étendue; puis on y fit plonger, d'un bon pouce, les doigts d'un sensitif moyen. Après les y avoir maintenus pendant quelques minutes, celui-ci les retirait pour en examiner les Lohées. Voici les résultats :

Le vinaigre provoquait : sur les bouts de doigt de la main

gauche, des Lohées plus basses et plus claires; sur ceux de la main droite, des Lohées plus basses et plus épaisses.

La solution alcaline provoquait : sur les bouts de doigt de la main gauche, des Lohées plus hautes et plus épaisses; sur ceux de la main droite, des Lohées plus hautes et plus claires.

La liqueur acide diminuait donc les Lohées; la solution alcaline, au contraire, les faisait croître. L'acide épaississait l'effluve lonique à droite; la potasse l'épaississait à gauche. En résumé, l'acide négatif accélérait sur la main négative la production de la Lohée; et la solution alcaline, positive, faisait de même sur la main positive.

Phosphorescence. — La phosphorescence produite par l'action solaire n'est, d'après mes recherches, qu'une accumulation d'Od, provoquée par les rayons du soleil; les corps, ainsi chargés d'od, laissent aussitôt effluer la lumière odique qui persiste pendant quelque temps; cette lumière, non seulement les sensitifs la voient, lui trouvant, en général, un éclat puissant dans la chambre noire; mais toutes sortes de gens peuvent aussi l'apercevoir, à condition d'être dans les ténèbres. Désirant connaître ses rapports avec la Lohée, j'opérai avec un sensitif bien portant : je lui présentai des poudres qui avaient subi l'incandescence et provenaient d'écailles d'huîtres et de pierres de Bologne, le tout sortant d'une cassette fermée; c'était à huit heures du matin, et l'observation se faisait au jour. Le sensitif trouva que les deux matières étaient garnies d'une Lohée haute de 6 lignes; je les exposai toutes deux pendant 15 secondes aux rayons du soleil, et je les lui présentai de nouveau, mais à l'ombre; il trouva alors que le côté qui n'avait pas été exposé, n'avait pas changé, mais que l'autre, qui avait subi l'action solaire portait une Lohée de 12 à 13 lignes, c'est-à-dire de hauteur double. Donc les rayons solaires qui exaltent l'état odique des corps, renforcent de même les effluves lohiques; et, comme ces rayons sont de préférence naturellement négatifs, c'est encore le principe négatif qui agit ici pour renforcer les Lohées sur les matières terreuses négatives.

Flamme. — Au point de vue mécanique, la Lohée n'a qu'une

action très faible. Si on approche le bout d'un doigt, la pointe d'un cristal ou une forte aiguille aimantée, de la flamme d'une bougie, et qu'on y dirige transversalement le courant lohique, il ne se produit dans la flamme ni la moindre perturbation, ni la moindre inflexion. La Lohée, sans qu'on ait mesuré le rapport, est bien plus subtile que la flamme, et n'a pas d'action sensible sur elle.

Lohée sous verre. — Si délicate et si faible que soit toujours l'apparence sous laquelle les Lohées se manifestent à l'œil sensitif, leur intensité n'est cependant pas assez faible pour les rendre imperceptibles à travers le verre. En interposant un carreau de vitre, en verre dit de solinglas, entre les Lohées et l'œil, on continuait à saisir d'une façon suffisamment nette ces Lohées à travers le verre; en superposant plusieurs épaisseurs de verre, on affaiblissait cependant l'image, et, avec six carreaux de vitre, on arrivait à la rendre invisible. Mais, en employant un miroir étamé, l'image de la Lohée était encore assez bien réfléchie pour permettre de le percevoir en toute netteté; l'action du mercure se bornait à renvoyer l'image avec une teinte blanchâtre plus accentuée.

Noyau et enveloppe de la Lohée. — Il s'est manifesté, dans la constitution des Lohées, une diversité d'aspect assez singulière : au centre de l'effluve, au point où il se dégage du pôle, on pouvait reconnaître l'existence d'une sorte de noyau. On l'a souvent comparé à l'aspect que présente la flamme d'une bougie; en effet, on remarque à l'intérieur de cette flamme, un cône plus petit, de densité et de coloration supérieures. Cette portion intime de la Lohée, assez bien délimitée, était un peu plus trouble, plus grise, plus dense que son enveloppe extérieure; celle-ci l'entoure comme d'une vapeur plus volumineuse, plus brillante et plus subtile. La remarque se faisait plus nettement sur les Lohées des aimants et des doigts, que sur celle des cristaux, qu'enveloppait une gaze plus subtile et plus homogène. Mais il y a bien d'autres corps qui laissent constater cette différence délicate entre les Lohées. Considérons, par exemple, la scission déjà mentionnée, qui s'opère dans les Lohées lorsqu'on plonge des corps simples dans l'eau, dans l'alcool, dans l'éther ou dans l'acide acétique. Nous avons vu que les Lohées se présentaient alors sous deux formes en même temps : l'une, plus dense, plus trouble, rougeâtre-jaunâtre, qui s'attache au corps immergé lui-même ; l'autre, plus subtile, plus claire, bleuâtre, qui vacille à la surface du fluide. L'analogie qui existe entre ces deux formes de la Lohée, d'une part, et, d'autre part, entre le noyau de la Lohée et son enveloppe bleuâtre plus subtile, cette analogie, dis-je, saute aux yeux. La troisième expérience qu'on peut rattacher à ce sujet, est celle où nous comparions deux liquides chargés de Lohée. Suivant que l'eau avait séjourné dans la main gauche ou dans la main droite, la Lohée qui en émergeait était rougeâtre ou bleuâtre. L'explication de ces différences dans la coloration, n'est pas difficile à trouver, si l'on veut bien prendre en considération les conclusions exprimées ailleurs par moi sur ce sujet : d'après l'expérience acquise, l'une des colorations correspond au pôle positif, l'autre au pôle négatif, dans tous les phénomènes qui sont du domaine de la perception sensitive. Ainsi donc, ces Lohées, si je ne me trompe fort, se partagent, comme tout ce qui a trait à notre sujet, en une moitié positive et une moitié négative ; à la première appartiennent les noyaux décrits plus haut, à la seconde les enveloppes et tout ce qui s'y rapporte.

Neutralisation. — Si l'on ne perd pas de vue ce contraste, cette dualité, on ne peut rien imaginer de plus surprenant que le détail suivant : les Lohées de valeur positive et négative, non seulement, comme nous l'avons vu, ne s'attirent pas, ne se repoussent pas, ne se neutralisent pas l'une l'autre, ne s'absorbent même pas mutuellement, mais persistent à conserver leur individualité propre, qu'elles se côtoient, s'enveloppent ou se traversent l'une l'autre. En plaçant vis-à-vis l'un de l'autre les pôles de nom contraire de deux cristaux, nous avons vu que leurs Lohées, dès qu'elles arrivaient au contact, ne se détruisaient pas, mais qu'elles se refoulaient réciproquement, qu'elles se contraignaient mutuellement à la condensation, qu'elles se massaient en ellipsoïdes, en sphères, en tores, en disques, et que, dans cette compression réciproque, elles se retroussaient, elles s'amoncelaient respectivement, plutôt que de se neutraliser ou de s'anéantir l'une l'autre. Même spectacle se reproduisait lorsqu'on opposait une main gauche à une main droite, opposant ainsi l'une à l'autre les Lohées des bouts de leurs doigts.

Nous avons découvert que les noyaux lohiques, positifs, troubles d'aspect, emprisonnés dans des courants négatifs plus clairs, s'élevaient dans l'atmosphère; nous avons vu que l'eau, l'alcool, l'éther et l'acide acétique dissociaient le mélange des émanations lohiques, maintenant au fond du fluide le principe positif trouble, et reportant au-dessus de la surface liquide le principe négatif clair. Prenons deux verres pleins d'eau et gardons-les cinq minutes dans nos mains, chargeant ainsi de Lohée positive le verre de la main gauche, et de négatif le verre de la main droite; le premier exhalera une Lohée rougeâtre très affaiblie, le second une Lohée bleu mourant. En versant ensuite les deux liquides dans un même troisième verre, nous devons nous attendre à les voir se neutraliser, et l'équilibre lohique s'établir sur les bases de l'état indifférent où se trouve l'eau avant d'être chargée de Lohée. Nous allons donc voir, le mélange fait, s'élever une Lohée de 6 à 8 lignes, absolument incolore? Pas du tout, le mélange des deux liquides ne se neutralise pas de sitôt; il se produit bien plutôt d'abord une Lohée qui tire sur le gris sale avec une hauteur de 12 à 13 lignes.

Nulle part donc, de neutralisation; partout, au contraire, pour l'effluve émanant d'un pôle unique, persistance de son individualité propre.

La Lohée traverse certains corps. — Je vous ai déjà fait connaître un certain nombre d'expériences exécutées avec un aimant en fer à cheval, à cinq plaques, disposé en sens direct dans le méridien, les pôles tournés vers le haut. On plaça d'abord sur cet aimant une feuille de papier à lettre : la Lohée se coulait, il est vrai, sous ce papier, pour venir ressortir sur les bords; mais ce n'était là qu'une partie de cette Lohée; l'autre partie se faisait jour à travers le papier. On remplaça le papier par du carton; la Lohée se fit jour aussi à travers, et on put la voir s'élever au-dessus des deux pôles, sur le carton dont elle se détachait. On remplaça encore le carton, sur les pôles de l'aimant, par une plaque de verre; on vit alors la Lohée se couler sous le verre, non plus partiellement, mais tout entière; au-dessus du verre, il ne parut pas trace de Lohée. Le papier, le carton s'étaient laissé traverser, mais le verre interceptait absolument le passage : ce que permettaient à la Lohée l'eau, l'alcool, l'éther et l'acide acétique, le verre le lui interdisait formellement.

Le verre laisse passer la chaleur, il laisse passer la lumière et le magnétisme ; ne laisserait-il donc passer ni la Lohée, ni absolument rien de ce qui peut émaner du même principe ?

Ce que je présumais se réalisa.

En laissant pendre, à 3 pouces au-dessus du verre, leurs mains qu'ils promenaient aux environs des points où ce verre couvrait les pôles de l'aimant, les sensitifs perçurent aussitôt l'action de ces pôles. N'était-ce pas, par hasard, l'effet du magnétisme qui traversait? Non, puisqu'en plaçant des plaques de verre sur les pôles des cristaux, le résultat fut le même. On percevait cette sorte de sensation qui accompagne partout les Lohées, et, cependant, ici ces Lohées n'existaient pas, elles étaient interceptées par le verre.

On plaça des plaques de verre sur des bouts de doigts. Au moyen d'un ferment quelconque, on provoqua une action chimique ; après quoi on plaça des plaques de verre sur des récipients. Nulle part la Lohée, ainsi développée, ne put traverser le verre ; mais partout, la main sensitive perçut abondamment les sensations qu'elle perçoit en toute occasion au-dessus de ces divers agents, lorsqu'elle n'en est pas séparée par le verre, lorsqu'elle est en relation immédiate avec eux.

Ce n'était donc pas le magnétisme, dont l'action se faisait sentir sur les doigts sensitifs, au-dessus du fer à cheval recouvert : c'était le principe qu'on a trouvé partout intimement lié à la Lohée, principe commun à tous ces divers agents, principe qu'on pouvait jusqu'ici considérer comme ne faisant qu'un avec le magnétisme, et que, pendant un siècle, on avait estimé lui être identique.

Ces faits nous en rappellent d'autres qui ont, avec eux, des rapports très proches ; ils nous remettent en mémoire que la tôle de cuivre, de fer ou de zinc, se laisse traverser par l'Od ; que les murs mêmes d'une chambre ne parviennent pas à l'arrêter. Il est évident que tous ces phénomènes dépendent l'un de l'autre, et, qu'en réalité, leur lien commun, c'est le rayonnement et l'accumulation de ce principe inconnu. La Lohée n'est que la manifestation de son propre principe, accumulé dans le milieu, l'air très probablement, où baignent les corps qui lui donnent naissance. L'air peut bien se frayer un passage à travers les pores du papier et du carton, mais pas à travers le verre et les autres corps solides, stables et compacts; tandis que le principe lui-même les traverse par rayonnement. L'analogie est complète entre ces phénomènes et les phénomènes calorifiques : la chaleur, en effet, dans une chambre chauffée par un poêle, d'une part, s'accumule dans l'air ambiant, d'autre part, traverse par rayonnement la paroi métallique solide du poêle. Et puisque nous en arrivons ici à constater le rayonnement d'un nouveau dynamide, ne savions-nous pas déjà, par tout ce que j'ai fait connaître, que ce ne peut être et que ce n'est, en effet, que l'Od? Partout nous trouvons l'Od en union intime avec les Lohées qui sont dans sa dépendance immédiate, ou, pour mieux exprimer ma pensée, qui constituent, en réalité, une de ses formes multiples.

Phénomènes subjectifs. Facultés visuelles. — Enfin nous ne pouvons taire certaines conditions subjectives, dans lesquelles se trouvent nos yeux en présence des phénomènes objectifs. A ce genre d'idées se rattachent quelques expériences à propos de la différence qui existe entre les deux yeux, au point de vue de leurs capacités visuelles. On sait, par mes recherches, qu'examinée par des yeux sensitifs, la lune n'a pas le même aspect pour l'un et pour l'autre œil. L'œil gauche est od-positif; l'œil droit od-négatif, comme le côté tout entier auquel ils appartiennent respectivement. Si l'on ferme l'œil gauche, et qu'on examine cet astre en plein éclat, avec l'œil droit seul, on le voit clair, pur, nettement délimité, de couleur jaune vif; si l'on ferme au contraire l'œil droit et qu'on regarde avec l'œil gauche seul, la lumière lunaire paraît trouble, impure, jaune-rougeâtre; ses bords sont noyés, l'ensemble est nébuleux. Pareille circonstance se représente lorsqu'on examine l'aspect des Lohées. Jacinthes, Tulipes, Safran, *Hepatica Nobilis*, *Galanthus Nivalis*, *Ficaria ranonculoïdes* et autres fleurs printanières stimultanément observées avec l'œil gauche, ne montraient que 3 lignes de Lohée; après avoir fermé l'œil gauche, si l'on n'employait à cet examen que l'œil droit, on voyait monter des fleurs l'effluve de Lohée à 6 et 7 lignes de hauteur. L'œil droit, od-négatif, percevait donc mieux la Lohée, la voyait plus nettement et sur une plus grande étendue.

Des personnes, dont la sensitivité n'est pas la même, voient les effluves de lumière odique sous des dimensions différentes, c'est-à-dire perçoivent dans les ténèbres des fractions plus ou moins grandes de l'effluve odique, qui s'épanouit à des distances inconnues : c'est ce que j'ai analysé suffisamment dans un autre ouvrage. Même chose arrive pour la Lohée. Des sensitifs faibles ne voient le plus souvent sur les bouts de leurs doigts que 1 à 2 lignes de Lohée; des sensitifs mieux doués voient vaciller les mêmes effluves au même moment sur des hauteurs de 5, 10 et 25 lignes; les haut-sensitifs enfin en peuvent suivre les traces sur plusieurs pieds de longueur.

Nous avons vu que les influences od-positives et od-négatives agissaient sur les Lohées en les altérant. Mais, sans aller jusqu'à opérer sur elles par contact, nous constatons, quand des influences odiques agissent sur notre propre corps, diverses modifications dans les images que nos propres sens nous fournissent de ces Lohées. Nous savons, par mes recherches précédentes sur la lumière odique, que, si derrière un observateur sensitif quelqu'un s'approche en se serrant contre lui de façon que le devant de son corps soit avec le dos du sensitif en contact immédiat, les facultés visuelles de ce dernier s'accroissent, se renforcent prennent une acuité telle qu'il aperçoit les lueurs odiques bien plus clairement, sur un plus long parcours et avec plus d'éclat; au contraire, lorsque le contact est inversé et qu'ils sont dos à dos les facultés visuelles sont déprimées à tel point que, pour le sensitif, toutes les lueurs s'éteignent subitement et qu'il est plongé dans les ténèbres les plus profondes, au milieu de la chambre obscure, et sans plus rien voir. Dans le premier cas, les membres de même nom des deux personnes étaient au contact, gauche contre gauche, et droite contre droite; c'est ce qui aug-

mente chez le sensitif la charge d'Od. Dans le second cas, les membres de nom contraire étaient placés vis-à-vis l'un de l'autre, gauche contre droite, droite contre gauche; l'Od de l'un des sujets exerçait ainsi sur celui de l'autre une attraction qui affaiblissait les sens de l'observateur dans les perceptions externes. Eh bien ! dans les mêmes conditions, on a constaté des résultats analogues quand il s'agit du pouvoir visuel appliqué en plein jour à la perception de la Lohée. En me serrant contre un sensitif, le devant de mon corps contre son dos; en plaçant mes bras sur les siens, mes doigs de pieds contre ses talons, puis lui faisant observer des cristaux, des aimants, sans les lui faire toucher le moins du monde, il vit leurs Lohées s'élever de 3 à 4 lignes plus haut qu'auparavant. En me retournant, en appuyant mon dos contre le sien, la Lohée, il est vrai, ne s'éteignait pas absolument pour lui; mais elle lui paraissait raccourcie d'environ 8 lignes; il la voyait, devenir plus petite et plus faible. En me retournant, encore une fois pour appuyer le devant de mon corps contre son dos; en opérant en même temps sur lui des passes, avec mes deux mains, depuis les jarrets jusqu'au sommet de la tête, je lui infusais de l'Od et il voyait alors ces mêmes Lohées plus hautes d'environ 10 li[illegible]es. Ce sont là de purs effets odiques, qui se reproduisent ici à chaque page.

Le pouvoir visuel, la puissance de la vue, sont donc aussi modifiés dans leur force, au point de vue des perceptions lohiques, par les influences qui, du dehors, arrivent à l'observateur. Et ce ne sont pas seulement les êtres humains qui agissent ainsi sur les sensitifs; c'est aussi bien tout autre objet de dimensions suffisantes, s'il se trouve à proximité et s'il est susceptible de fournir de l'Od : par exemple, dans une chambre, les murailles, qui sont négatives, les grosses masses métalliques, comme les poêles, qui sont positives; les grands miroirs, les colonnes en fer et par-dessus tout le magnétisme terrestre.

Les dimensions des images bien déterminées que le sens visuel permet aux sensitifs d'obtenir en fait de lumière odique ne dépendent donc pas uniquement de l'intensité de la sensitivité innée chez ces personnes; elles dépendent aussi des dispositions dans lesquelles ces observateurs se trouvent, par suite de l'influence des agents extérieurs. Ce facteur subjectif, on ne doit jamais le perdre de vue lorsqu'il s'agit de diriger des travaux sur l'Od et de faire la critique de leurs résultats.

Od et Lohée. — L'intime dépendance qui unit à l'Od le phénomène de la Lohée, doit sauter aux yeux de toute personne qui s'astreindra à lire ces pages. En réunissant les faits des deux ordres, qu'on a séparément analysés dans ce qui précède, pour en faire le parallèle, on achèverait d'éclairer complètement sa foi. Mais je crois que la nette vision des choses, que la conviction, se sont dégagées déjà de ces pages avec tant de force que toute nouvelle récapitulation, dont ce serait ici la place naturelle, confinerait au superflu : nous l'abandonnerons donc pour gagner du temps et de l'espace.

L'Od est le principe d'où découlent tous les phénomènes lohiques, et ceux-ci ont vis-à-vis de lui les mêmes rapports que les phénomènes lumineux. Les effluves lohiques qui se manifestent en plein jour, et les effluves odiques qui se manifestent dans l'absolue obscurité ne sont, c'est évident, qu'une seule et même vibration venue des profondeurs de l'Od : les premières, sous la forme d'une influence qu'elles paraissent exercer sur un milieu (l'air probablement où baignent les corps porteurs d'Od) ; les secondes, sous la forme d'une émanation lumineuse qui pourrait bien être le produit d'un travail exercé sur un milieu ambiant (l'air aussi peut-être). Leur apparition coïncide donc avec une modification (une simple accumulation peut-être), qu'elles font naître dans leur milieu. Elles ne sont ni l'Od lui-même, ni le principe créateur du mouvement, ni la force qui régit ce mouvement ; mais elles représentent, sous deux formes voisines l'une de l'autre, l'impulsion que ce principe exerce sur la matière.

QUATRIÈME CONFÉRENCE

ACTION MÉCANIQUE DE L'OD ; SON INTENSITÉ. MOUVEMENTS QU'IL PROVOQUE.

La question de l'Od serait promptement vidée, si les gens voulaient bien s'aider eux-mêmes un peu plus en ce qui touche la sensitivité. A les entendre dire, on pourrait croire qu'il n'y a au monde de sensitifs qu'auprès de moi, et que les découvrir est un tour de force sans pareil. Et pourtant j'ai partout fait voir en quel grand nombre et avec quelle facilité on les trouve en tous lieux. — Le scepticisme et les dénégations sans fondement que depuis vingt ans on oppose sans cesse et sous toutes les formes à la théorie de l'Od, sont basés surtout sur cette assertion, qu'on ne peut ni le voir ni le saisir, et qu'on ne peut le soumettre aux expériences de laboratoire. Ces attaques ne reposent sur rien de vrai ; car, si l'on voulait se donner la moindre peine pour découvrir ne fût-ce qu'un sensitif (à moi seul j'en ai employé à mes recherches près de 500, et, si j'avais voulu, j'en aurais trouvé tout aussi facilement 5,000), il deviendrait facile de tirer par douzaines de mes écrits des expériences absolument palpables. Abstraction faite cependant pour aujourd'hui de cet ordre d'idées, je veux, Messieurs les académiciens de Vienne, vous présenter aujourd'hui toute une série d'essais que tout le monde peut voir et toucher au doigt ; je ne m'adresserai pas à un sensitif, mais au premier venu ; tous vous pourrez voir et pour ainsi dire palper ces expériences, en mesurer, en dénombrer les résultats ; vous n'aurez même pas à prendre la peine d'y procéder vous-mêmes; c'est moi qui les exécuterai devant vous, pour peu que vous le désiriez. (Mais ces Messieurs n'en exprimèrent aucunement le désir.) — Ainsi nous aurons enfin raison de ces grands mots d'imaginations et de chimères, et des expressions pleines d'urbanité qu'on nous adresse de Berlin : « Mensonge, imposture et superstition. » (Expressions de Johann Müller, physiologiste de Berlin, dans son *Manuel de Physiologie*, tome I, page 26.)

I

MOUVEMENTS RECTILIGNES. — LE PENDULE

On voit parfois des jeunes gens s'amuser à un petit jeu qui consiste à attacher à un fil une bague en or, et, la plongeant ainsi suspendue dans un gobelet de verre, en tenant simplement le fil à la main, s'efforcer de la maintenir aussi immobile que possible. Au bout de peu de temps l'anneau se met à osciller de-ci de-là, et bientôt vient heurter les parois du verre. On estime de suite et avec raison que ce phénomène ne peut être déterminé que par la main elle-même, qui vacille et qui tremble si peu que se soit, ou par le mouvement du pouls. Cependant on tombe quelquefois sur des gens exercés qui ajoutent foi à l'illusion qu'ils se font à eux-mêmes et qui estiment être en état de maintenir leur main absolument immobile. Mais si l'on assujettit la main libre en l'appuyant à un corps stable de grandes dimensions, de façon que la vibration de la main ne puisse se communiquer au fil, le pendule, d'ordinaire, reste absolument immobile.

Il y a quelque temps j'entendis parler à Londres, où je me trouvais, d'un ingénieur de Brighton qui aurait, paraît-il, découvert un dispositif lui permettant de soustraire aux agitations de la main un pendule de cette sorte, ce qui n'empêcherait pas néanmoins les oscillations de se produire : en un mot, il aurait apporté quelque méthode dans cette question. Sur le désir que j'exprimai d'examiner de plus près la chose, quelques amis me conduisirent à Brighton ; je pourrais ainsi, disaient-ils, me rendre compte des détails d'un phénomène que j'avais qualifié tout net d'imposture.

Introduit auprès de M. Rutter, il nous montra avec beaucoup de complaisance son appareil, un cylindre de verre placé verticalement, près duquel se trouvait un support en laiton; à la partie supérieure de ce support, un fil de laiton (1 pied de long et 2 lignes environ d'épaisseur) formait horizontalement potence, son extrémité libre surplombant le cylindre de verre. A cette extrémité pendait un fil de cocon, muni d'un pendule en cire à cacheter, qui descendait à l'intérieur du verre et suivant l'axe, pour ne s'arrêter qu'à peu de distance du fond. M. Rutter plaça alors contre le laiton de ce petit appareil, son pouce et son index; et je vis en effet, au bout de quelques minutes, le pendule se mettre à osciller; les doigts de l'opérateur étant fort éloignés du fil, on voyait bien qu'ils n'avaient pas pu déterminer des oscillations d'amplitude aussi considérables. Je lui demandai l'autorisation de répéter moi-même son expérience; mais, sous l'action de mes doigts, le pendule ne se mit pas en mouvement. Mes amis, et parmi eux le docteur-médecin Ashburner, le pasteur Douglas, etc., firent, chacun leur tour, le même essai : aucun n'eut le pouvoir d'animer le pendule. M. Rutter nous dit que, dans son entourage, personne que lui et sa fille adulte n'était susceptible de mettre le pendule en mouvement, que pour bien d'autres personnes c'était impossible.

Sensitivité. — Aussitôt je fis à part moi cette réflexion, que M. Rutter tout comme sa fille, pourrait bien être doué de sensitivité, car j'avais toujours remarqué que cette propriété se transmettait des parents aux enfants et aux petits-enfants. Effectivement, quand je l'interrogeai il m'avoua des circonstances caractéristiques; son sommeil n'était pas paisible, et il en souffrait beaucoup; il était incommodé de froid aux pieds, évitait le jaune, aimait beaucoup le bleu (il portait justement une redingote bleue demi-teint); il avait fréquemment des douleurs de tête, était sujet à la peur, mangeait peu, etc.; et, lorsque je fis sur lui des passes, il les ressentit toutes sur le corps ou sur les mains, à la façon des sensitifs. C'était donc un sensitif lui-même, et sa fille, chez qui l'on remarquait les mêmes tendances, ne l'était pas moins. Parmi les personnes présentes, il n'y en avait pas d'autre. Il me communiqua une petite brochure intitulée : *Magnetoïd Currents, their forces and directions, with a description of the Magnetoscope : a Series of experiments, by J. O. N. Rutter, F. R. A. S., etc. London, John W. Parker and Son*, 1851, où l'auteur décrivait les oscillations qu'il croyait déterminer dans son pendule. Elles étaient, quant à leur direction, partie perpendiculaires à l'observateur, partie transversales, avec rotation tantôt à droite tantôt à gauche, suivant les influences auxquelles il soumettait sa main gauche libre, tandis que sa main droite s'immobilisait sur l'appareil.

Appareil pendulaire. — Revenu chez moi, je me consacrai à répéter les expériences que j'avais vues en Angleterre, et à les examiner de plus près. On m'avait fait cadeau à Londres d'un de ces petits appareils et je l'avais rapporté à Vienne, le conservant

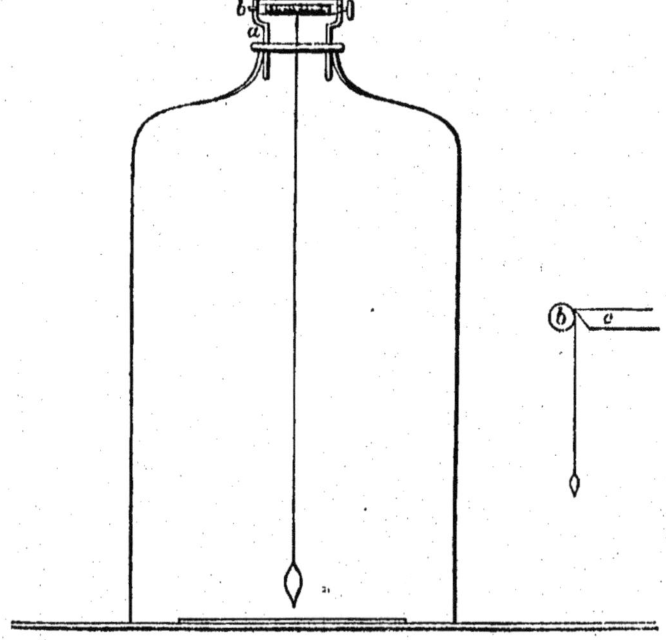

volontiers pour me servir de type. Ici même je m'en fis construire d'analogues, en y introduisant différentes modifications. Le croquis ci-dessus éclairera la chose. Ces derniers appareils se ressemblent tous, en ce qu'ils se composent essentiellement de cloches de verre plus ou moins grandes, assez semblables à la cloche ordinaire d'une machine pneumatique, si cette cloche était pourvue à sa partie supérieure d'une ouverture en forme de col. Dans le col, on ajustait une boîte en bois *a*, que traversait horizontalement un petit rouleau en bois *b*, de l'épaisseur d'un gros crayon ; ce rouleau était muni d'un molette qui permettait de le faire tourner sur lui-même à volonté. J'y enroulai 30 ou 40 tours d'un fil, à l'extrémité duquel était attaché un pendule à peu près de la grosseur d'une noix, avec une pointe à sa partie inférieure, et dont la matière consistait ordinairement en résine. Pendule et fil pendulaire occupaient le centre de la cloche et descendaient à 4 ou 6 lignes du fond, sur lequel on avait collé une feuille portant des circonférences concentriques, distantes l'une de l'autre d'une ligne. Par l'intermédiaire du petit rouleau, on pouvait à volonté enrouler ou dérouler le fil, et par suite élever ou abaisser le pendule à l'intérieur du verre. C'est sur les tours du fil et sur le rouleau lui-même qu'on plaçait l'extrémité des doigts destinés à agir ; mais, pour éviter qu'un seul doigt pût atteindre le fil lui-même, on avait encore disposé sur le côté, au point où le fil se détache du rouleau pour descendre dans la cloche, une petite planchette protectrice *c*, fichée dans la paroi de la boîte. Enfin le pendule était dirigé de façon que sa pointe se projetât exactement au centre des circonférences concentriques.

OSCILLATIONS SOUS L'ACTION DES SENSITIFS. — Employant d'abord l'instrument que j'avais rapporté de Londres, puis les divers appareils que j'avais fait construire moi-même, j'y appliquai le pouce et l'index de la main droite de la même façon que je l'avais vu faire à Brighton : le résultat fut exactement le même que chez M. Rutter, absolument négatif ; le pendule resta insensible, et le demeura tout aussi bien avec plusieurs autres personnes que je fis opérer l'une après l'autre. Mais, me souvenant de cette sensitivité que j'avais découverte chez mon ami d'Angleterre et chez sa fille, je fis travailler aussi un sensitif, Joseph Czapeck, menuisier de ma maison, homme grand et fort ; je ne fus pas surpris d'apercevoir alors, toutes les fois que cet homme de 45 ans, dans toute sa force, posait la main sur l'appareil, le pendule se mettre régulièrement en mouvement avec des oscillations qui s'élevaient progressivement à la plus grande intensité ! Toutes les fois qu'il retirait sa main, le pendule reprenait incessamment son immobilité; toutes les fois qu'il l'y appliquait de nouveau, les mouvements oscillatoires recommençaient. Je répétai ces observations avec un grand nombre d'autres personnes, à différentes époques, jamais les non-sensitifs n'amenèrent des oscillations. En définitive, il en résultait que les *oscillations annoncées existaient réellement et existent toujours, que les non-sensitifs ne peuvent les faire naître, mais que les sensitifs ont la propriété sans restriction de les produire.*

ERREURS DE RUTTER. — Ce fait constaté, je m'appliquai dès lors à en étudier les propriétés intrinsèques et relatives. Tout d'abord, je voulus répéter les différentes sortes d'expériences que citait M. Rutter. Quelques-unes se vérifièrent, mais le plus grand nombre, et de beaucoup, ne se réalisèrent pas; et partout la réalité s'écarta des résultats cités par Rutter. Il était clair que les conditions dans lesquelles ces expériences pouvaient réussir, n'étaient pas exactement rapportées, et qu'en général elles n'étaient même pas connues. J'obtins des oscillations rectilignes et transversales, des rotations à droite et à gauche, absolument comme lui, mais rarement en concordance exacte avec ses résultats. Je m'aperçus bientôt que, s'il avait fait une multitude d'essais en tous sens, il n'avait pas eu l'idée dirigeante et que, sans notions sur l'Od et la sensitivité, les raisons déterminantes du phénomène lui avaient partout échappé. Je ne veux pas le suivre ici dans sa marche erronée, ce qui serait fatigant, mais je vais passer à mes propres recherches et aux recherches et aux enseignements que j'ai pu en tirer.

Voici ce que je découvris d'abord : les mouvements de rotation, obtenus en si grand nombre par mon ami d'Angleterre et par moi-même au début, tenaient en grande partie, en très grande partie, à des dispositions de détail plus ou moins mal comprises; il n'y a absolument aucune régularité dans les mouvements de rotation observés avec l'appareil ci-dessus décrit; il n'y a pas davantage d'oscillations transversales. Si l'on veut obtenir les oscillations dans toute leur pureté, il faut se déterminer à ne placer l'appareil ni sur une table ordinaire, ni sur le plancher comme je l'ai vu faire à Brighton. Chaque pas que peut faire alentour une des personnes prenant part à l'expérience, toute porte que l'on ouvre, pour entrer ou sortir, et que l'on referme, toute voiture qui passe sur la voie publique suffit à ébranler l'appareil et à déterminer le mouvement du pendule. J'ai établi le mien immédiatement au-dessus d'un mur de soubassement à bonne distance du sol de la chambre, de façon qu'il repose sur les fondements mêmes de ma maison et ne puisse vaciller.

Sens des oscillations. — En prenant ces précautions, on peut amener le pendule à l'immobilité parfaite ; mais, tant qu'on n'a pas obtenu cette immobilité, dans le sens le plus strict du mot, on doit s'interdire d'imposer les doigts à l'appareil et de commencer l'expérience. L'immobilité obtenue, si l'on impose les quatre doigts de la main droite, on obtiendra toujours, pourvu que ne vienne s'y mêler aucune cause de perturbation, des oscillations rectilignes, et seulement rectilignes du pendule, et toujours perpendiculairement à la face antérieure du corps sensitif; jamais de mouvements transversaux d'un côté à l'autre du sensitif, bien moins encore de mouvements rotatoires directs, comme Rutter en dénonce si souvent. Si la force motrice inconnue avait une tendance quelconque à produire une rotation, le pendule suspendu au fil de coton dans l'appareil Rutter, tournerait sur lui-même, il tournoierait : or, il ne fait qu'osciller; par suite, il n'a pas de tendance au mouvement circulaire; tous ses efforts tendent au mouvement en ligne droite, à moins que, soumis à des chocs de directions différentes, il n'adopte la ligne résultante, qui le conduit à se mouvoir sur un cercle ou une ellipse.

Ces oscillations rectilignes ne sont pas soumises d'une façon sensible à l'action des pôles de la terre, qui sont sans influence sur leur direction ; elles se règlent exclusivement sur la position relative de l'observateur sensitif. Ayant disposé mon appareil de façon que l'observateur puisse tourner autour et se placer dans différents azimuts, quelque position que prît ce dernier par rapport à l'horizon, qu'il se plaçât au N., à l'O., au N.-O., ou au N.-E., le pendule oscillait toujours en ligne droite et normalement à la face antérieure du corps, dont la main s'imposait au peloton du fil pendulaire; l'emploi de la main droite ou de la gauche était absolument indifférent.

DÉVIATIONS PROVENANT D'ÉBRANLEMENTS EXTÉRIEURS. — Tant que je me servis d'un appareil simplement disposé dans la chambre, le moindre ébranlement, dès qu'il se communiquait à l'appareil, dissociait, pour ainsi dire, les impulsions motrices du pendule : l'influence des doigts se faisait sentir en ligne droite, celle de la secousse extérieure arrivait de côté; les deux forces agissaient en même temps sur le pendule en mouvement, et l'on n'avait plus une résultante rectiligne; mais le mouvement dégénérait en rotation irrégulière vers la droite, si la secousse venait de gauche, et inversement. Le même cas se présentait lorsque l'expérimentateur n'avait pas attendu, avant de commencer une expérience, que le pendule fût au repos complet, ce qui, dans le dispositif de Rutter, réclame souvent beaucoup de patience. Si le sens du mouvement restant n'était pas en concordance parfaite avec l'impulsion nouvelle, le pendule en venait à la rotation. Lorsqu'une expérience débutait par une rotation, si l'on maintenait l'appareil en action pendant un temps suffisant, le pendule prenait bientôt un mouvement elliptique, puis décrivait une ellipse très allongée, et enfin revenait à la ligne droite, se corrigeant ainsi de lui-même avec le temps. Dès que j'eus installé solidement mon appareil sur le soubassement d'un mur, les déviations circulaires disparurent presque complètement. Toutes les rotations sans exception prouvent donc l'existence d'une cause perturbatrice, et jamais, d'une impulsion simple et régulière, je n'ai vu sortir une rotation permanente. Nous ne tarderons pas à en trouver des preuves plus fortes.

ÉTAT DE SANTÉ DES SENSITIFS. — L'amplitude des oscillations dépend parfois beaucoup de l'état de santé du sensitif en expérience. J'ai trouvé qu'elle décroissait en raison directe des troubles qui affectaient cette santé. Dans ses bons jours, le sensitif forçait le pendule à un déplacement de 10 lignes; mais, avec un rhume de cerveau ou de poitrine, il n'était plus en état de le déplacer que de 4 lignes. Des femmes sensitives devenaient parfois pour ce motif si impuissantes, que les oscillations qu'elles provoquaient, allant jusqu'à 6 lignes dans leurs bons jours, tombaient à zéro; elles étaient absolument hors d'état de mettre le pendule en mouvement. Il arriva un jour, qu'ayant eu à tenir sa main trop longtemps sur le rouleau du pendule, le sensitif eut *une crampe* dans le bras. Immédiatement le pendule, qui cependant était en plein mouvement, s'immobilisa. Je rétablis bien vite la flexibilité du bras par deux grandes passes odiques, et le pendule se remit bientôt en mouvement. Le même incident se renouvela avec une femme dont les 4 doigts avaient déterminé une oscillation de 4 lignes. Lorsque la crampe se produisit, le pendule s'immobilisa sans tarder. Quelques passes hétéronomes sur le bras firent cesser la crampe, et tout aussitôt le pendule reprit son oscillation de 4 lignes.

Je fis mettre l'homme à genoux, avec ordre de maintenir sa main droite au-dessus et au contact du rouleau. Les oscillations tombèrent, de ce fait, de 6 à 3 lignes, et, comme un accès de crampe se déclarait bientôt dans le bras, elles tombèrent à zéro, et le pendule reprit son immobilité.

Fatigue. — Elle avait la même action qu'un malaise ordinaire. Quand j'employais le soir, aux expériences pendulaires, mon menuisier, après une longue journée de dur travail, l'amplitude des oscillations était toujours plus faible qu'en tout autre temps; si elles étaient de 10 lignes le matin, elles tombaient le soir à 5 lignes.

Distance de l'observateur au pendule. — Une autre circonstance encore agissait dans le même sens: c'était l'éloignement du sensitif par rapport à l'appareil. S'il s'en tenait aussi éloigné que le lui permettait la longueur du bras dont les doigts devaient s'appliquer au rouleau, il déterminait une oscillation de 1 ligne 3/4. En se plaçant à proximité, lorsqu'il occupait sa place ordinaire près de l'appareil, il obtenait une oscillation de 3 lignes; Si j'attirais l'appareil au bord de son support, et que le sensitif s'en approchât de façon à le toucher presque avec le ventre, il obtenait 4 lignes.

Ainsi l'amplitude croît ou décroît avec la distance de l'opérateur à l'appareil. Il s'ensuit que les mouvements du pendule n'étaient pas déterminés seulement par les doigts considérés en eux-mêmes, mais que le corps tout entier y participait par sa simple proximité ; les doigts, en tant que dépendance du corps, lorsqu'ils étaient en contact immédiat avec l'appareil, n'étaient pas seuls à influencer le phénomène : l'atmosphère qui enveloppe l'observateur l'influençait en même temps.

TIERCES PERSONNES DANS LE VOISINAGE. — Celui qui touchait le fil n'était pas seul non plus à agir sur les oscillations du pendule en s'approchant ou en s'éloignant ; des personnes étrangères à l'expérience avaient une action analogue, et en particulier leur position par rapport à l'opérateur avait une influence essentielle.

Au moment où le pendule décrivait son oscillation maxima, suivant la perpendiculaire à l'opérateur placé au Nord de l'appareil, je fis mettre au côté Est un jeune garçon sensitif de 9 ans ; il s'ensuivit sans retard une perturbation dans le mouvement du pendule qui se mit à décrire une ellipse, *le petit axe dirigé vers l'enfant*, le rapport du petit axe au grand étant de 1/3. La proximité de l'enfant, dont la poitrine atteignait la cloche de verre, avait donc influencé le pendule dans sa courbe rectiligne N.-S., en le faisant dévier vers l'E.-O., d'environ 1/3. Après avoir fait éloigner l'enfant, je fis le même essai sur mon propre corps, en prenant au bout de quelques instants la place du jeune garçon : il advint que mon corps, quoique non sensitif, exerça lui aussi une action déviatrice, et que l'oscillation rectiligne du pendule se transforma en une ellipse allongée. Il y avait donc là une sorte d'influence atmosphérique, en concordance absolue avec celle de l'atmosphère odique telle que nous la connaissons. Je fis prendre à l'opérateur du soufre dans sa main gauche, ce qui amena un accroissement d'amplitude, et je plaçai de nouveau l'enfant auprès de l'appareil, son corps à 90° sur celui de l'opérateur ; les oscillations amplifiées eurent à supporter une déviation elliptique analogue. La juxtaposition des deux influences n'eut plus pour résultante une ligne diagonale, mais détermina une sorte d'oscillation circulaire.

ACTION DES SENSITIFS SUIVANT LE COTÉ DE LEURS CORPS QU'IL PRÉSEN-

TENT A L'APPAREIL. — Je fis placer le sensitif de façon qu'il ne présentât à l'appareil que son côté droit od-négatif, le peloton de fil sous les 4 doigts de la main droite; je n'obtins ainsi qu'une amplitude de 2 lignes.

Je le plaçai ensuite de la même façon, le côté gauche vers l'appareil, le peloton de fil dans les 4 doigts de la main gauche; j'obtins 0 ligne, c'est-à-dire l'immobilité parfaite du pendule.

Sans changer la position de son corps, je lui fis alors ployer les 4 doigts de la main droite qu'il plaça sur le rouleau à la place de la main gauche; j'obtins une amplitude de 1 ligne.

Le côté gauche n'avait donc, à lui seul, qu'une action très faible sur le pendule; mais le côté droit agissait aussi moins activement si on le prenait isolément.

ACTION DE FACE ET DE DOS. — Comme je l'avais fait déjà dans l'étude de l'Od, pour les phénomènes lobiques et lumineux, je vins me placer en arrière du sensitif, le devant de mon corps au contact de son dos, l'embrassant par derrière et plaçant mes mains et mes bras sur les siens, les oscillations s'élevèrent aussitôt de 6 lignes à 8. En me retournant, pour m'adosser à lui dos à dos, je fis immédiatement tomber l'amplitude à 4 lignes. En position isonome, le renfoncement odique entraînait donc l'accroissement d'amplitude; en position hétéronome, on avait une diminution.

SEXE. — Rutter prétend avoir obtenu par l'emploi successif des deux sexes, de grandes différences dans l'orientation des oscillations : les doigts d'une femme auraient toujours amené des oscillations en sens inverse de celles qu'obtenaient les hommes. Malgré tous mes efforts, je n'ai pu absolument rien constater dans ce sens. Femmes ou hommes ne déterminaient toujours que des oscillations de direction constante (ligne droite perpendiculaire à la face antérieure du sensitif).

ACTION DES DIFFÉRENTS DOIGTS. — Je n'ai pu davantage constater, pour les différents doigts, d'influence variable sur la direction des oscillations. Chaque doigt pris isolément provoquait toujours des oscillations rectilignes, dirigées normalement à la face antérieure du sensitif, le pouce tout aussi bien que les 4 autres doigts ; main droite ou main gauche, le résultat était absolument le même.

Position de la main. — La façon de placer la main sur le rouleau, les doigts imposés par l'une ou l'autre de leur face, était indifférente, et n'affectait ni la direction ni la grandeur des oscillations.

Heures du jour. — L'heure à laquelle on opère n'est pas sans influence sur la puissance des sensitifs; cette influence n'est pas moindre sur la force des oscillations. Vers midi, l'amplitude était toujours plus considérable que dans l'après-midi ou le soir: les sujets, en effet, ont toujours à cette heure-là plus de forces pour toutes choses.

Nombre des doigts. — Le nombre des doigts que l'on imposait au rouleau avait une influence essentielle. Un jour que mon sensitif approchait de l'instrument les 5 doigts de sa main droite, ceux-ci déterminèrent des oscillations de 6 lignes ; en employant les 10 doigts, il obtint 8 lignes ; lorsque j'y ajoutai encore mes 10 doigts, le pendule s'écarta de 10 lignes.

Dans tous les autres cas, où le nombre des doigts alla en croissant, on constata toujours une augmentation des déplacements.

Doigts accouplés. — Une autre fois, j'examinai les doigts par couples. J'obtins, en faisant imposer les doigts successivement deux par deux au rouleau les résultats suivants :

Pouce et médius (oscillation rectiligne dans le Méridien).			1	ligne	1/2
Pouce et index	»	»	2	»	
Pouce et annulaire	»	»	2	»	1/2
Pouce et petit doigt	»	»	2	»	1/4
Index et médius	»	»	3	»	
Les 4 doigts, sans le pouce	»	»	5	»	
Les 5 doigts, pouce compris	»	»	4	»	
Pouce seul	»	»	3	»	

Pouce et doigts. — Ce qui peut paraître surprenant, c'est que *le pouce, loin d'accroître l'action des 4 autres doigts, ne faisait que l'affaiblir.*

Les 4 doigts, à eux seuls, donnaient 5 lignes;

Le pouce à lui seul donnait 3 lignes.

On pouvait donc s'attendre, en les employant tous 5, à obtenir 8 lignes.

Au lieu de cela, on n'avait devant soi que des oscillations de 4 lignes. La perte était donc de 4 lignes. Le pouce présentait donc à l'égard des autres doigts une influence négative à laquelle on ne pouvait s'attendre.

Même résultat à gauche.

Les 4 doigts de la main gauche, sans le pouce, donnent 4 lignes.

Les 5 doigts, pouce compris, ne donnent plus que 3 lignes.

Le pouce, ici encore, affaiblissait donc l'action des 4 autres doigts, au lieu d'y ajouter la sienne.

On peut en tirer cette conclusion probable : Si l'oscillation produite par le pouce a bien même trajectoire que celle provenant des doigts, le sens de l'impulsion en est cependant inversé, autrement dit opposé, en sorte que finalement il en résulte pour l'action des doigts un affaiblissement. — Il ressort en même temps de cet examen comparatif, que *les déplacements les plus considérables s'obtiennent par l'emploi des 4 doigts de la main droite, à l'exclusion du pouce.*

Doigts isolés. Leur action relative d'après l'orientation. — C'était le moment de chercher à déterminer tout spécialement l'action efficace de chaque doigt, pris isolément, dans les différentes positions occupées par le sensitif. En se servant de la main droite, on obtenait :

Avec l'opérateur au *Nord* de l'appareil,

Pouce	4 lignes		d'amplitude finale
Médius	3 »		»
Index	2 »	1/2	»
Annulaire	2 »		»
Petit doigt	1 »	1/2	»

Avec l'opérateur à l'*Est* de l'appareil,

Pouce	2		lignes d'amplitude finale
Médius	2		»
Index	1	½	»
Annulaire	2		»
Petit doigt	1	½	»

Avec l'opérateur au *Sud* de l'appareil,

Pouce	3	lignes d'amplitude finale
Médius	3	»
Index	2	»
Annulaire	1 ¼	»
Petit doigt	1 ¼	»

Avec l'opérateur à l'*Ouest* de l'appareil,

Pouce	2 ¼	lignes d'amplitude finale
Médius	2 ¼	»
Index	1 ¼	»
Annulaire	2	»
Petit doigt	1 ¼	»

Si, au lieu des doigts de ma main droite, j'imposais au sensitif lorsqu'il était en station au Nord de l'appareil, les doigts de ma main gauche, nous obtenions :

Pouce	2	lignes d'amplitude finale
Médius	1 ⅙	»
Index	1 ½	»
Annulaire	1	»
Petit doigt	0 ¾	»

D'après ces tableaux, il est clair que si l'action de chaque doigt sur le pendule provoque un mouvement *de direction constante*, perpendiculairement à la face antérieure du sensitif, cette action *n'a pas pour tous les doigts la même valeur ;* en règle générale, c'est le pouce qui agit avec le plus de force, puis viennent le médius, l'index, l'annulaire et enfin le petit doigt; — pas un des dix doigts, quelle que soit la position relative du sensitif, qu'il emploie la main droite ou la main gauche, ne donne à lui seul le moindre mouvement de rotation, comme MM. Rutter, Mayo, Leger, Bähr, etc., etc. prétendent l'avoir si souvent constaté ; — les oscillations sont toujours plus fortes dans le méridien que dans le parallèle; — l'oscillation atteint toujours son maximum quand le sensitif est au Nord de l'appareil, et descend au contraire à son minimum, pour tous les doigts, lorsqu'il est à l'Est ; — enfin l'action de la main droite est plus considérable, celle de la main gauche est plus faible, mais jamais il n'y a de modification dans la direction.

MAIN GAUCHE. — Nous avons constaté à l'occasion que les doigts de la main gauche avaient une action moindre. Mais j'ai fait une série d'autres essais plus spécialement dirigés dans ce sens : comme résultat, si, avec les 4 doigts de la main droite, le sensitif obtient 10 lignes d'amplitude, on n'en observe que 7, s'il se sert de la main gauche.

COOPÉRATION DES DOIGTS DES NON-SENSITIFS. — J'ai déjà dit plus haut que n'étant pas sensitif, j'étais hors d'état d'exercer par mes doigts la moindre action sur le pendule. Mais, lorsqu'un sensitif avait imposé la main sur le rouleau, si j'y superposais ma main isonome, au moment où le pendule en mouvement atteignait son maximum d'oscillation, celle-ci augmentait encore. Si le sensitif à lui seul avait provoqué un déplacement de 8 lignes, en superposant ma main droite à sa main droite je faisais monter l'amplitude à 10 lignes. *Ma main n'était donc pas absolument sans action*, bien qu'à elle seule elle fût hors d'état de faire mouvoir le pendule.

DOIGTS APPROCHÉS. — La simple approche de mes doigts, en isonome, à un pouce de distance de la main sensitive imposée au rouleau suffisait, sans que j'en vienne effectivement au contact, à accroître le déplacement de 1 à 2 lignes. Le résultat était donc sensiblement le même, que j'approchasse simplement mes doigts, ou que je les misse en contact parfait avec la main sensitive. C'est là un effet purement odique, comme il s'en produit si souvent, nous le savons, par simple approche. Je reviendrai sur ce qui précède ; je ne fais ici qu'une sorte d'inventaire des faits relatifs à la question.

ACTION DES CORPS ÉTRANGERS. LA TÊTE. — Les corps étrangers que l'on met au contact du sensitif pendant qu'une de ses mains, la droite, par exemple, s'impose au rouleau, donnent lieu à des observations très instructives au point de vue de l'influence qu'ils exercent sur les mouvements du pendule. Au moment où les oscillations atteignaient un maximum de 7 lignes sous l'action de la main droite du sensitif, je lui fis placer sa main gauche sur ma tête, sur le côté droit d'abord : les oscillations montèrent à plus de

10 lignes, se renforçant ainsi presque de moitié. Je lui fis alors placer sa main gauche sur le côté gauche de ma tête et ne fus pas peu surpris de voir presque aussitôt le pendule si fort paralysé, qu'il ne se déplaçait plus que de 1/2 ligne à peine. Le mouvement, que le côté droit de ma tête avait exalté jusqu'à 10 lignes, s'anéantissait pour ainsi dire aussitôt et aussi bien sous l'action du côté gauche. L'Od émané du côté gauche de ma tête traversait la main gauche, le corps et le bras droit du sensitif, se répandait dans sa main droite et contrebalançait la puissance et par suite l'action des 4 doigts de cette main.

Corps négatifs. — J'ai opéré sur un grand nombre de corps od-négatifs, que je donnais à tenir à tour de rôle, dans sa main gauche, au sensitif dont le pouce et l'index de la main droite étaient posés sur le rouleau. Dans une série d'expériences, la main gauche étant vide, la main droite produisait des oscillations de 6 lignes d'amplitude.

Quand la main gauche tenait les corps suivants, les oscillations correspondantes étaient :

Tellure	0 ½	lignes d'amplitude.
Arsenic	5 ½	»
Graphite sous sa forme la plus pure	3	»
Phosphore jaune	4	»
Sélénium	4	»
Soufre	6	»

Voilà pour les corps simples négatifs.

Passons aux corps composés.

Iodure de potassium	2	lignes d'amplitude.
Sulfure de calcium	2	»
Cyanure de potassium	2	»
Spath double d'Islande	2	»
Oxyde de zinc	2 ½	»
Spath calcaire (dents de porc)	2 ½	»
Sulfure de fer	2 ½	»
Oxyde de cuivre	2 ½	»
Oxyde de mercure	3	»
Oxyde de manganèse	3	»
Hydrate de baryte	3	»
Massicot et minium	4	»
Sulfate de cuivre	4	»
Sulfure de potassium	4	»
Cristal de roche	4 ½	»
Silice pulvérisée	5	»

Peroxyde noir de plomb	5	lignes d'amplitude.
Sulfate de magnésie	5	»
Spath gypseux	6	»
Acide phosphorique	6 ½	»
Spath lourd	7	»
Alun	7	»
Acide sulfurique	8 ½	»

On constata que, dans la série des substances simples, comme dans celle des corps composés, ces chiffres croissaient généralement en raison directe de la négativité des corps.

CORPS POSITIFS; MÉTAUX. — Occupons-nous maintenant des corps positifs. Tous les métaux que je fis tenir au sensitif, comme plus haut dans sa main gauche libre : or, argent, cuivre, iridium, palladium, platine, nickel, mercure, étain, plomb, cadmium, fer, bismuth, potassium, tous ces métaux amenèrent l'immobilité parfaite du pendule comme ils l'avaient fait précédemment avec la main droite à l'appareil. Mais, en plaçant transversalement dans la main droite un morceau de spath gypseux, j'obtins au contraire un accroissement dans le déplacement.

PHÉNOMÈNES D'APPROCHE. — Nous arrivons ici à une observation qui me parait avoir une certaine importance au point de vue de la physique. Nous avons constaté déjà plusieurs fois qu'en approchant simplement les mains d'autres objets, leur influence se faisait sentir : nous arrivons au même phénomène d'influence *en partant des corps inanimés*. Je fis placer à un homme sensitif les 4 doigts de la main droite sur le rouleau, et je le laissai mettre le pendule en mouvement : il détermina une oscillation de 6 lignes. Puis je lui présentai un morceau de zinc et lui recommandai d'étendre sa main gauche au-dessus, *mais sans le toucher*. Aussitôt les oscillations du pendule diminuèrent et s'affaiblirent progressivement; au bout de quelques minutes le pendule était retombé au repos complet. Je répétai l'expérience avec un morceau d'étain, puis avec une plaque de cuivre, la main gauche de l'opérateur sensitif toujours étendue librement, sans contact, au dehors des métaux. Tous immobilisèrent le pendule. Les métaux agissaient donc incontestablement en ce cas, *à distance*, à travers l'air, et avec tant de force qu'ils déterminaient ici une action mécanique et faisaient obstacle à un mouvement en exécution.

Voilà pour les substances positives. Passons maintenant aux négatives. J'employai d'abord un bâton de soufre de 1 pouce carré de section et de 5 pouces de longueur; quand on étendait la main au-dessus, le pendule ne s'arrêtait pas; il s'animait au contraire, et l'amplitude de son oscillation s'augmentait de 2 lignes. Je répétai la même expérience avec de l'arsenic métallique, avec du sélénium, avec du graphite, voire même avec un morceau de charbon commun de bois de hêtre: tous ces corps, non seulement n'arrêtèrent pas le pendule, mais accrurent plus ou moins l'amplitude de ses oscillations.

Vases clos hermétiquement. — J'étendis enfin mes recherches à des corps enfermés sous verre. J'expérimentai d'abord sur un flacon plein d'arsenic; traversant le verre, la main étendue, le bras, le corps et le second bras, l'influence de l'arsenic se faisait sentir sur le pendule en renforçant de 2 lignes l'oscillation. Du brômate et du chromate de potasse, dans un tube fermé au chalumeau se comportèrent de même.

Ces effets sont, comme on le voit, en complète concordance avec cette autre action que les susdits corps, positifs et négatifs, exercent, en raison de la dualité de leurs propriétés, toutes les fois qu'on les place dans la main gauche du sensitif, en contact immédiat avec elles; les uns immobilisant le pendule, les autres l'animant davantage. Ce mode d'action n'exige même pas nécessairement le contact du corps humain; il suffit d'approcher convenablement le métal du corps, pour que l'influence se manifeste. C'est donc une affaire entendue: *Les corps laissent émaner ou rayonner un je ne sais quoi, qui n'altère pas leur poids spécifique, qui pénètre et traverse le verre, qui exerce à distance de si puissants effets, qu'il peut déterminer des mouvements effectifs, puisqu'il commande aux oscillations pendulaires.*

Les corps sont entourés d'une sorte d'atmosphère dont on peut *constater*, *palper* et *mesurer* les effets; atmosphère que ne peut voir le commun des mortels, mais qui se manifeste par des effets *visibles* concrets, qui en dérivent directement.

C'est là une propriété de la matière, qui naît des proportions d'Od que cette matière contient, qui en dépend et qu'on en peut déduire. Il y a des années déjà que, dans mes divers écrits, en particulier dans les *Dynamides* etc. (t. I, p. 179 et suiv.), j'ai fait connaître l'observation suivante : « Tous les corps amorphes, même enfermés hermétiquement sous verre, agissent sur la main sensitive par exhalation d'Od; et la simple approche suffit avant même qu'il y ait entre les deux corps un contact quelconque. »

Dans ce cas-là c'est *sur* la main, dans le cas actuel c'est en *traversant* la main qu'ils exercent leur action, action motrice sur le pendule Ce sont les mêmes résultats qui ressortaient des expériences par moi soumises à Berzélius, dans Carlsbad, et que j'ai décrites en divers endroits de mes ouvrages, en particulier dans les *Aphorismes*.

MÉTAUX SOUS LE PENDULE. — Schœffer, Rutter, Léger, mais surtout Mayo et Bähr attachent une grande importance à l'influence qu'auraient les métaux placés immédiatement au-dessous du pendule. Mes pendules sont en résine, en cire à cacheter, en cire, en plomb; au-dessous d'eux et à 2 lignes de distance, je plaçais des plaques métalliques de 3 à 4 pouces carrés : fer, cuivre, zinc, antimoine, cadmium, plomb, étain, palladium, iridium, mercure, argent, or. Tous ces métaux n'exerçaient pas la moindre influence sur le pendule qui persistait à décrire ses oscillations, tout au plus légèrement affaiblies, perpendiculairement à la face antérieure du sensitif; la limaille de fer et le mercure étaient absolument sans action.

Je fis suivre ces essais d'autres expériences sur des composés métalliques obtenus soit par action chimique comme le laiton, soit par action mécanique comme ma montre en argent, etc. Le pendule continua, sans modification, ses oscillations en ligne droite.

Je remplaçai les corps positifs par des corps négatifs, et je mis, sous le pendule, du tellure, du sélénium et du soufre. Sans se préoccuper en rien de ces corps qu'on plaçait sous lui, le pendule, sollicité par les 4 doigts d'une main droite, persévéra dans son mouvement; et ce mouvement était si déterminé, qu'après avoir déplacé l'opérateur de la station Nord pour le mettre à l'Est ou à l'Ouest, au Sud-Est ou au Nord-Ouest de l'appareil, je vis les oscillations, sans se laisser en rien détourner de leur direction rectiligne, décrire constamment la perpendiculaire à la face antérieure du sensitif, quelle que fût la position relative de celui-ci.

M. Bähr, professeur de Beaux-Arts à l'Académie de Dresde, section de peinture, s'est donné une peine infinie pour découvrir les susdites relations (*Le Cercle dynamique*, Dresde 1861). Ses résultats concordent peu avec les miens, au moins dans les points essentiels. Entre autres expériences, il suspendit, par exemple, à un même barreau, 2 et même 3 pendules; s'il plaçait alors ses doigts à l'une des extrémités du barreau, chacun de ces pendules se mettait à osciller dans une direction différente, surtout s'il plaçait au-dessous d'eux différents métaux. Je le regrette, mais je n'ai jamais pu réussir à constater quoi que ce fût de ces résultats. J'ai suspendu un jour au même rouleau jusqu'à 29 pendules, en résine, en cire, en plomb, etc. : tous, sans exception, oscillaient par rapport au sensitif, dans une seule et même direction. J'ai obtenu, il est vrai, des oscillations rectilignes dans tous les azimuts de la rose des vents; mais les points cardinaux n'avaient rien à voir dans le phénomène; le pendule n'avait de préférence ni pour l'étoile polaire, ni pour le soleil levant : il se réglait exclusivement sur le ventre de mon sensitif. L'addition de corps au-dessous du pendule n'a d'autre effet que d'amener, pour les corps négatifs, un léger accroissement des oscillations; — pour les corps positifs, une diminution à peine sensible. Les résultats qui s'écartent de cette règle ont probablement tous pour origine exclusive le fait suivant : aucun des expérimentateurs que j'ai cités n'a pris suffisamment soin d'assurer la stabilité absolue de ses appareils, et n'a tenu convenablement compte des influences extérieures. Des recherches aussi délicates, si l'on veut en tirer des résultats constants et qui se confirment toujours, doivent être conduites avec l'attention la plus consciencieuse et la plus minutieuse exactitude.

POLARITÉ. — Puisque l'action des corps sur le pendule présente de si grandes différences suivant la nature de leur composition électro-chimique, la question se posait maintenant de savoir comment se comporteraient les deux pôles, dans un seul et même corps.

Cristaux. — Je donnai à un sensitif divers gros cristaux, qu'il devait tenir dans sa main gauche librement étendue, en agissant sur le pendule par sa main droite, dont la seule action déterminait une oscillation de 6 lignes.

Je plaçai dans sa main gauche libre un spath calcaire de 5 pouces de longueur : sa base, large et od-positive, sur ses doigts; la pointe, od-négative, au poignet. J'obtins une oscillation de 3 lignes; je renversai alors le cristal, plaçant sa pointe sur les doigts et sa base sur le poignet, ce qui donna 4 lignes.

Je fis la même expérience avec un spath gypseux de 8 pouces de long : avec la base sur les doigts, j'obtins 3 lignes 1/2; avec la pointe sur les doigts, 5 lignes.

Aimant. — J'expérimentai de la même façon le mode d'action de l'aimant. La main droite du sensitif donnait à elle seule, ce jour-là, 7 lignes d'oscillation. Je lui mis dans la main gauche un puissant aimant en fer à cheval, à 7 plaques, dont les branches avaient 7 pouces de long; l'aimant, tourné à la façon d'une ancre, les pôles vers le sensitif, qui tenait l'une des branches en son milieu, donna 0 ligne. — Au lieu d'agir comme un aimant, il semblait donc se comporter à la façon d'une simple masse métallique.

Le courant magnétique, qu'on suppose parcourir intérieurement l'aimant, n'avait donc d'action ni sur le sensitif ni sur le pendule. Renversant la position de l'ancre (les pôles à l'opposé du sensitif), je lui donnai de nouveau l'aimant à tenir par le milieu d'une des branches. Si c'était la branche Sud, on avait 2 lignes; avec la branche Nord, 5 lignes.

En lui faisant tourner l'aimant les pôles en *l'air* et lui faisant saisir l'un des pôles : si c'était le pôle Sud, on avait 1 ligne; si c'était le pôle Nord, 2 lignes.

En faisant faire demi-tour à l'aimant, et dirigeant ses deux pôles *vers le sol*, puis le donnant à tenir au sensitif comme tout à l'heure, s'il tenait le pôle Sud on avait 1 ligne 1/2; s'il tenait le pôle Nord, 4 lignes.

Enfin, lorsque je lui faisais prendre le fer à cheval au point de jonction des deux branches, l'oscillation était de 3 lignes.

Voici donc ce qui résulte de ces recherches sur l'aimant : tenu dans la main libre, il a toujours une action sur la main imposée au pendule; il abaisse de 6 lignes à 5-4-2 et même 1 ligne les oscillations que produit naturellement la main droite; l'action du pôle Sud (par l'intermédiaire du sensitif) détermine toujours des abaissements plus considérables que celle du pôle Nord; ce dernier laisse plus de champ aux oscillations; l'action de la partie convexe de l'aimant est presque aussi faible que celle du pôle Nord; enfin l'aimant, tenu à la façon d'une ancre, fait plus fortement obstacle au mouvement qu'en tout autre cas où les pôles sont à l'opposé de l'opérateur (ancre renversée); l'obstacle est même comparable à celui qu'opposent au mouvement le fer pur et d'autres métaux.

Corps humain. — Pour terminer, je soumis à la même expérience les deux pôles du corps humain. Je mis, dans la main gauche libre du sensitif, ma main droite, pôle od-négatif de mon axe transversal, les deux paumes l'une sur l'autre, mais d'abord en travers; j'obtins 6 lignes.

Puis je plaçai ma main de bas en haut, les bouts de mes doigts arrivant à son poignet, ce qui donna 4 lignes.

Enfin je la dirigeai en contre-haut, les bouts de mes doigts sur les bouts des siens, poignet contre poignet, les déplacements s'élevaient à 7 lignes.

En position sorétique, les mains amenaient donc une diminution plus sensible qu'en position némétique; et, somme toute, ma main od-négative, ne faisait pas faiblir les oscillations que le pendule décrivait naturellement sous l'action du sensitif; on voit même que, dans le 3e cas, moins hétéronomes en contact sympathique, elle déterminait un accroissement de 1 ligne.

Pour bien comprendre ces expériences, il faut considérer que les chiffres cités ici ne donnent pas les valeurs des déplacements qu'on obtiendrait par l'emploi direct des corps étrangers; ils n'expriment que la différence entre l'action proprement dite de la main imposée au pendule, et celles des matières positives ou négatives que l'on tient dans l'autre main. Si l'une des mains détermine pour le pendule un déplacement de 10 lignes, en prenant dans l'autre main un corps positif, on abaisse le nombre à 4; par sa présence, le corps positif contrebalance donc une action de sens contraire, exprimée par 6 lignes, puisque de 10 il n'en laisse subsister que 4, et l'on peut dire que son effet perturbateur est mesuré par 6. De même, quand un corps positif paralyse entièrement un déplacement de 10 lignes provoqué par les doigts, il balance entièrement les 10 lignes, ne laisse rien subsister de l'action motrice, et il est possible, il est même probable qu'il eût pu contre-balancer une action plus forte, si le pendule avait eu des déplacements plus considérables.

Précautions à prendre. — Ce paragraphe a un sens éminemment pratique. Lorsque je fis mes premières expériences, je n'obtins longtemps que des résultats si peu réguliers et si peu constants, que je fus sur le point de tout abandonner, et de mettre de côté mon instrument comme un être indisciplinable; de faire, en un mot, ce qu'avait fait jusqu'alors le monde savant tout entier, en rejetant tous ces phénomènes d'oscillations pendulaires qu'on discréditait et qu'on tournait en ridicule. Mais, lorsque j'eus découvert l'influence des métaux et des autres corps, je compris de suite combien devaient être faussés les résultats, quand on portait sur soi un métal quelconque dans l'exécution de ces expériences. Au moment où mon menuisier sensitif obtenait de son pendule les plus belles oscillations, si je fourrais dans ses habits ma montre en argent, le pendule retombait immobile; s'il se mettait une bague au doigt, s'il portait sur lui une clef, s'il avait sur ses habits des boutons en métal, le pendule, ou bien restait immobile, ou bien se mettait paresseusement en mouvement avec de faibles déplacements, et souvent même il arrivait que, sollicité par ces influences diverses, il en venait à tourner irrégulièrement. Un jour que le menuisier s'était débarrassé de tout son attirail métallique, le pendule, sous l'action des 4 doigts de sa main droite, eut un déplacement de 7 lignes; je lui fis alors quitter ses souliers et chausser des bottes garnies de clous en fer : aussitôt le pendule retomba de 7 lignes à 1 $^{1}/_{2}$.

Cette difficulté, M. Rutter et les autres expérimentateurs n'en ont rien connu; c'est d'elle que viennent en grande partie les contradictions et les irrégularités, qui rendent leurs travaux presque inutilisables. Si donc on veut faire des expériences sur le pendule, on doit se débarrasser de ses chaînes de montre, montres, bracelets, épingles de corsage, broches, boucles d'oreille, bagues, montures de peignes, épingles à cheveux, boucles de jarretières, cerceaux de crinoline, boucles de pantalon, éperons, couteau de poche, garnitures de portefeuille de toute espèce, crayons, monnaie de tout genre, épingles ordinaires, en un mot de toute parcelle métallique; on doit aussi vider ses poches de tous les objets moins insignifiants tels que la toile ou le papier. Si l'on n'applique pas strictement toutes ces mesures de précaution, toute expérience sur le pendule reste, comme on peut s'en convaincre, nulle et non avenue.

QUANTITÉ. — Dans les essais, il y a beaucoup moins à considérer les quantités qu'on emploie des substances efficientes, que leurs qualités. J'opérai d'abord sur les corps positifs; je mis successivement dans la main gauche du sensitif un morceau de fer de 10 livres et un autre de 1 livre seulement : tous deux eurent la même action de paralyser le pendule. Je descendis alors progressivement à une once et demie; ce n'est qu'à partir de ce point que le pendule se mit à hésiter; mais aucun des morceaux d'un poids inférieur à 1 once et demie ne put plus équilibrer intégralement la puissance motrice de la main droite du sensitif.

Pour le mercure, avec 10 livres comme avec 1 livre, on obtenait l'immobilité; avec 4 onces seulement on y arrivait encore. Mais avec 1/4 d'once le pendule gardait encore 1/2 ligne d'oscillations, et, avec 1/16 d'once, 1 ligne entière. 60 livres de cuivre donnaient l'arrêt complet; une demi-once laissait subsister 1 ligne d'oscillations.

J'expérimentai dans le soufre un corps od-négatif. Le sensitif, ce jour-là, était faiblement doué; il avait pris son repas, et, de ses

4 doigts, n'obtenait au pendule que 4 lignes d'oscillations. Un bâton de soufre, de 3 quarts de livre, pris dans sa main gauche, fit monter l'amplitude jusqu'à près de 7 lignes; un petit morceau, de la grosseur d'une fève, ne la fit monter qu'à 5; en quantité plus faible, le soufre était sans action.

De tout ceci il résulte que d'assez faibles quantités de matière gardaient encore une certaine influence sur les mouvements du pendule. Rutter, en poussant la chose à l'excès, en est arrivé à admettre que des doses homœopathiques ont, au point de vue du mouvement rotatoire, un effet tout aussi considérable que des masses pesant des quintaux; il a livré à la publicité une série de réactions soi-disant opérées par des particules de matière; je n'ai pu, malgré mes recherches, en réaliser une seule. Si l'influence des corps sur le pendule était poussée si loin qu'un dix-millionième de matière eût le même effet qu'une roche de la grosseur d'un homme, les recherches auxquelles nous nous livrons n'auraient plus de raison d'être; il faudrait, pour nous y livrer, nous dépouiller de tous nos vêtements; il nous faudrait n'avoir dans l'estomac ni une bouchée de pain ni une cuillerée de liquide; car, gluten, caféine, alcool, thé, acides du vin, potasse, etc., etc., fausseraient toutes les expériences; nous ne pourrions même y employer notre propre corps, car, phosphore, chaux, natron, urine, ammoniaque, albumine, et toute l'innombrable série des éléments du corps ne permettraient jamais d'amener à maturité la moindre expérience. Il faut, dans des observations exactes, qui, seules ici, peuvent conduire à la vérité, se garder d'introduire de telles exagérations et de descendre aux doses homœopathiques.

En résumé, des quantités assez faibles de matières peuvent encore affecter le pendule avec autant de force que de grandes quantités; mais leur poids ne peut, cependant, descendre au-dessous d'une limite inférieure, celle des grandeurs facilement mesurables avec des balances ordinaires, sans devenir inefficace.

Souffle. — Le souffle, de son côté, suffit à impressionner le pendule. Si l'on soufflait sur la main imposée au rouleau, en descendant du bras vers les doigts, l'oscillation gagnait en amplitude;

si j'employais un cornet de papier, pour rassembler le souffle, les oscillations montaient de 6 lignes à 8. En soufflant perpendiculairement à la face dorsale de la main, les déplacements ne se modifiaient pas; mais, en faisant glisser le souffle sur la main, de bas en haut, depuis les doigts jusqu'au bras, les oscillations tombaient de 6 lignes à 3. Tout cela est conforme aux lois qui régissent les actions sorétiques et némétiques.

Passes odiques. — En me servant de la main, en hétéronome, pour faire sur le bras droit les passes odiques que l'on sait, et les poussant jusqu'à la main imposée au rouleau, je portais l'amplitude de 5 lignes à 7; en agissant de même, en hétéronome, sur le bras gauche, l'oscillation montait de 3 lignes à 5. Les passes odiques directes exaltaient donc l'activité du pendule. Mais, en faisant sur le bras gauche des contre-passes, en remontant de la main vers l'aisselle, les déplacements tombaient à 1 ligne. Les passes directes, en augmentant la charge d'Od, faisaient donc croître les déplacements dans la même proportion (5 + 2 = 7 ou 3 + 2 = 5) que les contre-passes les affaiblissaient (3 — 2 = 1). Nous voici donc ici dans la nécessité d'admettre décidément l'influence active de l'Od sur le pendule.

Rayons du soleil. — Ayant un jour à ma disposition un sensitif de bonne santé, dont les 4 doigts de la main droite donnaient au pendule 10 lignes d'oscillation, j'ouvris les volets de la fenêtre de façon à faire tomber les rayons solaires directement sur la main qu'il avait au pendule : les oscillations acquirent une amplitude de 14 lignes.

Dans une autre expérience analogue, elles passèrent de 7 lignes à 13. Ces rayons, où nous savons que prédomine l'Od négatif, avaient donc agi dans ce cas en activant le pendule, soit directement, soit indirectement, en surexcitant les propriétés actives de la peau.

Rayons de la lune. — Dans une autre circonstance, je soumis à une expérience analogue les rayons lunaires, où, comme nous l'avons vu dans l'étude de l'Od, prédomine l'Od positif. C'était la veille d'une pleine lune; dans l'obscurité, l'expérience donnait, avec les 4 doigts de la main droite au pendule, 7 lignes d'oscillation. En faisant tomber sur la main la lumière lunaire, l'oscillation descendait à 5 lignes. Ici donc, comme toujours, l'emmagasinnage d'Od renforçait ou diminuait le mouvement du pendule, suivant que l'Od était négatif ou positif.

AIMANT SOUS LE PENDULE. — J'organisai un pendule avec 4 onces de plomb et un fil de 2 pieds de long; mon sensitif en obtint, par l'intermédiaire des 4 doigts de la main droite, des oscillations de 12 lignes.

Je plaçai ensuite exactement sous le pendule un barreau aimanté de 6 pouces de long, à section carrée de 2 lignes de côté; l'axe transversal de l'aimant coïncidait avec la projection de la pointe du pendule au repos. Les déplacements ne furent en rien modifiés; le pendule au repos ne reçut pas plus d'impulsion de l'un que de l'autre pôle, puisqu'il en était à égale distance; et les oscillations gardèrent la même amplitude de 12 lignes.

Dans l'expérience précédente, l'aimant était placé *en sens direct* dans le méridien (pôle négatif vers le Nord); je le renversai bout pour bout, et, le plaçant comme précédemment, mais *en sens inverse*, c'est-à-dire tournant vers le Sud, le pôle tout à l'heure tourné vers le Nord (pôle négatif ou pôle Nord tourné vers le Sud), je vis l'oscillation demeurer égale à elle-même et donner encore 12 lignes.

Je plaçai alors l'aimant transversalement dans le parallèle, en dirigeant vers l'Est, le pôle Nord du barreau; les oscillations ne changèrent pas de direction; elles demeurèrent perpendiculaires à la face antérieure du sensitif, mais elles augmentèrent légèrement, en s'élevant à 13 lignes.

En renversant le barreau bout pour bout, c'est-à-dire en tournant le pôle Nord vers l'Ouest, il n'y eut rien de changé, les oscillations restèrent à 13 lignes.

Je ramenai le barreau dans le Méridien, le plaçant *en sens inverse* (pôle Sud vers le Nord). Mais en dehors de la trajectoire du pendule, en dirigeant vers ce dernier le pôle Nord de l'aimant, j'obtins 14 lignes.

Je le retournai alors dans le Méridien, en le replaçant en sens direct, avec son pôle Nord, vers le pendule, et j'obtins 15 lignes.

En conséquence, l'aimant placé sous le pendule n'est pas absolument sans influence sur lui ; mais cette influence est assez faible, car, dans plus d'un cas, il n'a pas d'action sur le pendule, et dans le cas le plus favorable, n'élève le déplacement que de 12 à 15 lignes, par conséquent tout au plus d'environ 1/4.

Le Poing. — En raison de l'influence si grande qu'exercent sur les phénomènes le nombre proportionnel et la direction des doigts les uns par rapport aux autres, je fis fermer au sensitif les 3 doigts libres de la main droite, dont le pouce et l'index s'imposaient au rouleau, de façon à faire reposer sur le gras de la main ces 3 doigts bien étendus. Il s'ensuivit immédiatement que les oscillations, qui comptaient 5 lignes, descendirent à 3 et, pendant un moment, eurent une allure hésitante. — J'avais fait cette expérience avec la main droite; je fis un essai analogue avec la main gauche du sensitif, en lui recommandant de fermer les 3 doigts de la main gauche qui n'étaient pas employés. Les oscillations se raccourcirent sans retard, mais il se produisit un phénomène inattendu : le pendule se mit à parcourir une ellipse dont le grand axe avait 4 lignes, et le petit 3. — Je fis fermer au sensitif les deux mains, c'est-à-dire en tout 8 doigts; le pendule n'eut plus qu'un mouvement de rotation d'une seule ligne de diamètre. Les doigts fermés agissaient en sorétiques sur ceux qui touchaient au rouleau. — Ce mouvement de rotation provenait à vue d'œil, d'impulsions appliquées en sens inverse, et ce conflit répondait absolument aux contre-passes odiques, qui se présentent dans les mêmes conditions.

La Main sur le Bras. — Pendant que le pouce et l'index de sa main droite reposaient sur le rouleau et provoquaient sur le pendule un déplacement de 7 lignes, je dis au sensitif de placer sa main gauche sur son épaule droite : la course du pendule tomba à 5 lignes. Je lui fis descendre sa main gauche jusqu'à l'articulation du coude, les oscillations descendirent à 3 lignes.

— Je lui fis placer sa main gauche sur sa main droite : le pendule s'immobilisa.

La main gauche, od-positive, avait donc, en le contre-balançant, supprimé l'effet de la main, droite od-négative, sur le pendule.

Observateur a cloche-pied. — Je lui fis simplement lever un pied, tantôt le gauche, tantôt le droit, en le laissant debout sur l'autre seulement. Cette étrange expérience vient en partie de M. Rutter, et, d'après ses données, le pendule devait alors rester immobile sous l'action de la main droite : mais ce n'est pas du tout ce qui se présenta ; les oscillations continuèrent sans modification. — A mon tour, je changeai la forme de l'expérience ; au lieu de laisser pendre naturellement le pied soulevé, je dis au sensitif de le réunir à l'autre, en les entrecroisant en avant, l'un sur l'autre ; le pendule reprit son immobilité. Enfin, en replaçant mon sensitif sur ses deux pieds, mais en les lui faisant croiser à la pointe de l'un d'eux, le pendule ne tarda pas à s'arrêter, que le pied gauche ou le pied droit fût en avant. Ce phénomène se rapproche beaucoup du précédent, où l'une des mains détruit l'action de l'autre. Mais que les pieds seuls suffisent à la produire quand cependant ils ne paraissent pas occuper le prolongement en direction des forces efficientes, c'est un fait qui tout au moins reste assez surprenant.

Les Yeux. — M. Rutter nous fait part d'une observation analogue, bien plus curieuse encore : si le sensitif ferme les yeux au moment où se produisent les plus belles oscillations, le pendule hésite et repasse graduellement de 7 lignes d'oscillations à l'immobilité. — S'il ferme les yeux avant que les oscillations ne commencent, le pendule ne se met pas en mouvement, et reste insensible. Voilà bien, à coup sûr, un fait très surprenant. — Je fis ouvrir au sensitif successivement l'un et l'autre œil : quand il ouvrait l'œil droit, le pendule se remettait en mouvement, et arrivait à une amplitude de 2 lignes ; s'il fermait l'œil droit et ouvrait l'œil gauche, l'oscillation atteignait 3 lignes.

M. Grüber nous fait part d'une autre expérience du même ordre ; prenant une feuille de papier, il la présentait au sensitif, de façon qu'elle lui cachât le pendule et qu'il ne pût plus le voir. Le sensitif avait, comme d'ordinaire, ses doigts au fil pendulaire; mais le mouvement devint tout de suite plus faible, et peu après le pendule restait immobile. J'ai fait cette expérience pour mon compte, et je puis garantir l'authenticité du résultat.

A ces deux expériences, j'en ai ajouté une troisième ; après que mon opérateur avait mis le pendule en pleine course, je lui dis de tourner son regard du pendule, et de regarder n'importe où dans la chambre. Tout comme dans les deux expériences précédentes, les oscillations diminuèrent, et trois minutes ne s'étaient pas écoulées que le pendule restait immobile. Mais dès qu'il reportait le regard sur son pendule, le mouvement reprenait avec la même intensité qu'auparavant.

Il est donc décidément incontestable qu'avec le rayon visuel jaillit des yeux un je ne sais quoi qui exerce une action matériellement efficace, puisqu'il concourt dans une certaine mesure à faire mouvoir un pendule immobile.

Mais que peut bien être cet agent? — Là-dessus, nos physiologistes ne savent encore nous dire quoi que ce soit. Ils nieront cet agent, ils le tourneront en ridicule jusqu'à ce que quelques hommes de valeur se présentent qui, renouvelant mes travaux, viennent à les confirmer et rejettent ainsi tout le ridicule sur ces esprits bornés. Nous sommes ici, pour ainsi parler, à la porte qui ouvre sur les questions les plus importantes et les plus vastes de la Physiologie et de la Psychologie.

Un jour que le sensitif, avec les 4 doigts de sa main droite, provoquait au pendule une oscillation de 6 lignes, j'opposai à ses deux yeux ouverts les index de mes deux mains, en les tenant de 1 à 2 pouces de distance. Je le fis une fois en isonome, une seconde fois en hétéronome : dans les deux cas, la course du pendule s'abaissa de 6 lignes à 3. Le sensitif ressentit dans l'un ou l'autre œil, suivant le cas, une sorte de piqûre, une douleur persistante que je lui enlevai avec quelques passes des doigts sur les tempes. — L'action des doigts directement opposés aux yeux se montre, dans la théorie odique, analogue à celle d'une contre-passe sorétique.

CONDUCTIBILITÉ DE LA FORCE PENDULAIRE. — Pour étudier de plus en plus intimement l'influence éclatante de l'Od sur les oscillations du pendule, je tentai d'arriver à formuler des relations de conductibilité. Je fis prendre au sensitif, comme je le faisais d'ordinaire pour le transfert de l'Od, une baguette de bois dans la main droite (1 pied de long sur un demi-pouce d'épaisseur). Au lieu d'appliquer directement sa main droite au rouleau, je lui dis d'imposer au fil enroulé l'une des extrémités de la baguette, tandis qu'il enveloppait l'autre de ses doigts. Lentement, mais très régulièrement, le pendule se mit en marche, et l'oscillation de 2 lignes que j'obtins ne laissa pas de me faire plaisir.

Ainsi le principe inconnu peut se transférer à travers d'autres corps, sans rien perdre de sa puissance à mettre le pendule en mouvement.

J'en ai obtenu la confirmation par bien d'autres expériences. A la partie supérieure de la cloche de verre, je fis traverser au fil pendulaire un morceau de liège; au lieu d'imposer directement les doigts au fil, je les fis placer sur le liège : le pendule se mit alors en mouvement beaucoup plus tard qu'en temps ordinaire, quand les doigts étaient au contact immédiat du fil qui traversait le liège. Cependant, au bout de 3 à 4 minutes, il se prit tout de même à osciller, avec un lent accroissement de l'amplitude. Le principe ne se transférait donc que lentement à travers les pores du liège

Un de mes appareils portait une monture en laiton, que traversait le fil; si l'on imposait directement les doigts au fil enroulé, le pendule prenait son élan en moins d'une minute; mais, en les imposant au laiton, il fallait 2 à 3 minutes avant qu'il fit quelque mouvement; encore n'atteignait-il alors que lentement et d'une façon incomplète l'amplitude qu'on obtenait par le contact immédiat avec le fil. Pour arriver à faire passer, des doigts dans le fil, le courant moteur, il fallait que tout le laiton, et en partie aussi le verre de la cloche, fussent chargés d'Od, ce qui demandait du temps. La quantité de fluide qui passait dans la table, par l'intermédiaire de la cloche, était plus forte que dans le cas de contact immédiat entre le fil et la main. Il résultait, en outre, de cette répartition de l'agent moteur, une diminution d'amplitude dans les oscillations. Quand le sensitif, la main droite à l'appareil, avait amené le pendule à une oscillation de 7 lignes, si j'ajoutais aux siens les doigts de ma main droite, les oscillations grandissaient; elles s'élevaient à 9 lignes, quelquefois à 10. Ainsi, ma main chargeait celle du sensitif et lui transmettait l'agent moteur qui traversait le fil et descendait jusqu'au pendule. Les détails du transfert concordent donc absolument avec ce que nous connaissons déjà de la conductibilité odique.

La Lohée. — En ce qui touche la Lohée qui fournit en si grande abondance et d'une façon si nette l'Od au transfert duquel elle est du reste si intimement liée, les sensitifs ont fait la remarque suivante : en regardant verticalement, de haut en bas, le fil pendulaire qu'ils touchaient, il le voyaient garni sur toute sa longueur d'un duvet lohique. Le phénomène n'était pas exactement le même sur tout le pourtour du fil, mais se manifestait principalement sur sa face Sud : la concordance était donc parfaite, au point de vue des phénomènes lohiques ; car, de leur nature, les Lohées ont une tendance marquée à se diriger au Sud. Dans cette expérience, le pendule lui-même paraissait tout enveloppé d'effluves lohiques; le phénomène était bien moins caractérisé sur la moitié supérieure du pendule que sur la moitié inférieure ; l'effluve n'avait d'abord que 1 demi-ligne, pour atteindre bientôt 1 ligne d'épaisseur, et croître enfin jusqu'à 2 lignes à l'extrême pointe du pendule. Il s'établissait donc, à simple vue, un courant qui, descendant le long du fil, se répandait sur le pendule, et, de la pointe de ce dernier, jaillissait vers le dessus de la table. Tout cela est parfaitement d'accord avec la théorie de l'Od.

Phénomènes lumineux. — On pouvait se demander maintenant jusqu'à quel point les phénomènes lumineux, provoqués par l'Od, cadraient avec le principe pendulaire.

Je commençai par prendre, dans la chambre noire, un sensitif à qui je fis tenir, dans la main droite libre, un fil muni d'un pendule.

Il le vit aussitôt devenir lumineux, tout aussi bien que le pendule. Le fil, du reste, pas plus que le pendule, n'était seul à émettre cette lumière directe ; le sensitif voyait luire en même temps une colonne vaporeuse de 2 pouces d'épaisseur, sorte de branche qui enveloppait le fil ; il voyait aussi comme un faible nuage lumineux, de 5 pouces d'épaisseur, dont le pendule était tout enveloppé. Je lui fis alors prendre, dans la main gauche libre, le fil et son pendule : toutes les lueurs en question émergèrent encore des ténèbres, mais lentement et bien plus faibles. Le fil pendulaire dégageait une lumière terne, et son enveloppe lumineuse n'avait plus qu'un pouce d'épaisseur ; le voyant l'assimilait, dans sa description, à une chandelle de suif ordinaire. Le pendule, de son côté, avait une teinte plus mate ; son enveloppe vaporeuse était plus faible et n'avait guère qu'une épaisseur de 3 pouces.

Je lui fis alors imposer successivement un ou plusieurs doigts au support en laiton d'un appareil à pendule. Conformément aux lois odiques, il vit d'abord luire l'ensemble du laiton, sa tête et sa tige ; bientôt après, la cloche de verre devint visible à son tour, puis enfin la tablette qui lui servait de support. Le fil, un crin de cheval, ne se distinguait qu'à peine à travers les parois du verre, et l'on n'apercevait pas mieux le pendule. La cloche paraissait luire davantage à sa partie supérieure, de haut en bas, comme aussi à sa partie inférieure de bas en haut ; entre les deux s'étendait une zone un peu plus sombre. C'est à proximité de la main que le laiton brillait davantage. Je lui fis imposer au laiton ses dix doigts, et, par surcroît, j'y ajoutai les dix miens : tout le système en devint manifestement plus lumineux. En somme, tout le phénomène suivait exactement, dans sa marche, le développement des lois odiques.

Les détails à prendre en considération dans l'établissement du pendule, en tant qu'ils influent, par leur nature, sur les oscillations, ont fait l'objet d'une série d'expériences relatives à la nature du fil, à la nature et au poids du pendule, et à la longueur du fil.

Nature du Fil. — Comme fil, j'employai d'abord, à l'instar de M. Rutter, un fil de cocon ; mais je remarquai bientôt qu'une telle finesse dans le fil, non seulement était absolument inutile, mais était même nuisible. L'usage du fil ne se borne pas à rendre possible le mouvement du pendule et à n'y pas faire obstacle ; il doit servir aussi de conducteur à l'agent moteur et le laisser descendre jusqu'au pendule. Si donc on exagère la finesse, la ténuité du fil, en usant par exemple d'un fil de cocon, le fluide moteur n'y peut circuler ni en assez grande abondance ni assez vite, et le pendule ne se met que lentement en mouvement. Toutes mes expériences m'ont convaincu qu'un cheveu, un crin de cheval, un fil à coudre ordinaire de lin ou de soie (mais pas de laine), qu'une vulgaire aiguillée de fil même, est préférable au fil de cocon. La finesse et la souplesse en sont suffisantes pour ne pas gêner, dans son mouvement, le pendule qui, par lui-même, a déjà un certain poids; mais l'emploi en est bien meilleur pour assurer, dans de bonnes conditions, la rapidité du transfert de l'agent moteur entre la main et le pendule.

Nature du Pendule. — J'y ai employé : la cire à cacheter, la cire vierge, la résine, la poix, le soufre et le plomb.

Poids du Pendule. — C'est avec le plomb que j'ai organisé toute une série d'expériences au point de vue du poids du pendule, j'avais pour but de déterminer quel poids convient le mieux aux oscillations d'un pendule de un pied de longueur. Voici les résultats :

Un simple cheveu, ne portant pas de pendule, ne reçoit			*aucun mouvement*	
Une simple aiguillée de fil........................			—	
Une ficelle..			—	
Un flocon de fin duvet, au bout d'un cheveu...........			—	
Une petite pelote (de duvet d'eider), tirée d'un édredon..			—	
Un petit disque en papier, de 3 lignes de diamètre.....			—	
Une boulette de cire de la grosseur d'un pois, donne			1	ligne d'oscillation
Une boule de	½ once en plomb, au bout d'une ficelle..........		2	—
	½ once en plomb, au bout d'un cheveu de femme...		3	—
	½ once en plomb, au bout d'une aiguillée de fil		3	—
	1 once en plomb, au bout d'un cheveu de femme...		5	—
	2 onces en plomb,	id .	6	—
	3 onces en plomb,	— .	7	—
	4 onces en plomb,	— .	8	—
	5 onces en plomb,	— .	9	—
	5 onces ½ en plomb,	— .	10	—
	6 onces en plomb,	— .	14	—
	6 onces ½ en plomb,	— .	9	—
	7 onces en plomb,	— .	5	—
	9 onces en fer,	— .	1	—
	12 onces ½ en fer,	— .	0	—
	25 onces en plomb,	— .	0	—

On voit donc que le poids le mieux approprié et le plus efficace, pour un fil ayant 1 pied de longueur, serait celui d'un pendule en plomb pesant 6 onces. Au-dessus comme au-dessous de ce poids, on n'obtenait que des oscillations plus faibles, ce qui suppose l'existence, dans les pendules correspondants, d'une quantité moindre du fluide moteur, et par suite d'un moindre développement de force motrice.

Ces expériences se faisaient au moyen d'un simple bouchon de liège, percé d'un trou, que traversait une aiguillée de fil à coudre, servant de fil pendulaire ; le sensitif y appliquait le pouce et les doigts de la main droite, et pour renforcer l'effet de cette main, j'y ajoutais celui de ma propre main. — Chacune de ses expériences isolées, pour être menée jusqu'au bout, exigeait 5 minutes.

Longueur du Fil. — J'ai fait, dans le même ordre d'idées, une autre expérience ; il s'agissait de la longueur du fil, et j'employais, avec une cloche en verre de 2 pieds de hauteur, un fil pendulaire de 22 pouces de long.

Un pendule de plomb, pesant 1/2 once, déterminait une oscillation de 4 lignes ; un pendule de plomb, pesant 4 onces, déterminait une oscillation de 12 lignes.

Ceci prouvait donc qu'en allongeant le fil pendulaire, on amplifiait d'une façon notable les oscillations, car, dans ces conditions, on voit, en se reportant au paragraphe précédent, que, pour un même poids de plomb, l'oscillation monte de 3 lignes à 4 (1/2 once), ou de 8 à 12 (4 onces).

Souffle a travers un tube en papier. — Rutter énonce parfois de bien étranges résultats. C'est ainsi par exemple qu'au § 48 il écrit : Si l'on souffle sur la main droite de l'opérateur (du sensitif) à travers un tube en papier, le pendule tourne à droite ; si l'on renverse le tube bout pour bout, et que l'on fasse, sur cette même main, une inspiration, le pendule tourne à gauche ! J'ai eu sur moi-même assez d'empire pour répéter une telle expérience qui n'a ni rime ni raison ; et, c'était à prévoir, je n'ai rien constaté du tout. Souffler sur la main au pendule de haut en bas (en partant du bras, pour arriver aux doigts), fait croître les oscillations, car c'est l'équivalent d'une passe directe négative, c'est un acte odique némétique. Souffler sur la main de bas en haut (en partant des doigts pour arriver au bras) diminue l'amplitude, car c'est au fond une contre-passe, un acte odique-sorétique ; nous avons démontré tout cela.

CHEVEUX DE FEMME. — Plus loin, Rutter affirme (§ 35) qu'un cheveu de femme sur le bras gauche d'un opérateur, qui actionne l'appareil avec les doigts de sa main droite, amène, pour le pendule, une rotation à gauche; qu'un cheveu d'homme, au contraire, le fait tourner à droite. J'ai repris bien des fois l'expérience avec des cheveux de femme; il ne s'est jamais développé la moindre influence. Quant aux cheveux d'homme, je me suis permis de n'en pas tenir compte ; Rutter a quelque peu oublié, en cette affaire, je l'ai pensé du moins, que son opérateur même avait en vérité pas mal de cheveux d'homme sur la tête.

SIÈGES ISOLANTS. — Rutter attache encore une grande importance à ce que son opérateur se tienne sur un isolateur électrique. S'il est tombé dans cette erreur, c'est que, dans ses expériences, il a toujours considéré son agent moteur comme étant d'essence électrique. Mais l'électricité n'a rien à voir ici ; et l'Od, qu'il ignorait du reste, ne peut être arrêté, dans ses mouvements, par des pieds de verre puisqu'il pénètre le verre et le traverse sans difficulté. J'ai cru devoir me livrer à des expériences de ce genre, qu'on pouvait du reste déclarer absolument infructueuses à priori : j'ai assis mes sensitifs sur des sièges isolants; mais, comme on pouvait s'y attendre, je n'ai pas obtenu, de ce fait, la moindre réaction.

NOMS DE L'APPAREIL. — Les noms qu'on a appliqués à l'appareil pendulaire sont peu appropriés au sujet. Rutter l'appelle tantôt Magnétoïde, tantôt Magnétoscope ; mais l'instrument n'a, pour ainsi dire, rien à démêler avec le magnétisme. — Léger parle avec aussi peu d'à propos de Magnétoscope. — Mayo se sert du terme Odomètre ; ce nom rappelle davantage la nature des faits, mais il n'en est pourtant pas moins impropre. Les oscillations sont, il est vrai, proportionnelles à la puissance odique du sensitif; mais on est cependant encore loin d'être fondé à considérer cet appareil comme donnant pratiquement la mesure de la force odique. Constatons cependant que les effluves odiques, émanant des doigts des non-sensitifs, sont hors d'état, à eux seuls, de mettre le pendule en mouvement; tandis que les effluves émanant des sensitifs nécessitent immédiatement l'oscillation. Parler ici d'Odomètre est donc en tout cas prématuré; tout au plus pourrait-on dire, jusqu'à nouvel ordre, qu'on est en présence d'un *appareil mesureur des oscillations* d'un pendule sollicité par les doigts; on pourrait dire Pallomètre.

Intensité progressive de l'action. — Au début du travail avec l'appareil pendulaire, le pendule ne se prête aux premières expériences qu'avec plus de paresse et moins de force qu'aux suivantes. Il est visible que l'ensemble a besoin d'être préalablement saturé d'Od dans toutes ses parties, cloche de verre, membrure, table-support, et que l'accroissement de charge, sur le pendule même, n'atteint qu'ensuite une densité qui suffise aux mouvements vifs du pendule : c'est ce que nous avons constaté *de visu* dans tous les cas analogues.

Dualisme. — Le principe odique, je l'ai clairement démontré en bien des endroits, manifeste hautement sa dualité, ou pour mieux dire, sa polarité. C'est un fait que nous voyons se reproduire avec l'agent pendulaire.

Les corps inorganiques favorisent et font croître les oscillations, s'ils sont négatifs; ils y font obstacle, ils les paralysent, s'ils sont positifs : c'est ce que nous avons toujours constaté. Avec l'homme, corps organique, on obtient des manifestations extérieures toutes semblables aux précédentes, suivant qu'on utilise sa droite ou sa gauche.

Origines des erreurs de mes prédécesseurs. — Nous sommes maintenant en état de nous rendre compte, dans leurs causes originelles, des différences considérables qui se sont produites sur ce terrain lors des expériences de mes prédécesseurs, et dont, en retour, mes propres expériences sont tout aussi exemples.

Les causes d'erreur sont tout entières dans la façon dont les divers opérateurs ont organisé les expériences, et dans l'ignorance plus ou moins complète où ils étaient des circonstances multiples qui influent sur le phénomène.

Au premier rang, dans cet ordre de faits, nous trouvons *la stabilité de l'appareil*. Au début, j'avais aussi, comme je l'avais vu faire à M. Rutter, disposé mon instrument sur une table, au premier étage. J'obtins à cette époque des mouvements pendulaires à oscillations rectilignes, transversales ou diagonales, des arcs de cercle à droite ou à gauche, tout comme mon prédécesseur. Mais je découvris bientôt que ces mouvements n'affectaient pas une forme constante ; toutes les fois qu'une porte s'ouvrait ou se fermait près de nous, à l'étage inférieur ou supérieur, quand des enfants descendaient, en sautant, les escaliers, quand une personne traversait ma chambre, quand mon aide remuait, quand moi-même je circulais autour de l'appareil, toujours l'influence s'en faisait sentir sur le pendule, en le déviant de sa trajectoire ordinaire. J'établis alors directement l'appareil, et l'assujettis solidement sur la section d'un mur de soubassement que je fis dégager ; alors seulement j'obtins des résultats présentant une certaine fixité.

La plupart de mes prédécesseurs travaillaient avec un pendule suspendu à l'air libre ; dans ces conditions, tout courant d'air, tout déplacement autour de l'appareil, et particulièrement la respiration des personnes présentes, ont sur le pendule une action déviatrice. Il est nécessaire, il est indispensable, que pendule et le fil pendulaire, mis sous cloche, soient absolument soustraits aux déplacements de l'air ambiant.

Ces précautions m'étaient déjà d'un grand secours, mais je n'en avais pas fini avec les difficultés. Je découvris en effet que la position du sensitif, sur le pourtour de l'appareil, prenait sur la direction du pendule une influence toute puissante. Nous avons vu plus haut que, dans tous les cas, le pendule oscille normalement à la face antérieure de l'opérateur ; toutes les fois donc qu'il se plaçait au N., à l'O., au S.-O. de l'appareil, nous obtenions des oscillations N.-S., O.-E., S-O., N-E., etc. Le moindre déplacement du sensitif modifiait la direction des oscillations.

Nous avons vu quelle influence considérable la proximité plus ou moins grande de l'opérateur sensitif peut avoir sur la grandeur des oscillations. Nous avons reconnu la puissance des perturbations qu'amène, dans les oscillations, la proximité d'autres personnes, telles que les aides et les spectateurs ; l'action est telle qu'abandonnant la direction rectiligne, qui est correcte, le pendule est poussé sur des trajectoires exceptionnelles, elliptiques ou circulaires.

La façon de tenir les doigts restés libres, lorsqu'on en impose quelques-uns seulement au fil pendulaire enroulé, les autres restant libres dans l'air ambiant, est d'une importance à peine croyable. Lorsqu'on les étend par exemple transversalement à la direction de l'oscillation, ils agissent aussitôt exactement comme ferait un spectateur placé sur le côté, et par suite déterminent un mouvement elliptique ou circulaire. Le fait se produit toujours et partout, que l'on impose à l'appareil un ou plusieurs doigts, ou qu'on tienne le rouleau entre le pouce et l'index. De là viennent, chez mes prédécesseurs, tant d'observations erronées (*Rotations*), et les erreurs sans nombre auxquelles je fus en proie moi-même au début, aussi longtemps que je n'eus pas découvert l'influence, fortement perturbatrice, des doigts restés libres sur la direction des oscillations. On doit veiller avec le plus grand soin à n'employer les doigts restés libres que dans le sens du mouvement. Tous ces détails sont aussi délicats que leur signification est importante, et l'on ne saurait trop prémunir là-dessus les expérimentateurs.

Nous avons également constaté que tout objet métallique porté par l'opérateur, montres, bagues, bijoux d'oreilles, de coiffure ou de bras, clefs, boutons d'habits, clous ferrés des chaussures, qu'en un mot toutes les substances positives troublent et affaiblissent le mouvement ; que toutes les substances négatives, au contraire, soufre, iode, sélénium, tellure, carbone, le font croître en amplitude.

Jusqu'où cela peut aller, nous nous en sommes rendu compte dans une série d'expériences très délicates : en faisant entrecroiser les doigts ou les jambes, en faisant fermer les yeux, en étudiant les rayons solaires ou lunaires ; tous actes, très futiles en apparence, et dont les effets sont pourtant assez sensibles pour ramener partiellement le pendule au repos.

La plus grande faute, la faute impardonnable, c'est d'employer comme pendule un fil librement enroulé sur un doigt, ou que l'on tient entre le pouce et les doigts, puisque pouce et doigts ont sur le pendule des actions opposées. — L'importance de la façon dont on tient les doigts s'est manifestée, dès qu'on les a eu seulement renversés sur l'une ou l'autre main ou qu'on les a fermés sur le poignet; cette action sorétique assez faible à l'encontre du propre corps du sensitif suffit pourtant à diminuer, à arrêter même complètement les oscillations. — On ne saurait trop avoir égard à la différence, dans le mode d'action, qui caractérise le pouce et les doigts, non plus qu'à la puissance d'effet obtenue, suivant qu'on impose au rouleau le pouce seul, les doigts seuls, ou le pouce et les doigts réunis.

Enfin l'une des fautes les plus habituelles consiste à ne pas savoir attendre, faute de patience, qu'entre la fin d'une expérience et le commencement de la suivante le pendule ait repris l'immobilité parfaite; à considérer au contraire, comme une quantité négligeable, un reste d'oscillation. Cette façon de procéder conduit à s'illusionner sur la nature même des phénomènes.

Voilà bien des considérations, bien des mesures de précaution indispensables : toutes, plus ou moins, ont été méconnues ou n'ont pas été suivies par mes prédécesseurs; non pas qu'il y eût toujours manque de soins de leur part, mais la faute venait fréquemment de l'ignorance où ils étaient plus ou moins de la science de l'Od et des lois odiques applicables au sujet que nous traitons. Sans connaître ce principe, d'où découlent tous les phénomènes ci-dessus rapportés, il était impossible de suivre avec méthode la marche de ces phénomènes, et de reconnaître les écueils où viennent se briser tous les travaux d'expérience, à moins qu'ils ne vous mènent à un labyrinthe de sentiers perdus. Conséquence naturelle : les savants refusaient de s'occuper de ce sujet; et, en raison des variations continuelles relevées dans les résultats d'expériences visiblement les mêmes, ils concluaient à l'impossibilité de soutenir les faits et du néant absolu de cet ordre d'idées. Nous voyons bien maintenant que cette conclusion dictée par l'ignorance est très erronée : car tout ici suit une loi régulière, dès qu'on y applique la méthode exacte des sciences d'observation. Nous voyons aussi qu'au point de vue des sciences naturelles, nous avons là sous la main un instrument de la plus haute importance, à qui l'avenir réserve une portée incalculable.

II

CONSIDÉRATIONS THÉORIQUES

On doit en avoir déjà fait la remarque : les expériences, c'est assez visible, n'accusent ni permanence ni unité dans la puissance efficiente des personnes qui les ont faites, c'est-à-dire des sensitifs qu'on a pu déterminer à s'y livrer.

Il y a deux raisons à cet état de choses : — la première, c'est que des personnes différentes occupent aussi des degrés différents dans l'échelle des sensitifs ; elles sont donc douées, à un degré variable, de la puissance efficiente en question, et par suite provoquent des déplacements pendulaires d'amplitude variable ; — la seconde, c'est qu'à considérer un seul et même individu, il n'est pas à tout moment doué au même degré des propriétés sensitives ; ces propriétés sont soumises chez lui à des fluctuations incessantes ; tour à tour et sans repos elles croissent ou diminuent. Toute cause d'affaiblissement physique, une mauvaise nuit, une digestion irrégulière, des excès, la fatigue, un simple refroidissement, plus encore une réelle indisposition, ou de fâcheuses prédispositions morales, comme la peur, l'angoisse, la tristesse, les contrariétés, affaiblissent la puissance d'action aussi vivement que la santé, la plénitude de la vie, le confortable, les jouissances, peuvent la surexciter.

On obtient donc, en changeant d'opérateurs, et par suite des incessantes variations de leur état, des effets qui, assurément, sont toujours de même nature, mais *dont la grandeur varie*.

Pour arriver malgré cela à la stabilité des résultats, il faut déterminer soigneusement dans chaque cas, avant d'aborder le travail, la valeur relative des aptitudes qu'apportera l'opérateur dans une série particulière d'expériences d'une certaine durée; puis rapporter les résultats qui suivront, aux chiffres obtenus en premier lieu. Par exemple, un sensitif obtiendra un jour, au début, une oscillation pendulaire de 4 lignes, représentant le maximum de l'effet qu'il peut produire à ce moment-là; un autre atteindra, le même jour, 10 lignes. Or, un autre jour, le premier obtenait 8 lignes, le second n'en donnait que 5. C'est à ces valeurs, variables avec l'époque et prises pour bases de la série, qu'il conviendra de rapporter les chiffres obtenus dans la suite du travail consécutif. C'est ce que nous avons toujours fait jusqu'ici.

Une autre question se pose maintenant : quelle est la nature, quelles sont les propriétés essentielles du principe? Quelles sont les lois qui régissent ce principe, origine de mouvements si singuliers dans le pendule? Ni la physique, ni la physiologie, dans leur état actuel d'avancement, ne nous mettront en main le fil conducteur qui nous guidera à travers les prodiges. Les sciences naturelles, partout où ils ont voulu se faire jour, les ont éconduits, ridiculisés, honnis et finalement rejetés. C'est assurément la voie la plus commode, si l'on veut être quitte à bon marché des questions qu'on ne comprend pas; mais ce n'est pas la meilleure route à suivre pour sortir des ténèbres et arriver à la lumière.

Les timides essais qu'on a faits sur ce sujet en Angleterre, sans idée dirigeante, sont embrouillés et nous ont fait faire peu de progrès; elles ont grossi le stock des observations que nous a transmises l'Antiquité, sans y introduire le moindre lien, à plus forte raison sans en découvrir l'explication théorique. Nous avons déjà vu dans quelles inextricables erreurs RUTTER s'est débattu; c'est à lui pourtant que revient le mérite d'avoir, le premier, proposé un instrument qui, pour être inutilisable sous la forme qu'il lui a donnée, n'en était pas moins susceptible d'amélioration. — LÉGER l'a modifié, mais sans bonheur; il l'a débarrassé, il est vrai, de sa potence branlante; mais, en compliquant en vue de cette suppression, la composition de l'appareil, il ne l'a pas pour cela approprié davantage à son but. En outre, il a cru bon de mêler à ses phénomènes la Théosophie et le Spiritualisme, entremêlant le tout de considérations phrénologiques. En défigurant ainsi les choses, on les rend inadmissibles pour les sciences exactes, et le travail tout entier devient inutilisable. — M. Mayo s'est donné beaucoup de peine, il a fait un grand nombre d'expériences; mais cet observateur zélé a toujours uniformément opéré sans instrument, avec la main seule, en enroulant le fil pendulaire à la première phalange de son index, pour en enregistrer les oscillations. Il n'est pas besoin de mes explications pour voir quelle difficulté présente en pratique un tel procédé, continuellement soumis aux vibrations involontaires de toute sorte, du bras, de la main et du doigt, aux influences de chaque temps du pouls et de la respiration. Il y a dans les tentatives de Mayo une pensée ingénieuse; mais, par malheur, l'exécution en est si défectueuse que la science ne peut en tirer aucun profit. — M. Bahr de Dresde, était et est encore le plus infatigable de tous ces chercheurs : il a consigné ses nombreuses observations et les conséquences qu'il en a tirées dans un gros ouvrage, richement édité, et intitulé : « *Le Cercle dynamique*, Dresde, 1864. » Malgré tout ce que ce livre renferme d'estimable, nos observations et nos opinions respectives sont trop différentes pour que je puisse me livrer ici à une analyse de l'ouvrage. Mayo range tous les corps, simples et composés (par rapport à certaines forces primitives, inconnues, qui leur sont inhérentes, et que les oscillations du pendule doivent permettre de mesurer), sur un circonférence fermée, qu'il appelle *dynamique*. Mes observations diffèrent malheureusement des siennes d'une façon fondamentale : je ne trouve pas trace de *cercle* dans le classement que la nature a fait de ses créations; je ne vois partout qu'*opposition*, *dualisme* et *polarité*.

Je n'avais donc d'autre parti à suivre que de tout recommencer; j'avais appris du moins, par les travaux de ces savants, quelles erreurs, quels sentiers trompeurs il faut éviter. Rien que cela souvent est déjà un gros avantage.

Dans les expériences que je vous communique, ce qui doit tout d'abord sauter aux yeux, c'est cette particularité : que provoquer les oscillations du pendule n'est pas au pouvoir de la première main venue, et que ce pouvoir réside exclusivement dans les mains des sensitifs. Ceci nous ramène une fois de plus à l'étude de l'Od et de la sensitivité; et puisque, par-ci par-là, nous avons déjà effleuré ce sujet, nous voici involontairement conduit à examiner de plus près l'analogie qui reparaît ici entre la sensitivité, l'Od et l'agent moteur du pendule.

En procédant à cet examen comparatif, voici ce que nous trouvons :

Les corps inorganiques, et surtout les corps simples, de même qu'ils se divisent en Od-positifs et Od-négatifs, se classent aussi en excitateurs et modérateurs du mouvement pendulaire. Spécifions : les corps qui se classent, par rapport à l'Od, dans l'une ou l'autre catégorie, sont précisément les mêmes qui, par rapport au pendule, forment aussi les deux catégories. Ainsi tous les métaux qui sont Od-positifs, et dont nous avons fait l'énumération à la page 67, se classent également dans la catégorie des matières qui font obstacle à la tendance du mouvement, que la main communique au pendule; au contraire, les Od-négatifs (métalloïdes, page 66 sont des excitateurs du mouvement. Nous découvrons ainsi que, *parmi les corps simples, tous les Od-positifs paralysent le pendule, tous les Od-négatifs vivifient les oscillations.* Dans les substances simples se manifeste donc avec éclat cette propriété fondamentale qui tient à leur essence même : *Od et mouvement pendulaire coïncident.*

Poursuivons plus loin la comparaison et passons à *l'organisme vivant.* On sait que, dans les ténèbres de la chambre noire, la main gauche brille davantage que la main droite. C'est ce qui m'a conduit, pendant plusieurs années, à considérer la main gauche comme produisant une plus forte proportion d'Od que la main droite. Mais c'était là de ma part une erreur qui n'a été redressée que plus tard par la découverte des phénomènes lobiques : le courant lobique émanant de la main *droite* est, en effet, notablement plus fort que celui de la main gauche; il est d'un *bleu* lumineux, et, par le fait même, a une intensité lumineuse plus faible que celle de l'effluve gauche qui paraît rouge-jaune. Cette interversion des pouvoirs lumineux pouvait nous dérouter plus longtemps. Eh bien ! De même que la main droite a un pouvoir odique plus considérable et fournit de l'Od en plus grande quantité, de même elle provoque chez le pendule, et dans la même mesure, des oscillations plus fortes et plus étendues que ne fait la main gauche. Où la main droite, en effet, donne dix lignes d'oscillation, la main gauche n'atteint que sept lignes (page 65). — Pouvoir odique et pouvoir pendulaire marchent donc du même pas dans leurs manifestations extérieures.

A ce sujet se rapportent aussi les expériences de la page 61. Le sensitif, en présentant à l'appareil son côté droit Od-négatif, provoquait au pendule une oscillation de 2 lignes; en lui présentant son côté gauche Od-positif, il finissait par paralyser le pendule Quand je me plaçais derrière le sensitif, de façon que le devant de mon corps s'appuyât à son dos, ses doigts donnaient au pendule 8 lignes de déplacement; si, me retournant, je m'adossais à lui dos à dos, l'amplitude tombait aussitôt à 4 lignes (page 61). C'est l'allure même qu'adoptent les phénomènes de visibilité odique; la position isonome fait croître la puissance de visibilité dans les ténèbres, le contact dos à dos l'affaiblit jusqu'à la faire disparaître; force odique, motrice du pendule et visibilité odique, c'est-à-dire force odique en général, marchent la main dans la main. — En faisant avec ma main gauche, depuis l'aisselle jusqu'aux doigts, des passes odiques sur le bras droit dont les doigts s'imposaient au rouleau de l'appareil, et que par suite, d'après les notions actuelles, je renforçais en agissant ainsi la charge d'Od sur le bras, les oscillations du pendule s'élevaient en même temps de 5 lignes à 7. Même en pratiquant seulement des passes sur l'autre bras (le gauche du sensitif) appliqué au pendule, avec ma main droite, les oscillations montaient de 3 lignes à 5. Lorsqu'en revanche je faisais des contre-passes, appauvrissant ainsi en Od l'un ou l'autre bras, les oscillations tombaient de 3 lignes à 1. L'amplitude des oscillations variait donc en raison directe des proportions d'Od (page 76).

Au lieu de faire des passes, si je me contentais d'approcher mes doigts à 1 pouce de distance de la main imposée au pendule, ce qui en matière odique équivaut à une surcharge directe d'Od, les déplacements augmentaient de 2 lignes (page 65). — Des approches d'un autre ordre (quand, par exemple, l'opérateur ne fait qu'étendre la main gauche libre, sans les toucher, au-dessus de différents corps simples) suffisent à paralyser ou à animer le pendule actionné par l'autre main, suivant que les corps en question sont de nature od-positive ou od-négative (page 67). Le même phénomène a lieu tout aussi bien quand les corps sont renfermés hermétiquement dans des vases de verre clos au chalumeau : tout cela est nettement d'accord avec la théorie de l'Od.

Si l'on ferme les doigts, de façon que leurs extrémités reposent sur le gras de la main, l'effet produit sur le sensitif est le même que dans une contre-passe odique. En faisant exécuter le mouvement aux trois doigts restés libres de la main qui était au pendule ou même à ceux de la main non employée, les oscillations tombaient de 5 lignes à 3, et même à 1 ligne (page 78). Un autre jour, comme le sensitif avait la main droite à l'appareil et que l'oscillation était de 7 lignes, il plaça sa main gauche, restée libre, sur son épaule droite, puis successivement à la saignée et sur la main. Il s'ensuivit pour l'oscillation un mouvement rétrograde de 7 lignes à 5, puis 3 et enfin zéro. La main gauche Od-positive avait donc un effet pendulaire équivalent, mais de sens contraire, à celui de la main droite Od-négative (page 78).

Le souffle, je l'ai prouvé, est fortement Od-négatif. En dirigeant le souffle sur la main droite, imposée au rouleau, de haut en bas, c'est-à-dire du bras vers les doigts, je faisais en réalité une passe directe, et les oscillations montaient de 6 lignes à 8; en dirigeant le souffle de bas en haut, c'est-à-dire en remontant de la main vers le bras, j'obtenais une contre-passe et les oscillations tombaient de 6 lignes à 3 (page 75). Dans le premier cas, j'agissais en némétique; dans le second, en sorétique, et les oscillations variaient parallèlement aux influences odiques. — En opposant aux yeux du sensitif les extrémités de mes doigts odiquement isonomes ou hétéronomes, je pratiquais une sorte de contre-passe, et les déplacements pendulaires tombaient de 6 lignes à 3 (page 79). — On sait, sur la foi d'innombrables observations, que le *regard*, surtout quand on fixe le sujet, exerce, même sur des sensitifs en bonne santé, une action de nature sorétique, dont la puissance est surprenante; on sait même que, pour de hauts sensitifs, le seul regard suffit à les plonger dans le sommeil somnambulique, comme aussi à les en réveiller. Ce phénomène présente la plus parfaite analogie avec ce fait d'expérience, qu'en fixant des yeux le pendule ou en en détournant son regard, on peut le mettre en mouvement ou le ramener à l'immobilité (page 79).

En ce qui touche le sexe des opérateurs, les effets odiques que produisent des mains masculines ou féminines sont exactement de même nature, avec un peu moins de force pourtant du côté des femmes; c'est absolument ce qui se produit avec le pendule (page 61).

Des troubles dans la santé des sujets amènent, c'est connu, un profond affaissement de la puissance odique; le même fait se produit avec le pendule. Un rhume de cerveau abaisse les oscillations de 10 lignes à 4; une crampe sans importance les fait cesser. La fatigue, vis-à-vis de l'Od comme vis-à-vis du pendule, a la même influence que la maladie (page 58).

Le corps humain est enveloppé d'une atmosphère fortement chargée d'Od; les oscillations du pendule n'échappent pas à son action : si le sensitif se tient à proximité immédiate de l'appareil, les oscillations ont 4 lignes d'amplitude; à la distance d'un pied, elles n'ont plus que 3 lignes; à la longueur du bras, 1 ligne 3/4; le corps manifeste, dans son enveloppe atmosphérique, une action qu'on pourrait tout aussi bien attribuer à l'Od (page 59). — Cette action se manifestait plus clairement encore lorsqu'un jeune garçon sensitif, et moi-même après lui, nous approchions de côté, à 90 degrés de l'opérateur, vers le pendule en train de décrire une trajectoire rectiligne, puisque la simple approche de nos corps déterminait un mouvement elliptique (page 60).

Les rayons solaires nous infusent de l'Od, et notre charge d'Od s'en accroît. Eh bien! sous l'action des rayons solaires, où prédomine l'Od négatif, on voit l'amplitude pendulaire croître de 10 lignes à 14; ou, dans une autre expérience, de 7 lignes à 13 (page 76). — La lune, au contraire, qui nous envoie des rayons où prédomine l'Od positif, fait descendre les oscillations de 6 lignes à 4.

L'Od peut se transférer à travers les corps; la faculté qu'ont les doigts de faire osciller le pendule se transmet aussi, et son action reste efficace après que l'agent moteur a traversé baguettes, liège, armatures de laiton, etc. (page 81).

Chez l'Od comme chez l'agent pendulaire, on retrouve un dualisme également marqué, qui va jusqu'aux manfestations de polarité (page 87).

Si, nous le savons, un isolateur électrique, à pieds de verre, ne peut d'aucune façon arrêter l'Od, il ne peut davantage faire obstacle aux influences qui s'exercent sur le pendule (page 86).

La Lohée odique se manifeste partout où il y a accumulation d'Od ; nous avons, de même, vu le pendule et le fil pendulaire se garnir d'effluves odiques (page 82). — L'Od a le privilège de faire naître, dans les ténèbres, des phénomènes lumineux ; mais nous avons retrouvé, sur le fil et sur le pendule, ces mêmes lueurs odiques (page 82).

Enfin, l'*amplitude des oscillations est toujours en raison directe de la grandeur des Lohées des doigts.*

L'Od agit-il ici, à sa sortie des sensitifs, par attraction ou par répulsion? Repousse-t-il ou attire-t-il à lui le pendule? C'est là, en fin de compte, une des questions fondamentales dont la solution, à tirer des faits accumulés jusqu'ici, se présente à nous comme une pressante obligation. Schœffer, dans ses travaux qui datent de 90 ans, mais qui, à ma connaissance, n'ont été de la part de personne l'objet d'un examen approfondi, Schœffer, nous cite une expérience qui pourrait bien valoir la peine qu'on en tienne compte. Le pendule y est mis, par le sensitif, en situation d'opter entre deux points donnés, l'un plus rapproché, l'autre plus éloigné, mais sensiblement dans la même direction : le pendule, dans les oscillations auxquelles il était sollicité par les doigts de la main droite, se décide pour le point le plus éloigné. C'est donc dans cette direction, doit-on croire, qu'il avait à vaincre la résistance la plus faible ; il s'ensuit qu'il était dominé par une tendance à s'éloigner du sensitif; et cela nous conduit à conclure que le pendule n'est pas attiré, mais bien repoussé par l'opérateur. — Une expérience directe, que j'ai faite moi-même, confirme, à mon avis, ce résultat. Comme le pendule était en plein mouvement, avec de belles oscillations rectilignes, je me plaçai (une autre fois, j'employai un jeune garçon sensitif) de la façon que j'ai déjà exposée plus haut, sur le côté et à proximité du sensitif, mon corps et le sion formant un angle droit. Je me trouvais donc placé parallèlement au plan de la trajectoire du pendule, et mon rayon visuel tombait à angle droit sur le milieu de cette ligne.

L'action de mon corps fut telle sur les oscillations, que le pendule attiré hors de la ligne droite se mit à décrire une courbe de forme légèrement elliptique. Mais les éléments de la courbe n'étaient pas symétriques : l'ellipse s'écartait de moi en se déprimant, en se cintrant visiblement. Sous l'influence de mon approche latérale, le pendule était donc notablement détourné de sa courbe, et les oscillations qu'il décrivait se composaient de déviations curvilignes, chassé qu'il était, d'une part, en ligne droite par le sensitif et par moi, d'autre part, latéralement à angle droit. Si mon influence avait été attractive, l'ellipse eût été inversée; elle eût présenté, de mon côté, une forme convexe, tandis qu'en réalité elle était concave. De tout ceci je tire cette conclusion que *les effets produits par l'homme sur le pendule sont, non pas de nature attractive, mais de nature répulsive.* Ces résultats répondent bien, du reste, à la théorie odique d'après laquelle le principe de ces mouvements résiderait dans les émanations odiques, que l'organisme ne cesse de *projeter* avec force au dehors.

Les exemples nombreux, que j'ai consignés ici, constituent un parallèle, poussé fort loin, entre l'Od et la force motrice pendulaire. Par le parallèle nous voyons : *que toutes les propriétés essentielles de l'un conviennent parfaitement à l'autre; qu'aucune différence n'est acceptable entre les deux; que tous deux proviennent concurremment d'un seul et même principe, je veux dire l'Od; et que les lois qui régissent l'Od trouvent à s'appliquer toutes aux faits relatifs au mouvement pendulaire.*

La nouveauté essentielle qui ressort de ces recherches est tout entière dans la conclusion suivante : L'Od a trouvé, dans le pendule, un instrument nouveau, à l'aide duquel la faculté, qu'on lui avait longtemps pressentie, de pouvoir faire naître le mouvement, s'est vue divulguée, mise en lumière, à l'aide duquel on a pu pousser jusqu'à la démonstration scientifique l'étude de cette faculté. La *physique gagne là une nouvelle force motrice :* pousser plus loin les recherches, développer cette force et en trouver l'emploi, c'est la tâche incalculable qui semble bien incomber à l'avenir.

CINQUIÈME CONFÉRENCE

ACTION MÉCANIQUE DE L'OD. — MOUVEMENTS CIRCULAIRES

Dans l'antichambre d'un grand personnage, où des solliciteurs sont assis en cercle dans une paisible attente, on peut faire toutes sortes d'observations. L'un fait sauter ses jambes croisées l'une sur l'autre, un second fait tourner ses pouces, la troisième personne, une dame, étire ses rubans jaunes, un quatrième frise, du bout de ses doigts, sa belle barbe. Çà et là on en trouve un qui, pelotonnant les bouts de ses doigts, rapproche lentement les deux cônes ainsi formés par ses deux mains, pour les éloigner ensuite et recommencer toujours le même manège. Des quatre premières personnes, aucune n'est sensitive, mais la dernière l'est bien certainement, sur ma parole. C'est elle qui découvrira qu'en approchant lentement l'un de l'autre les sommets des cônes que forment ses deux mains, les bouts de ses doigts commencent, dès qu'ils sont à proximité, 2 à 3 pouces environ de distance, à provoquer en elle la sensation qu'ils ont comme une vague tendance à se réunir; plus elle les rapproche dans ce mouvement, plus la sensation se précise; et lorsqu'enfin l'intervalle n'est plus que de 1/4 de pouce ou moins encore, le sensitif a conscience qu'il ne pourrait plus arrêter ses mains, mais que, puisant leur force en elles-mêmes à la façon d'un ressort, elles lui échappent brusquement et complètement. Veut-il écarter aussitôt ses doigts les uns des autres, il observe que leurs extrémités ne semblent pas s'y prêter de plein gré, qu'il s'y manifeste une résistance très faible, mais pourtant sensible, comme si les sommets des cônes avaient entre eux une faible adhérence, et qu'il faut les contraindre à l'exécution en exerçant une véritable traction, si modeste soit-elle. Qu'il les laisse quelques minutes tranquillement au contact, il s'apercevra que l'attraction réciproque se relâche; bientôt, et sans difficulté, il pourra séparer les sommets des deux cônes. Mais cette phase du phénomène une fois atteinte, s'il persiste à laisser au contact ses mains pendant quelques minutes encore, la sensation primitive d'attraction se transforme pour lui en un véritable sentiment de répulsion; prolonger le contact lui devient désagréable, et peu à peu la main tout entière en est péniblement affectée : il se sent contraint d'éloigner l'un de l'autre ces cônes qui semblent se repousser. Il ne sait ce que cela veut dire et répète cent fois son petit passe-temps.

Extrémités des doigts dans l'approche mutuelle. — Les bouts des doigts sont, en réalité, les deux pôles du corps humain, polarisé suivant sa largeur. Qu'en les approchant les uns des autres, ils puissent s'influencer mutuellement, d'une façon encore inconnue, cela m'a paru franchement irrécusable. Les activités odiques, de polarité opposée, réagissant ainsi l'une sur l'autre, suivant l'horizontale, n'avaient rien à démêler avec la pesanteur. Ce dont je voulais me rendre compte maintenant, c'était de quelle façon se comporterait le phénomène, quand on le soumettrait à l'influence de cette pesanteur. Dans ce but, je dis à un sensitif de réunir en forme de cône les doigts de sa main droite, et de tenir sa main verticalement, la pointe en bas; puis j'opposai à ses doigts, de bas en haut, mais sans contact, le cône formé par les doigts de ma main gauche. Le sensitif prétendit que, de ce fait, ses doigts avaient une tendance à descendre, qu'ils cherchaient à joindre mes propres doigts ; et il en résultait dans toute sa main une sensation comparable à celle d'un accroissement de pesanteur. Je fis l'expérience inverse : Je lui fis diriger de bas en haut le cône formé par ses doigts, et j'en rapprochai les miens en les descendant de haut en bas. Il fut tout étonné de trouver là une sensation nouvelle ; ses doigts maintenant faisaient effort de bas en haut, semblaient vouloir s'élever jusqu'aux miens ; en même temps, sa main tout entière lui paraissait devenir plus légère qu'elle ne l'était naturellement.

Je lui dis alors de changer de main, je lui fis tenir la main gauche pendante de haut en bas, et j'en approchai de nouveau ma main gauche de bas en haut ; tout alors fut inversé ; sa main gauche ne tendait plus à descendre, ne cherchait plus à se réunir à la mienne, ne paraissait plus peser davantage, mais bien plutôt lui semblait-elle se soulever, poussée de bas en haut et comme allégée. En reprenant sa main dans la position basse, le cône des doigts la pointe en l'air, puis descendant lentement ma main droite vers la sienne, il sentait diminuer le poids de sa main, qui tendait à monter comme si on l'eût tirée d'en haut ; mais si j'employais ma main gauche, les doigts du sensitif étaient refoulés de haut en bas, chassés pour ainsi dire en devenant plus lourds; effets, on le comprend de reste, tous très faibles et d'un tact délicat.

Il était clair que le lien commun de toutes ces observations, c'était, abstraction faite de l'apparente sensation de pesanteur, une attraction notable des faisceaux (de doigts) hétéronomes, une répulsion bien nette des isonomes. Me voilà donc en possession d'une force nouvelle, face à face encore une fois avec l'antique et grande loi naturelle.

Poursuivant mes études, je remplaçai le faisceau des doigts du sensitif par la paume de sa main droite, que je lui fis étendre horizontalement, la face interne vers le sol. J'en rapprochai alors la paume de ma main gauche de bas en haut : il ressentit dans sa main une attraction vers le sol, une pesanteur plus grande. En plaçant sous la sienne la paume de ma main droite, il sentit sa main gauche sollicitée de bas en haut, devenir plus légère. Je lui dis de changer de main, j'obtins les résultats inverses. C'était toujours *l'attraction pour les hétéronomes* ; et, *pour les isonomes, la répulsion*.

Ces expériences, je les ai faites sur l'horizontale, dans le Méridien, dans le parallèle ; partout, sans exception, mêmes résultats qualitatifs,

Extrémités des doigts appliquées aux plantes. — Ce qu'on voyait se manifester ici dans les membres de l'homme en opposant l'un à l'autre leurs pôles odiques, le retrouverait-on bien aussi chez d'autres créatures organiques ? Le trouverait-on, par exemple, chez les plantes? — Prenant des personnes sensitives, je leur fis étendre les mains au-dessus de pots de fleurs à feuillage très touffu; avec ses bourgeons et ses fleurs, ce feuillage forme un ensemble où prédomine l'Od négatif, comme j'en ai fait la preuve ailleurs (*Le Monde végétal dans ses rapports avec la Sensitivité et l'Od.* Vienne, 1853, p. 46). La main gauche od-positive donnait alors la sensation d'une attraction vers le sol, d'une pesanteur plus grande; la main droite od-négative se sentait allégée, poussée de bas en haut. Le phénomène se rangeait donc avec ceux qu'on avait observés en n'employant que les mains, sous une même loi,

Extrémités des doigts appliquées aux cristaux. — Un tel résultat m'amenait à pénétrer dans le monde inanimé et à m'en prendre tout d'abord aux cristaux. Le pôle négatif d'un spath gypseux, placé sous la main droite d'un sensitif vigoureux, la lui rendait en apparence plus légère; le pôle du même cristal la lui rendait plus pesante et l'attirait vers le sol. En mettant sa main gauche à l'épreuve, le spath provoque des sensations absolument inverses; mêmes réponses, mais en ordre inverse, à toutes mes questions.

Extrémités des doigts appliquées a l'aimant. — C'était le moment de consulter l'aimant. Le pôle Nord (—) joue toujours exactement, par rapport à la main droite de l'homme, le rôle du pôle négatif dans les cristaux, du « caudex ascendens » dans les plantes; le pôle Sud joue toujours le rôle des éléments opposés.

Quand on tenait au-dessus des pôles de l'aimant l'extrémité des doigts sensitifs de gauche ou de droite ou à une distance de 1 à 2 pouces, les sensations suivaient la même règle qu'avec les cristaux, la main était allégée ou inversement alourdie.

Ce phénomène avait pris une tournure véritablement colossale, lors des expériences que j'avais faites déjà en 1844 avec les demoiselles Nowotny, Reichel, Aurmann, Maix, Atzennsdorfer et autres (*Les Dynamides*, etc., 1849, p. 23 et suiv.). Un aimant en fer à cheval, capable de supporter une charge de 20 livres, avait, par ses pôles, une action si vive, surtout sur la première de ces jeunes filles, que ses doigts y adhéraient convulsivement, et qu'on ne pouvait les en détacher qu'avec beaucoup de peine.

Lumière solaire. — Des baguettes de bois, de verre ou de laiton, furent fixées en leur milieu sur un support, leurs deux extrémités restant libres. Chacune d'elles fut ensuite placée de façon que l'une de ces extrémités fût exposée au soleil, l'autre restant dans l'ombre; puis des sensitifs, hommes ou femmes, opérant successivement sur chacune d'elles, les entouraient des doigts de leur main droite comme d'un manchon cylindrique, mais de telle façon que les extrémités tenues à l'ombre pénétraient dans ce cylindre librement et sans contact. En les saisissant alors avec les doigts de la main gauche, on avait dans cette main la sensation d'une fraîcheur, d'un allègement qui faisait naître une véritable jouissance; dans la main droite au contraire se produisait une sensation de tiédeur, de lourdeur, qui faisait désirer vraiment de s'en débarrasser en retirant la main.

Corps amorphes. — Au-dessus d'un petit tas de substance od-positive, de monnaie de cuivre par exemple, quelques sensitifs étendaient la main gauche : ils en ressentaient cette main allégée, soulevée, repoussée. Avec la main droite le contraire se produisait.

C'était devant un grand miroir de toilette, qui les reflétait de la tête aux pieds, que je conduisais souvent les sensitifs féminins.

Le verre ordinaire est un corps dont l'action odique est assez faible, et dont on ne peut songer à se servir dans les expériences qui ne sont pas très délicates; mais l'étamage au mercure, dans un miroir, est toujours une source abondante d'Od positif. Le côté gauche tout entier en était toujours comme violemment repoussé; le côté droit, comme attiré. Dans cet ordre d'idées, je n'ai pas fait d'essais sur d'autres sources odiques, qui auraient, on le prévoit assez, donné toujours les mêmes résultats, en rapport avec la nature de leurs pôles; *une sorte d'attraction pour leurs hétéronomes; une répulsion pour leurs isonomes.*

Mais tout ce que j'ai dit jusqu'ici ne reposait que sur des sensations, sans expression sensible pour l'œil; ce n'était qu'*un acte de sensibilité provoqué par une impression analogue à l'attraction et à la répulsion;* effet trop faible et trop délicat pour qu'on en puisse *mesurer la grandeur; un indice seulement de l'existence dans la nature d'une force motrice* peu considérable.

Mouvements des cristaux tenus entre les doigts. — Entre temps s'offrirent à moi d'autres phénomènes, qui se rattachaient au sujet et ressortaient avec plus de netteté. Le hasard est souvent, pour le chercheur attentif, un maître bienveillant et généreux. J'avais un jour avec moi, dans la chambre obscure, une jeune femme fort sensitive, Mme Heintel-Juda, fille d'un fonctionnaire autrichien; elle avait un tempérament vif et éveillé; elle était intelligente et instruite, svelte, charmante et d'une florissante santé. Mais la nuit, son sommeil n'était pas tranquille; elle révait tout haut, se levait fréquemment en songe, et tout endormie se livrait dans sa chambre à toute sorte d'occupations. C'était donc un excellent sujet sensitif : bien douée, adroite; avec cela de sentiments délicats et pleine d'attraits, sans être nerveuse. Cette dame, véritable trésor, me permit de mener à bien un grand nombre de recherches des plus instructives.

Entre autres expériences dans la chambre noire, je lui donnai à tenir, dans les doigts de sa main droite, un petit cristal de gypse plat et mince; il avait environ 3 pouces de longueur, 6 lignes de largeur, 1 ligne 1/2 d'épaisseur; il était plat, uni et nettement transparent.

Tandis qu'elle examinait les effluves lumineux de ses pôles, elle découvrit avec surprise qu'entre ses doigts, pouce et index, le cristal se mouvait. « Il se meut et tourne lentement, s'écria-t-elle émerveillée. » Je lui répliquai que ce ne pouvait être qu'une illusion; mais elle s'en tint fermement à son assertion. Je lui donnai d'autres cristaux : dès qu'ils devenaient un peu gros, elle ne constatait plus de mouvement. Une fine colonnette de pierre précieuse, tourmaline du Brésil, lui parut cependant se mouvoir ainsi, mais avec moins de force que de minces cristaux plats de spath gypseux.

Lorsqu'elle pressait entre le pouce et l'index de la main gauche les cristaux de spath, ils se mouvaient encore lentement, par saccades, mais en sens inverse. A peine fallait-il une minute pour qu'on vît commencer le mouvement. Si je plaçais, sur sa main gauche, les doigts de ma main droite, le cristal aussitôt s'immobilisait et se remettait en mouvement au bout de 8 à 10 secondes, mais en sens opposé. Si je retirais mes doigts, il reprenait l'immobilité pendant quelquessecondes, puis se remettait à avancer dans le sens primitif. En revenant avec elle à la lumière du jour, j'examinai le phénomène et je vis en réalité, de mes propres yeux, qu'entre ses doigts les cristaux, qu'elle tenait sans les serrer, se mettaient à tourner lentement à droite ou à gauche. Je lui donnai à tenir entre ses doigts, une petite cuiller en argent et d'autres objets : au bout de peu de temps, tous se mirent en mouvement. Cette mobilité des corps, j'en ai trouvé la confirmation en employant de la même façon bien d'autres sensitifs. Le baron Von Schindler, Prélat et dernier Président de la république de Cracau, a eu la sensation, dans la chambre noire, et, au jour, la vision nette de phénomènes tout semblables. On ne constatait, en aucun cas, de continuité dans la marche en avant; les cristaux au contraire n'avançaient que par saccades : une petite secousse vers l'avant, puis ils s'arrêtent; encore une secousse, plus fréquemment deux ou trois secousses rapides à la suite, puis l'immobilité; souvent un brusque retour en arrière, sans raison plausible : il y a cependant toujours une raison, bien qu'on ne puisse chaque fois la découvrir de suite. — Parfois, avec certains sensitifs, les cristaux n'avançaient pas progressivement, mais étaient soumis à une sorte de mouvement ondulatoire entre le pouce et l'index; en augmentant un peu la pression, les ondulations acquéraient une amplitude surprenante, mais diminuaient avec la pression.

Corps en équilibre au bout d'un doigt. — Je m'en aperçus bientôt : il n'est pas nécessaire que les sensitifs prennent les cristaux entre deux de leurs doigts; pour beaucoup d'entre eux, il était suffisant de leur faire placer le cristal au bout d'un doigt, et de l'y laisser en balance ; après quelques secondes, plus ou moins suivant le cas et suivant aussi que les sensitifs étaient plus ou moins bien doués, tous les corps ainsi placés se mettaient à décrire un cercle, en se dirigeant de l'extérieur vers le milieu du corps, aussi bien sur le médius ou l'index de la main gauche que sur ceux de la main droite. Entre temps, le cristal s'arrêtait ou, après avoir rétrogradé un court instant, reprenait sa marche progressive. J'employais, dans les expériences, de la cire à cacheter, des crayons, de la gutta-percha, des plaquettes de bois, de petits tubes de verre, des morceaux de feuille de tôle, de feuille de cuivre, de petites clefs et autres ustensiles indifféremment. Tous les corps se prêtaient à la rotation avec une égale bonne volonté. Avec des personnes très sensitives, il n'était nul besoin de ces polarités que présentent les cristaux : tout corps, pourvu qu'on pût le placer en équilibre au bout d'un doigt, était apte à provoquer le phénomène. Avec les sieurs Lehmann, Von Vivenot et Smrecker, il me suffisait de placer au bout d'un de leurs doigts le premier couteau venu, pour le voir, sans tarder, exécuter une rotation en dedans, vers le corps.

Archet a forer. — J'ai pu observer ces mouvements, très gentiment présentés, sur un archet à forer. Cet instrument se compose d'un bout de jonc d'Espagne, d'environ deux pieds de longueur, courbé en arc de cercle et maintenu dans cette position par une corde en boyau qui réunit les deux extrémités. On enroule cette corde autour de la tête d'un petit foret en acier, et, en jouant comme de l'archet d'un violon, on perce des trous dans le métal.

C'est un instrument d'un usage tout à fait commun dans la main des ouvriers en métaux, mais facile à construire et qui convient tout à fait au cas qui nous occupe. Lorsqu'un sensitif place le bout du doigt au milieu de la corde, en laissant se balancer l'instrument tout entier, celui-ci ne demeure pas immobile, mais exécute une rotation à la pointe du doigt ; si c'est l'index ou le médius de la main droite, l'extrémité *a* tourne lentement, se rapprochant du corps de dehors en dedans, et *b* s'éloigne de dedans en dehors, vers l'intérieur ; si l'on emploie la main gauche, c'est *b* qui tourne de dehors en dedans en se rapprochant du corps, et *a* qui s'éloigne.

En faisant asseoir l'observateur et lui faisant appuyer le coude sur le genou du même côté, on lui permet d'assurer l'immobilité de sa main; la force de rotation s'accroit par l'afflux que fournit le genou, et la rotation de l'archet se fait mieux et avec plus de vivacité. Le mouvement, en raison de son ampleur, saute ici fort bien aux yeux et fait grand plaisir au spectateur.

Ces phénomènes sont toujours identiques, que l'opérateur vienne s'asseoir au Nord, au Sud ou à l'Ouest; ils sont donc indépendants de la polarité terrestre.

Je pris le couvercle d'une petite boîte ronde que je donnai à tenir en équilibre au bout des doigts de la main droite ou de la main gauche, et j'y employai successivement plusieurs personnes, hommes et femmes. Le couvercle se mettait en rotation, avec des sensitifs suffisamment bien doués, en moins d'une demi-minute, tournait autour de son axe, non sans faire toujours de temps à autre, tantôt une halte d'un instant, tantôt un léger bond en arrière; souvent encore il se cabrait, oscillant de haut en bas et inversement, comme on a l'habitude de le voir faire aux tables tournantes; et parfois, il en arrivait lentement à osciller si fort, que finalement, franchissant le bout du doigt, il dégringolait.

Enfin, je mis au bout des doigts de mes amis sensitifs une latte en bois de quatre pieds de long, puis une toise de six pieds, suffisamment minces et légères. Toutes deux se mirent bientôt à tourner de dehors en dedans et inversement, rapidement ou avec paresse, suivant que les porteurs étaient plus ou moins sensitifs. En équilibre à la pointe d'une épingle, dont la tête était maintenue par la main tout entière, la latte se mit en mouvement plus lentement, et il lui fallut une heure entière pour décrire un cercle complet; sa vitesse était donc celle de l'aiguille des minutes dans une montre. L'interposition d'une pointe d'épingle nécessite, on le voit, plus de temps pour le transfert de la force motrice. Quant à la polarité terrestre, le corps tournant n'en tient aucun compte. Comme avec tous les autres corps en équilibre au bout des doigs, le mouvement *se faisait toujours en dedans pour l'extrémité la plus rapprochée du milieu du corps*, c'est-à-dire qu'à droite comme à gauche, l'extrémité la plus proche du milieu du corps tendait toujours à s'en rapprocher. Les mouvements étaient donc de sens opposé, suivant la main employée (à droite, sens inverse des aiguilles d'une montre; à gauche, sens des aiguilles).

Barreaux aimantés. — J'étais ainsi indirectement amené à répéter mes expériences avec l'aimant. Je donnai à M. Léopolder, professeur de mécanique à Vienne, actuellement à l'Université de Lemberg, un petit barreau aimanté qu'il tenait en équilibre au bout de son index droit; ce barreau avait 5 pouces de longueur, et 1/16 de pouce carré de section; il se mouvait aussi *en dedans* (c'est-à-dire que son extrémité la plus proche du milieu du corps se dirigeait vers le corps), soit sur le doigt de la main gauche, soit sur celui de la main droite.

Ici vint se placer une constatation d'un intérêt plus grand encore, pour l'enquête que nous poursuivons. Le barreau aimanté opérait, en toute circonstance, une rotation *en dedans*, quelle que fût la position de l'opérateur par rapport à l'horizon. Asseyons-le donc, la face tournée vers le Sud, avec, en équilibre sur l'index droit, le barreau contenu dans le plan du parallèle terrestre, le pôle nord de l'aimant dirigé vers l'Ouest; dans cette position, le pôle nord négatif doit tendre vers le Nord, la force magnétique l'attirant nécessairement vers le pôle Nord terrestre, dès qu'elle a une intensité suffisante pour vaincre le frottement du barreau sur son pivot, sur sa base, c'est-à-dire sur le bout du doigt. Que maintenant le fait se produise, que la force de rotation (odique) mette en mouvement le barreau par prépondérance sur la résistance de frottement, le pôle nord devra, par suite du raisonnement ci-dessus, se diriger en tournant vers le pôle Nord de la terre : c'est ce qu'il ne fait pas; il tourne, au contraire, en se dirigeant au Sud, en opposition directe avec l'attraction polaire naturelle; quant à son pôle sud, il se dirigeait, par saccades, vers le corps de son support vivant, c'est-à-dire vers le pôle Nord terrestre.

L'aimant était donc bien éloigné d'obéir à l'attraction magnétique, vaincu qu'il était par la force de rotation (attraction ou répulsion odiques) et, en dépit de sa nature intime, violemment contraint de se mouvoir à rebours de sa polarisation. La force que nous étudions ici, est donc si considérable, si décidément caractéristique et indépendante — la force (*odique*) de rotation, dans les circonstances ci-dessus a donc à tel point la supériorité sur la force (*magnétique*) de rotation — qu'elle n'hésite pas à accepter la lutte avec le magnétisme, qui lui fait directement échec, et qu'elle sort victorieuse de cette lutte.

Le conflit que nous avons en vue est bien une opposition directe; les résistances sont, de part et d'autre, absolument dans les mêmes conditions de nature et de grandeur; mais la *force motrice odique est plus puissante que la force magnétique.*

Pour lever tous les doutes à ce sujet, je fis successivement placer M. Léopolder portant son barreau aimanté, aux quatre points cardinaux; le résultat fut identique dans les quatre stations, et le fut encore à chaque fois que je répétai l'expérience avec nombre d'autres sensitifs et d'autres barreaux. Je le fis aussi opérer avec l'autre main, la main gauche; je changeai la position du barreau, en donnant à son pôle nord la direction de l'Est, rien n'y fit. Dans chacune des 16 combinaisons possibles, l'extrémité du barreau la plus rapprochée du corps, exécuta constamment une rotation *en dedans;* pôle Nord ou pôle Sud, l'extrémité la plus proche de la ligne médiane du sensitif se dirigeait toujours vers lui.

Aiguille aimantée sur pivot. — Ces expériences réclamaient la comparaison avec celles ressortant à l'emploi d'une aiguille aimantée mobile. Mais on ne peut faire qu'une aiguille, qui joue librement sur un pivot à pointe fine, se trouve dans les mêmes conditions de situation qu'une aiguille en équilibre au bout du doigt; un essai comparatif présente donc, dans son exécution, des difficultés particulières: il devient même impossible, par suite des différences que présentent les deux forces (l'odique et la magnétique), et dans leur essence, et dans leur mode d'action. Le magnétisme s'offre à nos yeux comme une force continue exerçant sans interruption une action toujours la même (il paraît tout au moins en être ainsi, bien que les aurores boréales laissent planer un doute sur la justesse de cette observation, dont la discussion conduirait ici trop loin). La force de rotation (odique), qui émane des doigts de l'homme, agit au contraire par saccades, comme j'essaierai de le démontrer dans les pages suivantes. Lors donc qu'une aiguille, *reposant* sur le bout du doigt, reçoit une secousse, elle exécute un mouvement et s'immobilise dans sa nouvelle position ; puis vient une nouvelle secousse, et elle reprend son mouvement ; et quand ces secousses se suivent rapidement, l'aiguille a tout à fait l'apparence de tourner d'une façon continue ; mais en réalité, ce n'est pas là le cas : elle n'obéit pas à une impulsion continue ; il n'y a qu'une succession rapide, inperceptible, de chocs distincts, que ne suit aucun choc en retour, par suite aucun mouvement brusque en sens inverse. Il en est tout autrement d'une aiguille aimantée mobile sur un axe : reçoit-elle de la *force de rotation* (odique) un choc qui la fait mouvoir d'une quantité plus ou moins considérable, l'attraction magnétique *continue* des pôles ne cesse pas pour cela d'agir sur elle ; et, que la *force de rotation* subisse la moindre intermittence, l'attraction magnétique ramène instantanément l'aiguille à la direction primitive de ses pôles. Pour ces motifs, on ne peut admettre de comparaison entre deux aiguilles aimantées, dont l'une oscille sur un pivot, et dont l'autre repose sur le bout d'un doigt, ou bien est tenue entre deux doigts. Avec des modes de suspension différents, ces aiguilles se trouvent dans des conditions différentes, et par suite les résultats ne sont pas *comparables*.

L'observation suivante, toute fortuite, peut servir de document à l'appui : ayant affaire à une personne fortement sensitive, je lui donnai à tenir une petite boussole légère ; elle la plaça dans le creux de sa main, l'entourant, sans la serrer, des bouts de ses doigts ; sur le pivot de la boîte, oscillait une aiguille aimantée de 3 pouces 1/2 de long. Lorsqu'elle l'eut tenue un instant dans la main, la boîte se mit à tourner, mais l'aiguille continua d'indiquer le Nord ; elle était sans cesse en mouvement, oscillant de droite à gauche, mais revenant toujours à la position Nord-Sud.

POUCE ET INDEX. — Quand, avec des sensitifs moins bien doués, les corps placés à l'extrémité d'un seul doigt ne voulaient pas se mettre en mouvement, j'essayais d'y arriver en employant deux doigts, par exemple le pouce et l'index. Il en résultait un accroissement de puissance tel, que la rotation se produisait alors pour nombre de sensitifs avec lesquels, en employant un seul doigt, les corps ne voulaient pas sortir de leur immobilité. Pourtant, il faut préférer les expériences faites avec un doigt seulement, parce qu'elles donnent une sécurité parfaite au point de vue des illusions possibles. Avec deux doigts, le sujet peut, en général, aider au mouvement ; avec un seul doigt, il ne le peut pas. Dans plusieurs cas, j'ai employé trois doigts ; dans d'autres cinq ; dans les plus difficiles même, les dix doigts ; plus j'en appelais à mon aide, plus le corps imposé tournait rapidement et dans de bonnes conditions.

DOIGTS DES PIEDS. BOUT DU NEZ. — Pour soustraire absolument les mouvements de rotation à l'ingérence de l'opérateur, je fis une expérience sur les bouts des doigts des pieds d'un haut-sensitif. On le coucha à plat sur un lit, et, ayant découvert ses pieds à droite et à gauche, on plaça sur les bouts des deux gros orteils des demi-cartes à jouer ; à peine une de ces cartes était-elle en équilibre, qu'elle se mit à tourner avec plus de vivacité encore, à ce qu'il parut, qu'au bout des doigts des mains. — On finit même par utiliser le bout du nez du patient, et on y disposa une carte ; ici encore, il n'y eut pas d'hésitation dans la rotation. Dans les deux dernières expériences, la possibilité d'une ingérence quelconque du sensitif dans les mouvements de rotation s'exclue d'elle-même absolument.

DISQUES CIRCULAIRES. — Je confectionnai avec du carton de menus objets circulaires, et je les plaçai sur les bouts des doigts sensitifs. Ils se mirent tous rapidement en rotation, et présentèrent sur les objets cylindriques cet avantage de mettre plus de complaisance à terminer leur mouvement circulaire.

Les baguettes décrivent souvent un arc compris entre un quadrant et un demi-cercle, puis reprennent volontiers un mouvement rétrograde. Mais pour les disques, je leur ai toujours vu décrire des circonférences entières, et fréquemment en décrire deux, d'un seul trait. Une boite ronde en bois, au centre de laquelle un pivot pointu portait une aiguille aimantée, et dont j'ai déjà fait mention plus haut, déposée à plat sur la paume de la main d'une dame haut-sensitive, les cinq bouts des doigts étant latéralement au contact, décrivit par saccades, dans l'espace d'un quart d'heure, deux fois la circonférence entière. L'aiguille répondait à chacune des impulsions successives, mais revenait toujours ensuite à sa position dans la ligne des pôles. De temps à autre, survenait un arrêt très court, parfois même un petit mouvement rétrograde, mais toujours immédiatement suivi d'une poussée plus forte vers l'avant.

Mouvements circulaires dans un plan vertical. — Jusqu'à présent tous ces mouvements circulaires s'étaient exécutés sur un plan horizontal. Je voulus voir alors ce qui adviendrait dans un plan vertical. Plusieurs fois, prenant un disque de carton fin, de quatre pouces de diamètre, je fourrai en son milieu une baguette de verre qui lui servait d'axe. Cette baguette, je la disposai sur les bouts des doigts, d'une main *étendue horizontalement;* elle se roulait alors lentement sur les doigts, en dedans, pour gagner la main, et roulant sur la main, arrivait jusqu'au poignet ; en cette occurrence, le disque ne faisait pas moins de huit révolutions verticales. Une autre fois, je répétai l'expérience sur deux mains étendues l'une à côté de l'autre ; la baguette, munie de son disque en carton, roula de la même façon sur elle-même, se dirigeant vers le corps, et plusieurs fois, en route, elle fit des pauses et de courts mouvements rétrogrades. — Une autre fois, une dame sensitive, bien douée, s'assit, et, plaçant la main droite sur la cuisse droite, empoigna l'axe de verre avec les cinq doigts, tournés vers le disque, et à une distance de trois pouces du carton. Il s'était à peine écoulé deux minutes, que baguette et disque entraient en rotation. J'observai plusieurs fois deux évolutions complètes autour de l'axe.

Dans la main droite comme dans la main gauche, l'évolution se faisait *en dedans*, et il était indifférent que le sensitif fut assis au

Nord, au Sud, à l'Ouest ou à l'Est. Dans les cas où le disque vint à se trouver entre les cuisses de la personne assise, il tournait de dessous en dessus vers le corps. La proximité du corps, qui par devant est Od-positif, prenait toujours part au sens de la rotation des disques.

CLEFS. — Nous arrivons ici à quelques jeux populaires qui se transmettent de père en fils comme des énigmes ; je ne veux pas passer outre sans les expliquer. On place une clef commune, en fer, en équilibre au bout du médius, en la dirigeant de façon qu'elle s'étende au-dessus des trois autres doigts. Chez beaucoup de personnes, la clef gît immobile ; mais chez beaucoup d'autres, avant qu'une minute se passe, elle se met en mouvement, elle tourne lentement *en dedans*, se dirigeant vers l'intérieur de la main, et peu à peu en arrive à se trouver tout entière au-dessus d'elle. Pourquoi cette expérience réussit-elle chez quelques-uns, et pas chez d'autres ? Personne n'y comprend rien, et, comme on ne peut contrôler le phénomène, comme on ne peut savoir par suite si celui qui tient la clef ne provoque pas à son gré le mouvement et ne jette pas de la poudre aux yeux des spectateurs, on tourne la chose en dérision. Mais nous voyons bien ici que ce jeu d'enfants cache un sens profond. Dans les nombreuses expériences que j'ai répétées à ce sujet, j'ai acquis la certitude que cette rotation réussit seulement sur les doigts des sensitifs, et que ceux pour qui les clefs restent comme mortes, sont tout simplement des non-sensitifs. Si l'on examine la forme de la clef, on remarque qu'à l'une des extrémités, la tête correspond à un disque entier, et qu'à l'autre, le panneton correspond à un demi-disque, qui seraient fixés tous deux sur un axe commun. Ce qu'étaient, par conséquent, dans l'avant-dernière expérience, le disque de carton et l'axe de verre, est représenté ici par la tête et le panneton d'une part, et la tige de l'autre ; si donc on place une clef au bout d'un ou de plusieurs doigts sensitifs, on la charge de force rotative, et ses éléments doivent tourner vers l'intérieur de la main, de dehors en dedans, avec autant de certitude que le faisaient mes disques de carton sur leurs axes de verre. En poussant jusqu'au superflu la comparaison, pour faire la preuve de l'expérience, si, sur sa route, on touche seulement légèrement la clef avec un doigt de l'autre main, elle tourne en sens inverse pendant un instant, ce qui correspond à l'action produite sur le disque de carton. Ce jeu est donc expliqué et, on le voit, n'a rien de si méprisable. Il y en a encore bien d'autres analogues, avec un tamis par exemple. Tous reposent sur la même base.

Cylindres creux. — Un rouleau de carton, en forme de cylindre creux, placé sur les bouts des deux mains étendues, se mouvait de la même façon, au bout de quelques minutes, roulant en dedans vers le corps. Un de mes sensitifs s'était même fait faire, à pareille fin, un cylindre de bois d'érable, de un pied de long et de deux pouces de diamètre : il me l'apporta et me fit constater avec quelle régularité ce corps lourd roulait vers lui lentement par dessus les paumes de ses mains, faisant un tour en deux minutes autour de son axe.

Globes. — En employant des corps de forme sphérique, j'espérais obtenir quelques éclaircissements sur le sens principal de ces mouvements. Je réunis des globes de verre, creux, légers, de un quart, un demi, un et deux pouces; d'autres semblables en bois, des globes de cire creux, en forme de pêches, d'abricots, de pommes, et je les plaçai au sommet du cône formé par les doigts réunis de mes meilleurs sensitifs moyens. Au bout de une à deux minutes, ils se mettaient toujours en mouvement, mais lentement; le mouvement se faisait de haut en bas, et de dehors en dedans, vers le corps des sensitifs, dans le sens de leur ligne médiane, considérée de haut en bas, c'est-à-dire en partant du nez pour passer sur le creux de la gorge, sur le creux de l'estomac et sur le nombril; ou pour m'exprimer un peu mieux, en suivant la ligne formée par l'os xiphoïde et le muscle abdominal. Les résultats étaient les mêmes avec la main gauche qu'avec la main droite. — En les plaçant au bout des dix doigts réunis côte à côte, le globe tendait toujours à franchir en roulant le cône de gauche pour atteindre le sommet du cône de droite ; c'est-à-dire que les doigts od-positifs le jetaient, en quelque sorte, par dessus bord, à l'adresse des doigts od-négatifs, qui lui donnaient asile. Mais ces globes, au point de vue du mouvement, n'étaient dans une situation ni favorable, ni suffisamment indépendante : aussi l'expression des résultats obtenus était-elle moins brillante, moins forte, mais surtout moins sûre que celle des mouvements précédemment étudiés.

Pointes et corps émoussés. — Si l'on se rappelle de mes anciens écrits, combien la distribution de l'Od, si essentiellement engagé, on le voit bien, dans les phénomènes actuels, est soumise à l'action des pointes ou des portions arrondies, dans les corps qui en sont chargés; — si l'on sait à quelles influences la Lohée odique est soumise de la part des arêtes vives ou émoussées ; — on a bien le droit de supposer que la forme des surfaces pourrait bien aussi n'être pas absolument indifférente à la manifestation de la force inconnue de rotation. Voici de quelle façon je m'y pris pour découvrir son influence. Une dame sensitive, bien douée, prit à la main, comme je l'ai déjà dit en peu de mots, l'armature cylindrique en bois d'une boussole, les bouts de ses cinq doigts entourant la surface latérale ; la boîte ronde se mit à tourner lentement autour de son axe. J'enlevai alors l'aiguille aimantée, et je la remplaçai sur son pivot, très aigu, par un petite boulette de pain; en quelques secondes, la vitesse de rotation de la boîte, dans la main, doubla. J'enlevai à son tour la boulette, l'allure reprit alors sa lenteur primitive. En replaçant la boulette, la vitesse de rotation s'accéléra de nouveau. Toute répétition de l'expérience avec d'autres sensitifs donna les mêmes résultats. Les sensitifs voyaient, en y mettant quelque attention, un courant lohique de deux à trois pouces de longueur, s'élever de la pointe du pivot, lorsqu'il n'avait rien à supporter ; mais en coiffant sa pointe avec la boulette de pain, l'effluve devenait invisible. — Je repris la toise dont j'ai déjà parlé, et, la plaçant en équilibre sur les doigts du sensitif, j'assujettis à ses deux extrémités deux disques circulaires en carton; aussitôt la vitesse de rotation de l'ensemble s'accéléra. De même quand je fixais aux extrémités de la toise des boules de bois ; l'allure s'accélérait ; pour décrire un cercle complet, il fallait à la toise quinze minutes.

Influence des pointes et des arêtes sur les effluves. — Ces expériences montraient clairement que le principe du mouvement rotatoire trouve à s'échapper de préférence par les pointes, et que la présence d'arêtes vives et d'angles aigus, mais surtout de saillies pointues, atténue les mouvements des corps en train de tourner. La rectitude de cette observation, j'en devais également trouver la confirmation dans le contrôle que m'offrait l'expérience suivante : Je donnai à tenir à une personne sensitive une boule en bois de grosseur telle qu'elle ne pouvait, avec ses doigts, l'embrasser tout entière; les bouts des doigts et les ongles ne reposaient donc pas sur la boule, mais pointaient librement en l'air sur son pourtour. La personne supporta la chose assez longtemps sans la moindre difficulté. Je lui donnai à tenir alors la même boule, non plus dans la main, mais seulement avec les bouts de doigt qui l'enserraient doucement. La différence était en apparence insignifiante : cependant, au bout d'une minute à peine, la boule s'inquiétait déjà, faisant effort pour tourner; mais la réaction sur le sujet fut bientôt si vive que ses doigts allaient se contracturer, et qu'elle dût laisser tomber la boule. Dans le premier cas, rien, pour ainsi dire, n'arrêtait les effluves émanant des bouts des doigts; dans le second, elles étaient absolument bloquées par la boule; celle-ci recueillait donc, comme plus haut les cristaux, les émanations des doigts, s'en chargeait, en était sollicitée à tourner, et réagissait en sorétique, sur les doigts, la main et le bras; d'où les accès convulsifs. Il s'ensuit que les sensitifs peuvent prendre quelque chose à la main sans en être incommodés; mais que s'ils le saisissent du bout des doigts, ils n'y peuvent absolument pas tenir. De là vient, entre autres, que de hauts-sensitifs, comme le sieur Wiebach, ne peuvent supporter de jouer du piano, sans être obligés de se reposer à d'assez fréquents intervalles.

Au point de vue subjectif, on ne peut pas du tout considérer comme indifférente la mesure dans laquelle la sensitivité est inhérente aux différents sujets. Des sensitifs faibles ne pouvaient venir à bout de provoquer les mouvements. Plus d'un avait des jours, voire des heures, où les rotations se produisaient périodiquement. Les quatre mécaniciens Schuler, Sautter, Summer et

Léopolder étaient doués de sensitivité à des degrés qui allaient croissant dans l'ordre où je les nomme; c'est exactement dans le même ordre que croissait progressivement chez eux la faculté de faire tourner les corps.

Renforcements. — J'arrivais toujours à renforcer cette faculté en augmentant le nombre des doigts que j'appelais à agir en même temps. Deux doigts exactement serrés l'un contre l'autre provoquaient souvent, en rapidité et en vivacité, un effet rotatoire double de celui qu'on obtenait avec un seul doigt. J'ai pu renforcer encore la force de rotation : indirectement, en arrondissant partout les saillies des objets, ou en garnissant les pointes de boules terminales, ce qui entraînait la concentration des forces (odiques) dans le corps tournant; directement, en dirigeant pour ainsi dire, dans un lit commun, plusieurs sources de force. Par exemple, quand d'autres personnes ou moi-même, imposaient à une main sensitive leurs doigts isonomes, à la condition de les diriger dans le même sens que les doigts au bout desquels se mouvait un corps tournant, les forces réunies des deux mains avaient alors un effet plus puissant; et il est très remarquable que le renforcement se produisait alors même que les mains imposées au sujet n'étaient pas sensitives, mais les premières venues, d'ailleurs sans action propre, comme étaient les miennes. Même résultat quand le sensitif place la main agissante sur la cuisse isonome du même côté, pour lui créer un appui : le membre inférieur tout entier fait alors passer dans le bras, la main et les doigts comme un flux nouveau de force, dont l'influence se fait aussitôt sentir. En plaçant mes doigts isonomes en sens inverse, de façon qu'ils fussent tournés de bas en haut, c'est-à-dire, en allant de la main vers le bras, acte équivalent à une contre-passe odique, action sorétique par conséquent, le corps tournant s'immobilisait aussitôt. En prenant pour les deux expériences ma main hétéronome : si je la plaçais dans la direction des doigts du sensitif, au coude du bras qui travaillait, le corps tournant restait immobile; mais en la faisant glisser jusqu'à la main du sensitif, le corps tournant rétrogradait; — enfin, si je la retournais de façon que les doigts en fussent dirigés, comme ci-dessus de bas en haut, c'est-à-dire de la main du sensitif vers son bras, figurant ainsi vis-à-vis de cette main une contre-passe odique en hétéronome, le corps tournant changeait encore une fois de direction, et reprenait son mouvement en avant. Tout est donc dans la façon dont on dirige le courant odique : c'est sur elle que se règlent, en grandeur et en direction, les mouvements du corps tournant ; tout cela est application pure des lois odiques.

Souvent il arrivait que des sensitifs, portant au bout de leurs doigts des cristaux, étaient pris, au beau milieu de la rotation, de crampes dans la main ou dans le bras, suite naturelle de l'engorgement odique dans ce membre. Je cherchais alors à les soulager en faisant sur le membre souffrant, des passes ordinaires. directes en hétéronomes : ces passes n'amenaient de perturbations d'aucune sorte dans la rotation des cristaux ; au contraire, elles y contribuaient et l'accéléraient. On voyait que les passes faisaient croître la force inconnue, et apportaient au phénomène un nouvel appoint.

Réductions de force. — Dans la même voie, on pouvait opérer aussi des réductions de force. Quand j'imposais à la main sensitive une main hétéronome, la mienne ou celle d'un autre, fût-elle même non-sensitive, le corps tournant s'arrêtait aussitôt. Si, au lieu de placer cette seconde main immédiatement sur la main agissante, on l'imposait seulement à l'avant-bras ou à l'épaule, le mouvement en était ralenti, et quand on faisait descendre cette main graduellement le long du bras, jusqu'à rencontrer la main sensitive, la rotation était peu à peu paralysée, et finalement détruite.

Comme il est fatigant de soutenir ainsi, sans support, la main et le bras en l'air, j'avançais souvent aux sujets un guéridon pour y appuyer leurs bras. La valeur de la force de rotation n'en paraissait sensiblement influencée, ni en bien, ni en mal.

Un sensitif avait au médius de la main droite, par suite de blessures anciennes, des cicatrices toujours sensibles ; dans la chambre obscure, ce doigt brillait plus que les autres, avait une sensitivité plus grande, véritable baromètre, plus od-positif que les autres doigts, en raison même de son état maladif. Les rotations des corps en équilibre à son extrémité, réussissaient toujours mieux qu'avec les autres doigts.

Arrêt et mouvement rétrograde par le fait d'attouchements. — L'un des phénomènes les plus singuliers, en cette matière, c'est l'interruption à chaque instant, par des temps d'arrêt, des mouvements de rotation en train de s'exécuter; c'est aussi le mouvement rétrograde dans des corps qui reprennent ensuite leur mouvement en avant. Je donnai à tenir à des sensitifs, le sieur Schiller, la demoiselle Weigand et d'autres encore, une baguette de verre dans leur main gauche; un disque rond en carton était passé dans la baguette. En moins d'une minute, l'ensemble se mit à tourner. Si alors je touchais, du bout des doigts de ma main droite, le disque qui s'avançait lentement, immédiatement il s'arrêtait, et aussitôt après se mettait à rétrograder, comme fait un être vivant qui se heurte sur sa route à quelque obstacle lui occasionnant une légère souffrance. Cela ne durait pas, et le disque, après être resté un instant encore immobile, reprenait sa marche en avant. Même phénomène avec les cristaux, les aimants placés au bout des doigts de la main gauche.

Il n'était même pas besoin d'en venir ainsi au contact immédiat avec le corps tournant; il me suffisait de placer ma main droite contre la main gauche sensitive pour arrêter le disque et le faire rétrograder. Tant que je tenais ma main sur celle du sensitif, le disque continuait à rétrograder de plus en plus; dès que je la retirais, le disque faisait halte quelques secondes, puis repartait en avant. Et ce n'était pas uniquement du fait de mon intervention; il suffisait que le sensitif fît lui-même la même chose, en se bornant à placer sa main droite sur sa main gauche : le disque stoppait, rétrogradait, et quand cessait l'intervention de la main droite, stoppait de nouveau et repartait en avant.

Un jour, une dame très sensitive tenait un cristal de roche en équilibre au bout du médius de sa main gauche; ce cristal était justement en train de tourner le mieux du monde, lorsque la main commença à se contracturer. Pour soutenir son bras, dans cette conjoncture, elle porta inconsciemment son autre main, la droite, à l'avant-bras qui subissait l'accès : instantanément, le cristal s'arrêta et se mit à rétrograder.

Phénomène d'approche. — En remplaçant alors le contact ci-dessus par la simple approche de ma main droite, à deux ou trois pouces de distance, cela suffisait pour déterminer dans le disque l'immobilité d'abord, puis la rotation en sens inverse. On se rendait compte, et c'est vraiment étrange, qu'on ne pouvait qu'avec peine se garder de cette illusion que le disque vivait et prenait peur à l'approche de son ennemi. Que le sujet fît le même geste, le résultat était identique. — Une latte de bois, de quatre pieds de long, une toise de six pieds obéissaient à la même impulsion, avec une égale docilité. C'était le pôle négatif qui pénétrait dans la sphère d'action du positif ; c'étaient l'atmosphère négative, la Lohée odique négative, qui se posaient en antagonistes du fluide positif, en en provoquant la décharge partielle.

Souffle. — Une simple inspiration de ma bouche suffisait même à provoquer ces phénomènes (arrêt, mouvement rétrograde, second arrêt et reprise du mouvement en avant), dans les disques en train de se mouvoir dans la main gauche. Le sujet lui-même agissait dans ce sens par son souffle. Il ressort clairement, en effet, de mes précédentes recherches (*L'homme sensitif* 1er volume, page 165), que le souffle est fortement od-négatif.

Lorsqu'en approchant du disque les doigts de ma main droite, je m'arrêtais à une certaine distance, à un intervalle par exemple de 12 à 10 pouces, le disque s'arrêtait dès ce moment, mais ne faisait que s'immobiliser; les forces motrices, dans les deux sens opposés, avant et arrière, paraissaient donc se faire équilibre. Ce n'est qu'en me rapprochant davantage que le disque rétrogradait; à ce moment, la force émanée de la main droite l'emportait sur celle de la main gauche. Résultats identiques, mais en ordre inverse, quand je retirais ma main graduellement.

Poids. — Dans ces travaux, il est frappant que le poids des corps intervient peu. Sur les mêmes bouts de doigt, je disposai alternativement des bandes de papier, des bâtons de cire à cacheter, des cristaux de gypse, des barreaux aimantés. Tous ces corps se mirent en mouvement, mais avec la même vitesse; une mince bande de papier, de mêmes dimensions qu'un barreau aimanté mille fois plus lourd, se mouvait avec une vitesse aussi faible et d'un pas aussi court que celui du barreau.

Sens des mouvements. — C'est un point dont on ne peut juger qu'en s'appliquant soigneusement à l'attentive observation des détails.

Par nature même, puisqu'il résulte d'un choc, le mouvement ne peut être que rectiligne. Mais le corps, une fois ébranlé et en équilibre autour de son centre de gravité situé à peu près en son milieu, est soumis, au point de contact avec le doigt, aux résistances de frottement; il ne peut donc donner complètement suite à cette impulsion linéaire qu'il a reçue; dès lors, la force agit tangentiellement, et le corps où elle s'applique se meut nécessairement en cercle et tourne nécessairement sur lui-même.

Lorsque le sensitif tient, en équilibre sur le bout d'un doigt de la main droite, le cristal ou la moitié d'une carte à jouer, la rotation a lieu de telle sorte que les angles extérieurs, c'est-à-dire ceux qui sont à droite par rapport au doigt servant de support, se meuvent en s'éloignant du sensitif; tandis que les deux autres, ceux de gauche, se rapprochent du sensitif en se dirigeant vers le milieu de son corps; — en d'autres termes, l'extrémité sise à l'extérieur tourne de dedans en dehors, celle qui est sise à l'intérieur, tourne de dehors en dedans, se dirigeant vers le corps de l'opérateur sensitif. — S'il répète l'expérience avec la main gauche, il obtient les mêmes résultats, mais l'ordre des coins est inversé : les coins sis à l'extérieur et à gauche (par rapport au doigt support) tournent en s'éloignant de lui de dedans en dehors; les coins sis à l'intérieur et à droite tournent en se rapprochant du milieu de son corps. Ce sont là les deux mouvements fondamentaux, et ils ont même signification.

Voici comment il faut s'expliquer le sens de la rotation. Le corps humain, je l'ai démontré, est au point de vue odique polarisé suivant sa largeur; sur tout le côté gauche, il est od-positif, sur tout le côté droit, od-négatif. Les pôles correspondent aux extrémités des doigts; la ligne médiane, tracée sur le corps de haut en bas, de la tête aux parties génitales, est une ligne neutre. Si donc on met en équilibre sur le bout d'un doigt de la main droite ou de la main gauche, une carte rectangulaire (comme on placerait, sur son pivot, une aiguille aimantée), cette carte reçoit tout d'abord, par l'intermédiaire du doigt, une charge de fluide actif (odique), et, naturellement, du fluide qui correspond au côté que l'on considère, c'est-à-dire du fluide od-négatif avec la main droite. Ainsi chargée tout entière, ses deux coins extérieurs, qui se trouvent à droite, sont soumis à l'influence du côté du corps qui se trouve à proximité, c'est-à-dire du côté droit polarisé négativement; tandis que les deux coins intérieurs sont au contraire à peine influencés par le voisinage de la ligne médiane du corps, qui est une ligne neutre. Cartes ou cristaux, quand l'Od ou la force motrice agit par répulsion, le côté extérieur est repoussé, rejeté par conséquent vers le dehors, chassé loin du côté du corps le plus proche; rien ne les sollicite dans leur côté intérieur. Conséquence nécessaire, tandis que les coins extérieurs s'éloignent en dehors, les coins intérieurs obéissant à la loi qui régit les bras d'un levier, doivent se mouvoir de dehors en dedans, se dirigeant vers le corps du sensitif.

Si la carte a la forme rectangulaire, elle ne décrit le plus souvent qu'un quadrant du cercle; mais si on l'arrondit en forme de disque, elle continue lentement sa rotation par faibles à-coups et finit par décrire un cercle entier. En effet, sur le côté qui se meut par répulsion, la carte répand dans l'air ambiant, sous forme de Lohée visible, l'Od qui lui a été infusé; par suite, elle est toujours susceptible de se charger d'Od à nouveau, d'être à nouveau repoussée, dans l'élément de son pourtour qui rentre dans le mouvement circulaire.

A gauche, et sur les doigts de la main gauche, même résultat en valeur absolue, mais en changeant les signes, si l'on peut s'exprimer ainsi. Enfin, on ne doit pas complètement perdre de vue que, pour des corps tournant au bout des doigts de la main droite, la moitié gauche du corps n'est pas absolument sans action; elle agit sur eux par attraction. Od positif comme il l'est, ce côté du corps attire à lui les bords de l'objet, chargés d'Od négatif, avec d'autant plus de force que leur charge d'Od est plus considérable. Il agit ainsi sur le côté du corps tournant (côté qui, od-négatif, est repoussé par la droite du sensitif), en l'attirant *en dedans* vers la gauche od-positive, contribuant ainsi, pour sa part, à confirmer le corps mouvant dans la rotation qu'a déterminée le côté od-négatif du corps. — Quand on observe ces déplacements si délicats, on ne peut jamais trop se tenir sur ses gardes : il n'est pas rare, en pleine course, de voir se produire un arrêt, et même brusquement un certain nombre de chocs rétrogrades; après quoi recommence le mouvement en avant. Ce n'est jamais l'effet du hasard; au contraire, il y a chaque fois une raison valable, basée sur l'influence d'une polarité inverse. C'est bien souvent le cas au début du travail : on dispose les objets en se servant des deux mains; en agissant ainsi, on les expose aux influences des différents doigts, lesquelles se contrarient entre elles. Alors, dès qu'on éloigne les mains, abandonnant le corps tournant à son libre arbitre, ce corps obéit en même temps à toutes les impulsions qu'il a reçues; il hésite et va à l'aventure; il a besoin d'un moment de répit, avant de pouvoir s'engager invariablement dans une direction déterminée.

Respiration. — A ce propos, je recommande à tous ceux qui débutent dans ce genre d'expériences, de faire une attention toute particulière à leur propre respiration. Je reconnais que, pendant des années, je n'ai pu comprendre pourquoi les corps tournants s'arrêtaient si souvent et si brusquement sans raison plausible, au milieu de leur course, malgré les soins extrêmes que je mettais à ordonner tous les détails de l'expérience; pourquoi, pendant quelques instants, ils adoptaient la marche rétrograde, pour reprendre ensuite, d'une façon tout aussi incompréhensible, leur véritable voie.

La cause en était tout entière dans l'action de mon propre souffle, qui, nuage invisible et fortement négatif, agissait sur eux à chaque temps de la respiration et amenait la confusion. Comme j'ai la vue très courte, dans toutes mes expériences je suis obligé d'approcher beaucoup la tête des objets à étudier; l'air que nous respirons est soumis dans les bronches à des réactions chimiques qui parfont sa charge d'Od négatif; atteignant tout ce qui m'entoure, mon haleine en modifiait la valeur au point de vue du dualisme odique. C'est elle, avant toute autre chose, qui provoquait les perturbations et troublait mon jugement, tant que je n'ai pas eu découvert cette source cachée, mais considérable d'erreurs. Le même cas se présente avec le sensitif qui fait les expériences, et dont on ne peut trop soigneusement surveiller la respiration.

Dualisme et ses contrastes. — Si l'on met en regard, au point de vue du dualisme odique, les valeurs respectives des mains et celles des objets tournants qu'on leur impose, on arrive bientôt à constater que, si main et objet ont même valeur odique, les rotations réussissent mieux que dans le cas contraire. En plaçant une baguette d'un métal od-positif sur le bout d'un doigt de la main gauche, la rotation se fait toujours plus facilement qu'en mettant le métal en équilibre sur un doigt de la main droite od-négative.

C'était le cas inverse, toutes les fois que j'imposais à une main droite un petit bâton de soufre ou un tube de verre fermé au chalumeau et contenant du brôme. Il s'est, en vérité, présenté des cas où du spath gypseux, substance fortement od-négative par suite de la prédominance du soufre et de l'oxygène, ne pouvait être amené à se mouvoir sur les doigts de la main gauche d'une dame sensitive faiblement douée; tandis que la rotation se faisait suffisamment bien sur la main droite.

Lohée. — De tous les corps tournants on voit jaillir en abondance la Lohée odique. Un petit morceau de carton fin, un disque en carton, une baguette de bois et autres corps neutres, émettent par eux-mêmes très peu de Lohée, et les sensitifs faiblement doués ne l'aperçoivent même pas. Mais, qu'on les place au bout d'un doigt, leurs bords extérieurs, les plus éloignés du corps, et surtout leurs angles extérieurs, émettent des effluves lohiques qui souvent ont bien près d'un pouce de longueur et s'allongent encore dès que l'objet se met en mouvement.

Qu'on transporte alors ces objets dans la chambre obscure, les *Lohées* conservent, avec les *Lueurs odiques*, un parallélisme parfait. Mais jamais je n'ai vu la lumière odique s'élever à une intensité lumineuse aussi forte qu'avec les corps tournant au bout des doigts. Je plaçai, au bout du médius gauche de Mlle Zinkel, dans les ténèbres, un cristal plat de gypse. D'après les descriptions qu'elle m'en fit, le cristal tout entier brillait d'une façon extraordinaire et de longs courants lumineux s'échappaient de ses deux pôles. Il est vrai que je n'en voyais rien ; mais lorsqu'elle commença à sentir ses doigts se contracturer, l'émission lumineuse s'accrut sur son doigt dans de telles proportions que *moi-même à travers l'épaisseur du cristal limpide, je finis par apercevoir du bout de ce doigt la grosseur d'une fève briller d'une vive clarté.* Ce fut une des rares occasions où l'intensité de la lumière odique s'accrut jusqu'à devenir perceptible pour mes yeux dénués de sensitivité ; après avoir, pendant onze ans déjà, essayé sans succès d'arriver à cette perception, c'était pour moi le premier cas de cette espèce : aussi me fit-il grand plaisir. Dans mes écrits précédents, j'ai fait là-dessus des communications plus détaillées.

Température. — Plusieurs sensitifs, les sieurs Léopolder, Klein, Schiller, Mlle Schwarz et bien d'autres, appelèrent mon attention sur la remarque suivante : les mouvements des corps tournants, à ce qu'il leur semblait, étaient liés pour eux à des changements de température. J'ai pu me convaincre jusqu'à l'évidence de la réalité de ce fait, en voyant le visage du premier se couvrir de rougeur dans les expériences, et la sueur monte au visage du second, pour disparaître ensuite. Quand, en particulier, les corps tournants en forme de baguettes, cristaux, barreaux aimantés, baguettes de bois, archets à forer et autres semblables, se mettaient en mouvement de dehors en dedans, se dirigeant vers le corps du sensitif, celui-ci ressentait une sensation de tiédeur pénible et désagréable, qui en venait rapidement au point de lui tirer la sueur du corps; et ceux que j'ai cités en dernier lieu étaient même bien près de se trouver mal. Au contraire, dès que le barreau s'éloignait du milieu du corps, s'éloignait du ventre en se dirigeant vers l'extérieur, c'était une sensation de fraîcheur et de délassement qui se produisait. Ceci prouve, qu'attirée de dehors en dedans (ce qui correspond à une contre-passe) l'extrémité du corps tournant agissait en sorétique ; que, repoussée de dehors en dedans (ce qui équivaut à une passe directe) elle agissait en némétique. Ce phénomène est donc en concordance avec les passes odiques ; il se range sous les mêmes lois, et doit avoir les mêmes conséquences. Mais il a besoin d'être examiné plus à fond que je n'ai pu le faire jusqu'à présent.

Effets sur la santé.

Convulsions et rotations. — Mais en fait d'atteintes à la santé, il s'en est produit de bien d'autres sortes encore, plus fortes et plus expressives que ces analogies avec les passes odiques dont je viens de parler. Tout d'abord, M. von Siemianovski et quelques autres, ont déclaré que, pour eux, pendant la rotation des corps au bout de leurs doigts, ils étaient sous le coup d'une sensation pénible, qui se prolongeait depuis les bras jusque dans le cerveau ; sensation absolument comparable à celle qu'ils ressentaient quand ils imposaient les mains à des tables tournantes. Ils prétendaient en outre, ils assuraient que la force de rotation au bout des doigts correspondait absolument, comme effets, à la force de rotation dans les tables. Mlle Beyer était, dans ce cas, saisie d'un frisson convulsif qui l'avait fréquemment saisie d'une façon toute semblable auprès des tables tournantes. Chez nombre de sensitifs se produisait un *tremblement*, plus fréquemment encore une *convulsion caractéristique*, dont la connexité avec les rotations était évidente. Il en était absolument de même chez Mlles Schwartz, Zinkel, Beyer, chez le sieur Klein et quelques autres haut-sensitifs ; il se produisait une sorte de tressaillement général qui tantôt s'attaquait au bras seulement, tantôt à un côté tout entier du corps, y compris le pied, tantôt au dos et tantôt à l'ensemble du corps ; c'était aussi rapide, aussi douloureux que le choc d'une décharge électrique, et ne ressemblait en rien aux crampes habituelles. C'est ainsi que décrivait souvent l'accès Mlle Zinkel qui savait fort bien ce qu'étaient les décharges de la bouteille de Kleist et leur mode d'action sur les membres : « on eût dit qu'on vous arrachait le creux de l'estomac, qu'il s'y faisait un violent remuage ; on souffrait de l'estomac, on avait les doigts morts, on ressentait dans les jambes et les pieds une fatigue inusitée ». Ce qu'il y a de plus important à remarquer, c'est le rapport qui existe entre ces mouvements convulsifs et les rotations : toutes les fois qu'une de ces secousses se produisait elle était immédiatement suivie d'un à-coup sur le corps tournant ; ces deux chocs n'étaient pas simultanés ; mais, cause et effet se suivaient instantanément. Si les mouvements convulsifs se succédaient rapidement (et souvent j'ai pu les voir manifester clairement leur action, à l'extérieur, par un ébranlement profond de toute la personne), les secousses imprimées au corps tournant se suivaient avec la même rapidité. Ils se succédaient parfois avec tant d'impétuosité qu'ils se confondaient ; la rotation paraissait alors devenir continue. Dans d'autres cas, ils se suivaient moins nombreux, à de plus longs intervalles ; je pouvais les distinguer, les isoler entre eux et suivre du regard leur effet sur le corps tournant. Lorsque, dans la chambre obscure, perçant du regard le cristal de gypse, je parvins enfin à placer la lumière odique au bout du doigt de Mlle Zinkel, la tâche lumineuse brillait d'une clarté plus vive à chacun de ces mouvements convulsifs et s'obscurcissait ensuite dans les instants de répit ; en même temps le cristal faisait un bond. L'ensemble du phénomène avait toujours le même aspect : on eût dit une série de petites explosions consécutives de quelque matière accumulée dans le corps ; cet amas ne pouvait être que ce qui retient et refoule dans le corps l'obstacle imposé au bout des doigts, c'est-à-dire l'Od, qui se frayait, violemment, par intervalles, un passage par petites portions. *Toujours : d'abord un mouvement convulsif, ébranlant le corps tout entier ; puis, dans l'instant immédiatement consécutif, un afflux de lumière entre le bout du doigt et le cristal ; et, presque au même moment, un bond en avant du cristal imposé, bond de 1/2 ligne à 1 ligne.* Il eût été d'un grand intérêt, dans un pareil moment, d'avoir sous la main un électroscope très sensible. J'approchais bien, au moment psychologique, mon Bohnenberger de la main en expérience ; mais il n'était pas assez sensible pour répondre à cette question : « Jusqu'à quel point l'électricité peut-elle bien prendre part au phénomène ? » — J'ai bien essayé encore de prier quelques savants de Vienne, qui possédaient des multiplicateurs de Dubois, de me les prêter ;

mais je n'ai pas eu le bonheur d'avoir part à leur assistance.

Une inspection plus approfondie de la nature de ces mouvements convulsifs promet d'éclairer beaucoup le rôle que l'Od joue dans l'organisme, en participant à produire ces remarquables incidents. Nous les surprenons en flagrant délit de dépendance mutuelle, enchaînés l'un à l'autre (Od et mouvement convulsif) comme l'effet à la cause, et livrant pour ainsi dire sans défense à nos investigations leurs activités réciproques.

SECOUSSES. — D'après cela nous pouvons conclure : *les rotations, que de haut-sensitifs provoquent par l'action de leurs mains et de leurs doigts, ne constituent jamais un mouvement continu; elles se composent au contraire d'une série de poussées saccadées, que produit une Force inconnue, découlant du Principe Vital et s'accumulant dans le système nerveux pour jaillir ensuite au dehors en courtes éruptions à succession rapide.* — Force que ses effets mécaniques rendent sensible et extérieurement perceptible. Nombre de sensitifs et notamment M. Fichtner, très exact dans ses observations, ont souvent appelé mon attention sur le point suivant : les effluves lumineux ordinaires, disaient-ils, n'émanent pas des doigts d'une façon continue mais toujours par saccades. Il m'en faisait un croquis sur lequel chaque éclair brillait surtout à sa pointe, s'assombrissait graduellement en arrière, ce qui permettait de le distinguer, de l'isoler du suivant. Mais cette succession se fait avec une telle rapidité que, pour un observateur moins clairvoyant ou moins attentif, les éclairs successifs n'en font plus qu'un, et que l'impression sur l'œil est celle de la continuité. On ne peut appeler *ondes* ces chocs successifs, car leur mouvement n'a rien de celui des ondes. Ils ne se rythment pas sur les temps du pouls, n'ont rien de commun avec les contractions musculaires du cœur, mais se règlent sur d'autres instigations inconnues.

DÉFAILLANCES. — A côté de ces mouvements convulsifs, on trouve bien des sensitifs qui tombent en défaillance. Mlle Bertha Fleischer, sensitive bien douée, était dans l'impossibilité de mettre en mouvement une baguette de fer, au bout d'un doigt de sa main droite; avant de pouvoir y réussir, elle était chaque fois prise de faiblesse. Le fait se produisait, que les corps fussent placés sur les doigts de sa main droite ou de sa main gauche; que ces corps fussent positifs ou négatifs. L'imposition d'un corps au bout des doigts revenait toujours à interdire à l'Od ses points d'écoulement les plus importants, et par suite à faire hausser le niveau de l'Od dans tout le corps; d'où, pesanteur dans les membres, puis, dans les pieds, dans les jambes, un engourdissement qui montait toujours et amenait l'évanouissement. L'interruption du courant odique dans les doigts agissait en sorétique avec tant de force sur cette personne haut-sensitive, qu'il en résultait incessamment une véritable dépression de l'activité vitale; sous son influence cessait donc instantanément toute rotation. Avec Mme Heintl-Juda comme la rotation atteignait son maximum, cette dame se prit à trembler et s'affaissa défaillante : avant même que cet accident ne se fût complètement déclaré, le cristal était déjà immobile entre ses doigts.

Crampes. — Immédiatement après viennent les crampes, non pas chez tous les sensitifs, mais chez beaucoup d'entre eux. Mlle Kynast avait des frissons ; sa main, son bras, son dos tremblaient convulsivement. Chez Mlle Zinkel, les crampes dans la main, le bras ou le pied ne tardaient jamais à se produire lorsque, le corps tournant sur ses doigts par saccades, le mouvement battait son plein. Alors, les muscles de la main prenaient la dureté de la pierre, et l'engourdissement général commençait. Il me fallait interrompre les expériences, et réduire les contractures par des passes directes; le remède réussissait toujours facilement; aussi plus d'un sensitif endurait-il patiemment de longues expériences, malgré les crampes douloureuses qu'il avait à redouter.

Maladie. — Toutes les maladies que j'ai eu occasion d'observer jusqu'ici affaiblissaient les sensitifs au point de vue de leur puissance à provoquer les rotations. Un rhume de cerveau, un rhume de poitrine, de même qu'il abaissait la sensibilité odique, suffisait à paralyser la force de rotation. D'autres sensitifs, qui obtenaient facilement des rotations, ne pouvaient plus, lorsque par intervalles ils souffraient d'hémorroïdes, provoquer le mouvement des corps au bout de leurs doigts. — Effet analogue à la suite d'un travail corporel fort fatigant, de longues marches à pied et de tout épuisement musculaire. Une nuit passée au bal rendait mes sujets féminins tout à fait inutilisables, le jour suivant, aux expériences de rotation. — Pendant les jours chauds de l'été, je constatai que les sensitifs étaient toujours relativement faibles, souvent même tout à fait incapables de provoquer des rotations, mais, alors aussi, délivrés de tout mouvement convulsif. C'est surtout après un repas que la force nécessaire aux expériences se retire des sensitifs. Alors qu'avant de manger les cristaux s'étaient fort bien comportés au bout des doigts de Mlle Atzmaimtdorfer, si je voulais continuer le travail après manger, tout mouvement cessait ; il n'y avait pas de cristal, pas d'aimant, pas de feuille du papier le plus fin qui fût alors sensible. Si je reprenais les expériences à cinq heures, quatre heures après son dîner, les expériences réussissaient aussi bien qu'elles l'avaient fait le matin. — Les relations sexuelles paralysent la faculté de rotation, même chez les individus les plus vigoureux, presque pour toute une journée, autant que j'ai pu m'en assurer.

Parallèles et conclusion.

Rétrécissons notre cadre, résumons-nous, en laissant de côté tout ce qui est moins essentiel. Nous apercevons une force inconnue, qui se révèle chez les sensitifs, mais seulement chez eux, et qui paraît faire complètement défaut aux non-sensitifs. En vertu de cette force, les bouts des doigts, dans deux mains opposées, s'attirent mutuellement, d'un mouvement très doux. Cette attraction ou répulsion subsiste de la part des doigts et des mains, à l'égard des plantes, des cristaux, des aimants (particulièrement de leurs pôles), à l'égard de la lumière solaire ou lunaire, à l'égard même des substances amorphes. Elle se révèle comme attractive, quand on approche des objets odiques en hétéronomie; comme répulsive, quand on réunit des isonomes. — Si l'on met cette force à l'épreuve en livrant aux doigts des cristaux ou autres objets, que l'on insère entre eux, elle détermine, quel que soit l'individu, des rotations visibles de ces objets, dans un sens déterminé. Les place-t-on au bout des doigts, les résultats s'accusent avec une telle énergie que les barreaux aimantés, en équilibre sur ces doigts, sont comme domptés, contraints de diriger vers le Sud leur pôle nord, qui devrait tourner au Nord. — Elle s'accroît par la réunion de plusieurs de ses sources; elle émane plus abondante des haut-sensitifs. — On peut, au moyen d'obstacles odiques, en accroître l'importance au point de produire des malaises, des défaillances et des crampes. — Ses manifestations extérieures sont affaiblies par tout ce qui restreint l'expansion de l'Od, par l'opposition par exemple de pôles hétéronomes, absolument comme c'était le cas avec le pendule. Ici comme là elle a les mêmes effets, excitateurs ou modérateurs du mouvement; ces effets ne sont pas continus, mais se composent d'une succession d'à-coups. — Cette force s'échappe de préférence par les arêtes vives et les pointes, avec, dans l'air ambiant, dégagement de Lohée au jour; et, dans les ténèbres, production de lumière odique. — Elle se communique par le contact, et même par simple approche; elle est conductible à travers les corps solides ou fluides. — L'emmagasiner, pour produire les rotations, c'est agir en sorétique, d'une façon préjudiciable à la santé, exactement comme avec les contre-passes odiques.

Bref, de ce parallèle il résulte clairement : que Force de rotation et Od découlent d'un seul et même principe, tout comme c'était le cas pour le pendule; que leurs effets sont soumis aux mêmes lois; qu'en un mot, ces deux forces se confondent et se révèlent identiques.

SIXIÈME CONFÉRENCE

LES TABLES TOURNANTES

Le mouvement des tables, découvert en Amérique, importé en Europe par le Dr André en 1852 par le canal de la *Gazette de Brême*, est, on peut le dire, un fait de notoriété publique. Les orages qu'il a déchaînés dans le monde civilisé, les façons différentes de le comprendre, les querelles, encore pendantes à l'heure actuelle, qu'il a suscitées, prouvent bien que le sujet n'est pas d'une absolue simplicité et qu'il cache en soi quelque mystère, qu'on n'a pu réussir encore à pénétrer. Aussi ne peut-il être trop tard, d'ici longtemps, pour le soumettre à un examen approfondi. Dès son apparition, on contesta à cet ordre de faits la vraisemblance; comme raison première, on n'alléguait rien moins que l'impossibilité de s'en rendre compte ; puisqu'on n'y comprenait rien, il fallait bien que cela n'existât pas. Mais cette conclusion, par trop prompte, avait contre elle un phénomène absolument patent, dont on n'a pas su tirer parti, ce qui peut paraître inconcevable. Des milliers de personnes, en se mêlant de vouloir faire tourner les tables, se sentaient alors atteintes de maux de tête, malaises, défaillances, crampes ; leur état général en était affecté au point qu'il leur fallait se retirer rapidement de la chaîne ; de telles perturbations, indéniables, dans la santé des sujets, perturbations partout les mêmes, avaient nécessairement partout une cause originelle. Or il est reconnu que l'origine en est dans le mouvement des tables ; il faut bien dès lors que ce mouvement ne soit pas lui-même qu'un fait sans consistance, il faut lui accorder la réalité. Ce qui peut produire des effets matériels n'a-t-il donc pas pour origine une cause matérielle? Par suite, n'est-ce pas une réalité dans le domaine des sciences naturelles et philosophiques? — Tandis que l'humanité, spectatrice paisible, restait interdite à la vue d'un phénomène dont la clarté rivalisait avec celle du jour, on entendit s'élever les clameurs des physiciens, des physiologues, des mécaniciens; le monde tout entier des chercheurs faisait chorus pour déclarer tout d'une voix qu'il n'y avait là qu'erreur, illusion, non-sens, fourberie. Cependant un de leurs grands maîtres, l'éminent Faraday, s'étant mis à leur tête, ils se crurent en droit de livrer à la risée publique ce qu'ils appelaient une aberration de notre époque.

On peut dire que, jusqu'à nos jours, le monde a rarement eu le spectacle de pareil déchaînement d'injustices vis-à-vis de la science. La postérité ne comprendra certainement pas qu'on ait pu traiter ainsi une découverte relevant des sciences naturelles, dans un temps où l'on sait faire l'analyse chimique du soleil et découvrir par le calcul seul l'existence de planètes inconnues.

Réalité du mouvement des tables.

Tout d'abord il est indispensable de briser la résistance qui barre la route à l'acceptation de faits simples et patents, et de confirmer la réalité du phénomène des tables tournantes à l'aide de preuves irréfutables. Ce sera moins difficile qu'on ne pourrait croire, en deçà comme au delà de l'Océan, après quinze années de vaines recherches sur ce sujet. Pour y arriver, je pris une table ronde, en sapin, de 3 pieds de diamètre, surmontant un pied à trois branches. Sous chacune de celles-ci j'assujettis une boule en bois de 1 1/2 pouce de diamètre, en vue d'aider la table à surmonter plus facilement les petites irrégularités que, dans son mouvement, elle pourrait rencontrer sur le plancher. Sur le pourtour et au bord du dessus de la table, je fis entailler 8 cannelures de la largeur de 1 doigt; dans ces cannelures, je fourrai les extrémités de cordages de l'épaisseur du pouce; chacun d'eux avait à peu près 12 pouces de long, et je les laissai retomber librement à égale distance les uns des autres. Ces cordages étaient vieux et mous. L'une de leurs extrémités s'adaptait exactement aux cannelures, et n'y était retenue que par l'effort supporté pour s'y enfoncer ; à la moindre traction, ils en sortaient, et, du bord de la table, tombaient sur le sol. Autour de la table se placèrent 6 personnes sensitives, hommes et femmes ; à chacune d'elles, je donnai à tenir par l'extrémité libre 1 ou 2 cordages qu'elle saisissait à pleine main. Au bout de 3/4 d'heure, la table se mit à crépiter, sortit de son immobilité, puis, très régulièrement se mit à tourner, d'abord lentement, puis avec une vitesse croissante, enfin avec violence, en courant tout autour de la chambre, comme il arrive d'ordinaire dans le phénomène connu.

Dans cette expérience, il n'y a pas de main qui touche la table ; il ne peut donc se développer aucune action manuelle ; on ne pouvait pas davantage tirer sur les cordes lâches : d'abord tout le monde l'aurait vu, puis surtout les cordes n'étaient pas fixées à la table ; elles étaient simplement introduites, sans les serrer, dans les cannelures, de façon à en sortir et à tomber au moindre effort. Dans de pareilles conditions, il était donc absolument impossible qu'il pût se produire une poussée frauduleuse, et pourtant la table courait et tournait avec autant de régularité que lorsqu'on lui impose directement les mains. Nulle force humaine, capable d'agir mécaniquement ne pouvait s'immiscer dans l'expérience ; il était impossible de recourir comme explication à une poussée arbitraire et préméditée ; pourtant, c'est un fait, la table tournait, ce qui prouve évidemment que c'est à un autre agent, jusqu'ici inconnu et inobservé, qu'il faut attribuer ce mouvement. Il faut absolument qu'il en soit ainsi, car toute autre hypothèse est impossible. Ainsi tombent une fois pour toutes les objections relatives à l'action de mains provoquant frauduleusement une poussée. *La réalité de la rotation des tables et de la continuation du mouvement sous l'action d'une force qui leur est étrangère, est ainsi basée sur des faits exactement prouvés, et à l'abri de toute contestation.*

Par cette expérience, nous avons acquis un point d'appui solide, qui nous permettra de continuer nos recherches sur les tables tournantes. A nous maintenant de développer le sujet. La question est embrouillée et fort complexe ; il faut donc nous efforcer, en procédant par analyse, d'arriver aux causes primitives simples, aux éléments de la question, en nous basant directement sur ce qui précède. Essayons de voir jusqu'où cela pourra nous mener, et considérons d'abord les divers modes qu'affecte le mouvement des tables.

Conditions favorables et défavorables au mouvement.

Santé. — Les personnes qui veulent provoquer le phénomène des tables tournantes doivent avant tout jouir *d'une santé parfaite.* Une longue expérience m'a fait connaître que toute personne souffrante, n'eût-elle qu'un rhume de cerveau ou quelque autre indisposition sans importance, est nécessairement impropre à servir de sujet. Sept jeunes gens vinrent un jour me voir dans le but d'exécuter chez moi une expérience de tables tournantes : l'un d'eux était atteint sur le corps d'une éruption de dartres rouges. Tous sept réunis ne purent faire mouvoir la moindre table. Dès que le malade fut sorti de la chaîne, la table commença aussitôt son mouvement ; quand il y revint la table se ralentit et s'arrêta bientôt. Il dut se retirer pour ne pas rendre illusoires les efforts de la compagnie tout entière. C'était un jeune homme de 20 ans, le comte Sz.

Une autre fois, ce fut une jeune fille atteinte de chlorose qui prit place dans la chaîne qui entourait la table : celle-ci commençait à prendre sa courbe, mais aussitôt je la vis s'arrêter. Aussi longtemps que cette jeune personne y eut les mains, la table ne bougea plus ; mais, dès qu'elle se retira et au bout d'une minute à peine, le mouvement reprit avec vivacité. — Une personne de ma propre maison, le sieur Klein, homme vigoureux et bon sensitif, très susceptible, en temps ordinaire, de faire tourner une table, et qui, à lui seul, mettait en mouvement des corps de moindre importance, perdit tout à coup pour quelque temps cette faculté ; il la recouvra sans affaiblissement au bout d'un mois.

Dans cet intervalle, il avait été affligé de constipations et d'hémorrhoïdes dites sèches ou internes, qui ne l'empêchaient pas du reste de vaquer à ses affaires. La femme du D^r^ médecin Mayrhofer, personne très sensitive, mais en même temps sujette à divers accidents hystériques, arrêtait la course de toute table, dont elle s'approchait en s'intercalant dans la chaine ; dès qu'elle en sortait, la table reprenait sa course.

En réunissant un grand nombre d'exemples analogues, on arrive à cette conclusion générale : *la maladie frappe d'incapacité à faire tourner les tables les personnes qui en sont atteintes, fussent-elles en bonne santé les meilleurs opérateurs.*

SENSITIVITÉ. — Contradiction frappante : il y a justement une sorte d'indisposition qui non seulement n'est pas hostile à la rotation des tables, mais qui constitue une des conditions fondamentales de son apparition. Sans elle on ne peut provoquer le phénomène : c'est la sensitivité. Quant on découvrit le mouvement des tables, on ne put méconnaître les relations étroites qu'il avait avec les phénomènes odiques ; cela sautait aux yeux de tous ceux qui voulaient bien les ouvrir. Dès lors, je n'hésitai pas à y mettre la main sans tarder, et à tenter de provoquer le phénomène. — Je choisis, parmi mes cultivateurs, 6 ou 8 des mieux portants et des plus vigoureux, jeunes gens et jeunes filles, et je les réunis autour d'une table ronde. Les braves gens restèrent assis là 2 et 3 heures, et la table ne bougea pas ; je m'opiniâtrai, j'eus la patience de renouveler l'expérience plusieurs jours durant en en modifiant les circonstances, et cela jusqu'à 13 fois : je n'eus jamais la moindre réussite. J'étais déjà piqué, et je ne voulais plus entendre parler de la chose, lorsque je reçus la visite des 7 jeunes gens, dont j'ai parlé plus haut.

Quand celui qui avait une éruption se fut retiré, je ne tardai pas à voir pour la première fois, sous les mains des six autres, la table se mouvoir et bientôt se mettre à courir. J'examinai ces messieurs au point de vue de leur état nerveux, et je fus tout étonné de les trouver tous sensitifs, alors qu'aucun de mes paysans ne l'était. J'ai renouvelé mes expériences une bonne centaine de fois depuis quinze ans, et j'ai toujours vu se renouveler le fait. Les tables ne tournaient pas dès qu'on recourait pour les mettre en mouvement à des non-sensitifs; elles tardaient à se mouvoir et encore paresseusement, lorsque sensitifs et non-sensitifs formaient une chaîne mixte; mais elles se mettaient en route sans retard, brusquement et avec vivacité dès qu'on employait exclusivement des sensitifs à leur imposer les mains.

Sensitifs malades. — Voici le cas qui se présenta un jour : J'avais autour d'une table trois sensitifs, sans aucun non-sensitif à proximité; d'habitude, sous les mains de ces trois personnes, je voyais les tables se mettre alertement en route, au bout d'un bon quart d'heure. Ce jour-là, au bout d'une demi-heure, la table ne bougeait pas; il se passa une heure, il s'en passa deux, car je voulais y arriver coûte que coûte, mais la table resta immobile. En voulant me rendre compte de cette anomalie, voici ce que j'appris : l'un des sensitifs avait un violent mal de tête et n'avait pas dormi de la nuit, l'autre avait un gros rhume et le troisième avait au pied depuis quelques jours un abcès en suppuration qui le faisait souffrir. Mes sujets étaient tous trois malades, et, bien que tous trois fussent sensitifs, la table s'obstinait à ne pas bouger. Dans ces conditions fâcheuses, *l'état maladif l'emportait sur le pouvoir rotatoire de la sensitivité.*

Avec les haut-sensitifs, c'était toujours un véritable plaisir de faire des expériences. Deux jeunes filles, Anna Beyer et Martha Léopolder, suffisaient en 10 minutes à faire, pour ainsi dire, voler une table. Quand la table était une fois en course, une seule suffisait, non seulement à la maintenir en mouvement, mais souvent même à l'entraîner dans une sorte de tourbillon furieux et presque effrayant. — Être sensitif est donc une des conditions fondamentales à remplir pour provoquer l'apparition du phénomène; c'est l'état particulier dans lequel doit se trouver le système nerveux de l'homme, pour être susceptible de provoquer ces mouvements extraordinaires. Mais que l'état maladif et la sensitivité se trouvent réunis dans un seul et même individu, la maladie l'emporte et le sensitif devient aussi incapable de mettre les tables en mouvement que pourrait l'être un non-sensitif bien portant.

Température des tables. — C'est un point d'influence essentielle sur leur mouvement. Si la table est froide à glacer les doigts, on n'arrive que péniblement à mettre la table en route, quand on y arrive, ce qui n'est pas le cas général. C'est en vain qu'un jour, aidé de deux bons sensitifs, je m'efforçai, deux heures durant, de mettre en mouvement une tablette froide de deux pieds de diamètre. Je la laissai alors s'échauffer un peu au-dessus de la braise : il ne fallut pas 10 minutes pour entamer une course circulaire rapide. Quand, sous les mains, la table s'échauffe au point que les mains commencent à devenir moites, si l'on déplace les mains pour les reporter un peu plus loin sur des parties froides de la table, dont la fraîcheur puisse ramener les doigts à leur température primitive, la table, en course, s'arrête aussitôt, reste quelques minutes en repos, puis se remet en mouvement. Semblable fait s'est présenté souvent, et d'autres que moi l'ont observé. Il ne me semble pourtant pas que la chaleur influe directement sur la table; ce n'est qu'une action médiate. Une surface froide agit sur la main et les extrémités des doigts en suspendant l'activité vitale; le cas est surtout net lorsqu'on reporte brusquement la main d'une surface devenue très chaude sur une froide. Inversement, une surface chaude agit sur les doigts en les vivifiant, en surexcitant l'activité vitale. Or, l'accroissement de celle-ci entraîne le développement de la force inconnue dont l'action propre se révèle par la rotation des tables. Une chaleur modérée pour le dessus de table agit donc indirectement sur la course de la table en l'activant. Une jeune fille, de bon jugement, m'a dit souvent qu'elle ressentait dans les bras, par saccades, ce passage de courants chauds et froids émanant de la table en ondulations fréquemment alternées. De telles fluctuations sont bien remarquables au point de vue de l'accumulation odique dans la table, qui, se chargeant à la fois d'Od positif et d'Od négatif, a sur les sujets une action, en retour, de refoulement pour l'Od de leurs corps.

Température des opérateurs. — Si, d'une part, la table doit être modérément échauffée, d'autre part les opérateurs doivent se trouver dans un état de fraîcheur (odique) apparente modérée.

J'ai expliqué, en différentes occasions (*L'Homme sensitif*, vol. II, p. 702), qu'une personne quelconque, mais surtout un homme vigoureux et bien portant, est d'autant plus chargé d'Od négatif qu'il se trouve en santé plus parfaite; mais qu'inversement l'ensemble de toute sa personne devient od-positif dès qu'il est souffrant. Dans le premier cas, les sensitifs déclarent que cet homme leur *paraît* dégager une fraîcheur agréable; dans le second cas, ils ont la sensation d'une tiédeur désagréable. Une dame sensitive des mieux douées dut passer quelque temps à l'hôpital général de Vienne, où elle couchait dans une grande salle bien aérée; elle déclara que tous les malades sans exception lui causaient une sensation de chaleur, tandis qu'elle ressentait une apparente fraîcheur en présence des infirmières, du docteur et de ses aides. Ces émanations tièdes particulières, lui arrivant de tous côtés, lui étaient si insupportables qu'elle ne pouvait que rarement se livrer au sommeil. Toute une semaine elle passa sans dormir les nuits entières; elle en fut si lasse, si épuisée, cela lui causa tant d'inquiétude qu'elle ne put prolonger son séjour et dut quitter l'hôpital avant guérison, dans la situation la plus triste. Toutes ces personnes, od-positives, dégageant une sensation de tiédeur désagréable, même lorsqu'elles ont toutes les apparences de la santé, sont impuissantes à faire mouvoir les tables; elles font même obstacle au mouvement et ramènent à l'immobilité une table qui tourne le mieux du monde, dès qu'elles lui imposent les mains. La demoiselle Anna Beyer déclarait d'avance, avec assurance, à tous ceux qu'elle trouvait dégager la chaleur odique, qu'il leur serait impossible de mettre une table en mouvement : toutes les fois que j'ai eu occasion de mettre cette assertion à l'épreuve, il m'a toujours fallu en reconnaître l'exactitude. Un jour, chez moi, elle faisait la chaîne avec sept autres personnes autour d'une grande table; elle déclara d'avance que la table ne bougerait pas, bien qu'elle-même, sujet excellent, opérât en même temps qu'une autre femme en qui se manifestait la fraîcheur odique et qu'elle assurait être apte à mener à bien l'opération; comme motif, elle allégua qu'il y avait dans la société des personnes chargées d'Od chaud et qu'elle désigna du reste. Effectivement, tous les huit restèrent assis pendant une heure trois quarts, sans pouvoir faire remuer la table. Lorsqu'on rompit la chaîne, elle conduisit à une autre table la femme dont j'ai parlé; elles deux seules imposèrent les mains; dix minutes s'étaient à peine écoulées que la table se mettait en mouvement avec une brusquerie croissante, et bientôt si grande que les assistants durent lui céder la place et se retirer dans la chambre voisine. Ces expériences que je venais de faire à l'aide d'une haut-sensitive, je les ai reproduites en prenant pour sujets des hommes dans toute la force de la jeunesse, vigoureux et sensitifs. *Cette fraîcheur n'est donc pas thermoscopique, c'est la manifestation, particulière à l'Od, d'une fraîcheur apparente que les sensitifs perçoivent grâce à la négativité odique; toutes les fois que cette fraîcheur se retrouve chez les sensitifs, elle les prédispose tout particulièrement à mettre en œuvre, avec la plus grande facilité, le mouvement des tables.*

Fatigue. — En dehors d'indispositions réelles, la fatigue suffit à déprimer fortement la faculté qu'on peut avoir, de faire tourner les tables. Quand mon menuisier Czapeck, bon sensitif moyen, s'était fort fatigué au travail dans la journée et que la Lohée s'abaissait, au bout de ses doigts, à une seule ligne, il était sans action sur les tables tournantes; il pouvait, à volonté, ajouter ou non ses mains à celles des autres opérateurs, sa participation n'avait pas l'effet qu'on en obtenait d'habitude.

Fâcheuses prédispositions morales. — Elles avaient un effet perturbateur considérable. Par malaises moraux, j'entends: le chagrin, les soucis de l'existence, les ennuis de la vie conjugale, les contrariétés, la mavaise humeur, l'angoisse, la terreur. Sous l'empire de ces sollicitations, les opérateurs étaient hors d'état de faire mouvoir les tables. Ces malaises étaient même un obstacle aux impulsions venues d'autres personnes, tout comme elles empêchaient le mouvement du pendule et de la carte tournante.

Enfants. Vieillards. — On a prétendu, à plusieurs reprises, que des personnes très jeunes, et surtout des enfants, exerçaient, sur les tables tournantes, une action aussi favorable que celle des vieilles personnes est contraire. En ce qui concerne la trop grande jeunesse, je ne lui ai pas trouvé d'influence particulièrement remarquable ; les forces, à cet âge, ne sont pas encore assez développées, la propulsion n'est pas suffisamment active. En revanche, la vieillesse m'a souvent donné des preuves d'un pouvoir propulsif considérable. Un vieillard sensitif de 68 ans se révéla tout à fait bon opérateur, et une femme de 78 ans avait encore tant d'action, qu'en la faisant sortir de la chaîne, par manière d'essai, on ralentissait chaque fois, d'une façon très nette, la course de la table. Une fois même, 3 de mes 5 opérateurs se trouvèrent être des vieillards de 61, 67 et 72 ans ; la rotation des tables ne s'en fit pas moins bien.

Les pieds. — Dans toutes les instructions sur les tables tournantes, on a attaché de l'importance à ne pas laisser les opérateurs toucher, de leurs pieds, les pieds de la table. C'est là une erreur. J'ai déjà montré jadis (*L'Homme sensitif*, vol. II, page 122) que dans le mouvement des tables les pieds jouaient un rôle dont on pouvait facilement mettre en évidence les avantages.

La force motrice émane des pieds absolument comme des mains ils ont une action essentielle sur le mouvement, et ce qui le prouve, ce sont les phénomènes les plus décisifs, que j'exposerai plus tard. Ainsi n'est-il pas seulement défectueux de ne pas faire emploi des pieds, mais est-il préférable de leur accorder la même importance qu'aux mains, et en faire le même usage qu'on fait de celles-ci. Un dessus de table, disposé près du sol, fournirait, sous l'action des seuls pieds, les mêmes mouvements et rotations que nous déterminons à l'aide des mains. Il s'ensuit qu'en formant la chaîne autour de la table, on ne doit rien moins que les négliger ; mais plutôt faut-il grouper les pieds autour du pied de la table, de telle sorte que tous les doigts de pieds soient tournés vers lui, ou mieux encore soient avec lui au contact immédiat. Une table tournante, bien conditionnée, doit être établie de façon à présenter tout autour de ses pieds une sorte de tablette circulaire, sur laquelle on puisse appuyer doucement les doigts des pieds. Les effluves, émanant des pieds des opérateurs, sont ainsi recueillis par la table, se réunissent aux effluves des mains, et la table se charge plus vite et en plus grande abondance, se met en mouvement relativement plus tôt. L'utilisation des pieds a donc une importance essentielle et une valeur parfaitement déterminée.

Coins et arêtes arrondis. Nature du sol. Vêtements féminins. Spectateurs derrière la chaine. — On a choisi de préférence une table ronde, mais nous aurons souvent l'occasion de reconnaître par la suite que la table se meut quelle que soit sa forme.

Il convient cependant, entre toutes les dispositions, d'arrondir le plus possible les angles aigus et les arêtes. Nous avons déjà vu, dans les cartes tournantes, que la force qui agit ici, en tous points semblable à l'Od, aime à utiliser les pointes et les angles aigus pour s'échapper dans l'air et s'y perdre. Le plancher doit être absolument plan, et ne doit donner lieu à aucun choc qui retarderait la table : cela se comprend de soi. Les vêtements et les robes de femmes qui traînent sur le plancher, sont choses désavantageuses ; cela résulte immédiatement de l'occasion que ces vêtements offrent au fluide de se perdre dans le sol. Il serait bon de réunir, autant que possible, entre les pieds et sur la chaise, ces vêtements flottants. Les tissus de soie, en tant que particulièrement bons conducteurs, sont surtout nuisibles. Les sièges même doivent, autant que possible, avoir des pieds effilés et en petit nombre ; ils ne doivent jamais toucher la muraille. — On a considéré comme très fâcheux qu'une personne qui se tient derrière un opérateur, fût au contact avec lui. Ce n'est pas toujours juste. Si le contact a lieu en isonome sur l'épaule du sujet ou sur le dossier de la chaise, il ne saurait être nuisible en aucune façon ; la main imposée ne peut qu'ajouter à la force émanant de l'opérateur assis, renforcer et faire croître les effluves, tout comme avec le pendule l'adjonction en isonome d'une deuxième main renforce les oscillations.

Membres croisés. — Il en est autrement lorsqu'on fait l'imposition en hétéronome ; quand on superpose des mains hétéronomes ou qu'on croise les pieds, on paralyse le pendule. C'est exactement le même effet qui se produit, toutes choses égales d'ailleurs, sur les tables tournantes. L'hétéronomie n'amène pas la neutralisation, mais il s'établit entre les deux actions une sorte de relation, au même degré qu'entre les pôles eux-mêmes. C'est une remarque que nous avons eu l'occasion de faire fréquemment dans ce qui précède ; elle trouve aussi son application dans les tables tournantes. Si l'on croise les bras et qu'on place les mains sur la table de façon que, dans cette position, les bras ou les mains se touchent, la table s'arrête. En reproduisant cette disposition sans qu'il y ait contact, les bras et les mains restant libres de part et d'autre, la table ne s'immobilise pas, mais continue sa course avec vigueur. Par la même raison, on ne doit pas croiser les pieds l'un sur l'autre ; le fait-on, la table ne se met pas en mouvement, ou si elle y est lorsque les opérateurs croisent les jambes, elle prend d'abord une allure paresseuse et bientôt revient à l'immobilité. C'est d'après les mêmes lois qu'il faut juger de l'influence des personnes placées en arrière de la chaîne : si l'imposition de leurs mains en isonome sur les épaules d'un opérateur assis n'a pas, comme nous l'avons vu, d'influence défavorable sur l'allure de la table, elle est au contraire d'autant plus fâcheuse en hétéronome. Imposer la main droite d'un spectateur à l'épaule gauche d'un opérateur paralyse au minimum la moitié de l'influence de celui-ci sur la table ; mais que le spectateur croise les bras et place ses deux mains en hétéronome sur les deux épaules de l'opérateur, c'en est fait de l'action de ce dernier sur la table. Garrottée en quelque sorte, par derrière, son influence en avant vis-à-vis de la table devient nulle. On peut en faire facilement la preuve : il n'y a qu'à superposer, à la main de son voisin de chaîne, tous les doigts au lieu du petit doigt seulement ; on constate alors que la table hésite et s'arrête.

PETITS DOIGTS. — Quand les tables tournantes ont fait leur apparition en Europe, on y procédait en superposant les petits doigts. Au début on attachait minutieusement de la valeur à cet aimable procédé ; depuis on a bien des fois trouvé qu'il n'y avait là qu'un accessoire inutile. Mais c'est un préjugé qui n'est pas encore détruit.

Or la superposition des petits doigts n'est pas seulement indifférente, elle est essentiellement nuisible, et rentre dans la catégorie des combinaisons de forces en hétéronome. Les petits doigts hétéronomes détruisent mutuellement leur efficacité extérieure, suivant les lois qu'on a précédemment développées ; et toute main qui pourrait produire de l'effet sur la tablette par l'emploi des cinq doigts, n'agit plus, par suite du croisement de son petit doigt avec celui du voisin, qu'avec quatre d'entre eux. La manifestation extérieure de sa puissance s'affaiblit donc d'environ 1/5. On n'a pas loin à aller pour en faire la preuve : on n'a qu'à superposer les cinq doigts de sa main à ceux de son voisin, et la table, aussitôt, reste absolument immobile. Mais si l'on ne superpose que le cinquième doigt, elle s'immobilise de 1/5, c'est-à-dire son mouvement s'affaiblit de 1/5. On se leurre de l'idée d'un courant de fluide nerveux parcourant la chaîne des doigts ; mais c'est là une opinion tout à fait arbitraire, qui n'est basée sur rien, et qu'on accepte à tort. Il n'y a pas à parler ici de circuit, et *la superposition des petits doigts est, par suite, à rejeter.*

Métaux. — Quand on veut obtenir, rapidement et avec succès, le mouvement d'une table, il faut que les opérateurs se débarrassent de tout ce qu'ils peuvent porter de métallique. Les métaux font obstacle aux oscillations du pendule et, par la même raison, aux mouvements tabulaires. Il n'y a pas à compter les occasions où une partie de tables tournantes a échoué, sans que les participants pussent s'expliquer pourquoi ; et cela uniquement parce qu'ils portaient sur eux trop d'objets métalliques. De l'or dans les poches, montres et chaînes d'or, éperons aux pieds, clous aux chaussures, bracelets, bagues et boucles d'oreilles, montures de lunettes ou de lorgnons, boutons métalliques, broches, peignes d'acier, chaînes de cou, boucles, cerceaux de crinolines, épingles à cheveux même, nuisent ainsi au mouvement des tables, comme l'ont reconnu les sensitifs, affaiblissant l'action et, dans bien des cas, la dénaturant complètement.

Pieds de verre. — On a construit des tables à pieds de verre, en se guidant par analogie avec l'électricité : on ne pouvait en retirer aucun profit. Le principe qui agit ici n'est pas d'essence électrique ; on ne peut l'isoler au moyen du verre : le verre, au contraire, en est bon conducteur et n'en permet pas la condensation.

Bras en laiton. — Pour améliorer l'observation dans la façon dont se comportent les tables, je fis construire une table munie sur les bords de baguettes de laiton de 1 pied 1/2 de long, émergeant de la tablette dans le prolongement des rayons. A ces bras métalliques, j'appliquai mes opérateurs de façon à leur en faire tenir un dans chacune de leurs mains. Dans ces conditions, aucune main ne reposait directement sur la table ; il n'y avait contact qu'avec les baguettes de laiton. Ces dernières étaient assez flexibles pour rendre aussitôt visible et pour trahir toute application de force, qu'on eût voulu faire subir frauduleusement à la table. L'expérience réussit bien.

Corps recouvrant les tables. — On a étendu sur les tables d'autres objets plats, tels que : mousseline, toile, papier, toile cirée, peaux de chats, plateaux de bois, plaques de plomb, etc. En leur imposant les mains, ces objets se sont substitués aux tables au point de vue du mouvement ; ils se sont mis à tourner, tandis que la table, dont aucune partie ne prenait part au mouvement, restait immobile. En plaçant les mains sur le dessus de la table, mais à côté de ces objets, ils restaient à plat sur elle, en toute tranquillité, se laissaient entraîner dans le mouvement de la table, mais n'y prenaient point part personnellement en ce sens qu'ils n'avaient pas de mouvement relatif.

Objets qu'on peut faire mouvoir.

Il n'y a pas que les tables (sur qui seules, par hasard, on a d'abord constaté le phénomène) qui puissent servir aux expériences ; tous les corps solides sont aptes à se mouvoir de la sorte. Quant à l'hypothèse que les fluides pourraient l'être aussi, et à quel point ils le sont, c'est une question qu'on n'a pas encore étudiée. On a déjà réussi à mettre en mouvement toutes sortes d'objets : caisses, armoires, bancs, chaises, tableaux, billards, portes, tonneaux, plats, vases de porcelaine, assiettes, chapeaux et tout ce qu'on peut imaginer en fait d'objets mobiliers ; on a même pris pour sujet des personnes humaines. C'est ainsi que j'ai fait construire une table longue de toute une toise, avec quelque chose comme cinq pouces seulement de largeur : ce n'est rien autre qu'une latte sur un pied de table, on pourrait la baptiser : *table-latte*. Au point de vue de la mobilité c'était tout un. Les objets, livrés à eux-mêmes, dès qu'on leur appliquait la force de rotation, rentraient dans la loi commune, et donnaient lieu au phénomène.

Réglage de la force de rotation.

Imposition des mains. — On met les mains à plat sur la table, la paume de la main en dessous, c'est-à-dire appliquée directement sur le dessus de la table, et en prenant toutes ses aises. Il vaut encore mieux ne pas appliquer les doigts à plat, mais les recourber sur la table, de façon que leurs extrémités, ou même les ongles soient au contact de la table. Conserver ses gants dans cette occasion n'est pas avantageux, car leur influence tend à affaiblir le phénomène en faisant quelque peu obstacle à l'effluve qu'elle refoule contre la main.

Appui des pieds. — On appuie doucement les pieds, par l'extrémité des doigts, sur la tablette inférieure, en prenant soin qu'ils ne deviennent pas un obstacle au mouvement de la table. On peut aussi laisser les pieds de côté : l'influence des seules mains suffit à faire mouvoir la table. L'absence de coopération des pieds ne fait que retarder un peu l'action.

La tête. — Si l'on se résout à placer aussi la tête sur la table, cela facilite beaucoup l'entrée en mouvement : il faut alors y employer le côté droit de la tête.

Charge personnelle préparatoire. — Rester assis inactifs tout autour de la table devient souvent fastidieux : aussi prise-t-on fort, généralement, tout ce qui peut abréger la séance. Voici comment on y arrive : chacun des opérateurs, avant de commencer, se prend les mains et les joint comme on fait d'habitude pour prier. Nombre de personnes ne supporteront pas longtemps cette position, qui leur causera bientôt dans les doigts des sensations désagréables. Ces sensations ne tarderont pas à affecter les mains tout entières, en y provoquant un développement pénible de chaleur ; elles remonteront le long des bras, avec menace de crampes chez plus d'un sujet ; enfin l'estomac même, la poitrine ou la tête en seront atteints, ce qui provoquera de l'oppression, du resserrement, de la douleur. Toutes les personnes qui présenteront ces symptômes sont de bons opérateurs ; ceux, au contraire, qui peuvent tenir longtemps leurs mains jointes, sans en ressentir de désagrément ou même avec plaisir, sont de mauvais opérateurs, et le mieux, c'est qu'ils se retirent de la chaîne. Lorsque les effets (sorétiques) pénibles se manifestent, il est temps d'imposer les mains à la table et d'appuyer les pieds sur la tablette inférieure. Grâce à ces mesures préparatoires, la table ne tardera pas à se mettre en mouvement. Le développement théorique de ce qui se passe là fera voir clairement plus tard les raisons qu'on a d'opérer ainsi. — Si l'on emploie une table munie de cordes, pour soustraire le mouvement à la possibilité d'une poussée de la part des opérateurs, on peut accélérer le phénomène, en ne saisissant pas les cordes dès le début ; mais, tandis qu'on en dispose les extrémités dans les cannelures de la table, on imposera, par mesure de préparation, les mains à la table. On ne saisit alors les cordages que quand la charge commence à être complète, et que, par ses craquements habituels, la table fait savoir qu'elle ne tardera pas à se mettre en mouvement.

Il est toujours assez tôt pour recourir au transfert du fluide à travers les cordages et achever ainsi de mettre la table en mouvement. On se donne ainsi la preuve qu'elle se meut à l'exclusion de toute fraude.

De la charge odique.

Objets qui la reçoivent. — Voici donc nos opérateurs assis en cercle tout autour de l'objet à faire mouvoir, autour d'une table par exemple. Les objets qui, les premiers, reçoivent d'eux une charge odique sont les sièges sur lesquels ils sont assis. Que l'un d'eux se lève au bout de cinq minutes, une main sensitive, fût-ce sa propre main droite, a la sensation, s'il la laisse pendre au-dessus et près de la place où il était assis, d'une réaction de chaleur ou de fraicheur, fraîcheur du côté où s'appliquait la fesse gauche, et chaleur tiède du côté où s'appliquait la droite. Si le fait se passe dans la chambre obscure, les sensitifs voient briller le siège de la chaise; celle-ci a-t-elle un dossier rembourré, si l'on s'y appuie, ce dossier, quand on cesse de s'y appuyer, brille derrière vous. Les mains sont étendues à plat sur le dessus de la table, les pieds s'appuient, par leurs doigts, sur les pieds de la table; pieds et mains chargent la table d'un certain fluide inconnu. Les baguettes de laiton, les bouts de corde ou tout autre conducteur analogue, saisis à la main et tenus par les sensitifs pendant une demi-heure ou une heure, se chargent également, et transfèrent leur charge dans la table.

Influence du sexe. — Que des hommes ou des femmes s'acquittent de ces fonctions, on n'a jamais trouvé de différence dans l'effet produit. J'ai souvent fait alterner rapidement des femmes et des hommes dans l'imposition des mains : je n'ai pas trouvé de différence. Et si l'un des partis se révélait plus faible, je puis dire que souvent c'était celui des hommes. A nombre égal d'opérateurs, les tables se mettaient encore parfois plus vite en mouvement sous l'action des femmes que sous celle des hommes.

Grandeur relative des forces. — La faculté et le pouvoir d'opérer la charge des tables varie beaucoup avec les personnes. Mais elle varie parallèlement à la grandeur de l'irritabilité sensitive. Certaines personnes nous permettront en un demi-quart-d'heure et même, dans des cas plus rares, en quelques minutes, de charger les tables au point de les décider à se mouvoir; on en connaît des exemples, et moi-même j'ai souvent eu l'occasion d'en observer. J'ai toujours constaté que ces facultés se rattachaient à de hauts degrés de sensitivité. Chez les sensitifs faibles, je n'ai jamais découvert d'opérateur remarquable.

Spiritueux. Café. Repas. — Comme moyen d'accélérer le développement du pouvoir rotatoire, je puis citer l'usage modéré d'un peu de vin, de bière et autres spiritueux. Des jeunes gens qui m'étaient venus trouver à jeun, avaient sur les tables une action visiblement bien plus puissante et plus vivifiante après avoir pris deux verres de forte bière qui les animait un peu. Dans d'autres cas, j'ai obtenu le même résultat avec un verre de vin. Dans une précédente occasion, il y a douze ans déjà, j'ai montré que, pour un homme dégageant d'ordinaire de faibles lueurs odiques, les haut-sensitifs, dans les ténèbres, l'apercevaient, dès une certaine distance, comme tout en feu, lorsqu'il avait un peu bu. (*L'Homme sensitif*, 2e vol. p. 178.) Le vin active donc le développement de l'Od chez l'homme d'une façon frappante. En revanche, j'ai toujours remarqué que l'usage du café affaiblissait le pouvoir rotatoire. Il m'arrivait souvent d'avoir, comme sujets, des femmes à jeun : le mouvement de la table se produisait dans les conditions habituelles de rapidité. Mais, lorsqu'elles avaient pris du café à la dose qu'elles employaient d'ordinaire à leur déjeuner, on remarquait en elles une dépression du pouvoir moteur. Ce n'est pas le café seulement, mais toute nourriture que l'on peut prendre, qui amoindrit momentanément ce pouvoir. Une de mes meilleures sensitives, Mlle Zinkel, était si bien au courant de ce fait, qu'elle pouvait toujours m'annoncer d'avance, quand sous ses mains l'opération réussirait, et quand elle ne réussirait pas; dans le dernier cas, c'était toujours qu'elle avait pris de la nourriture peu de temps auparavant. Au bout de quelques heures, quand, par exemple, à la suite du repas de midi, on attendait le soir, son pouvoir se rétablissait absolument, et elle redevenait l'excellent sujet qu'elle avait été le matin. Pour maintes femmes sensitives, le fait de prendre part à l'expérience, assises autour de la table, les affectait au point que parfois elles devenaient impuissantes; elles en étaient paralysées au point d'être désormais inutilisables et de faire obstacle au mouvement.

Les relations sexuelles avaient toujours une influence absolument fâcheuse. Les exemples, qu'il m'a été donné d'en connaître, m'ont prouvé que, pour toute la journée suivante, les gens n'étaient plus alors que de très médiocres opérateurs.

Charge personnelle des opérateurs. — On remarque que la table se charge particulièrement vite quand les personnes qui lui passent leur fluide sont elles-mêmes chargées à l'avance, c'est-à-dire lorsque l'Od a atteint en elles une forte tension. Prenons un certain nombre d'opérateurs qui ont mis une heure à provoquer la course d'une table ; s'ils se retirent brusquement pour reporter immédiatement la chaîne de leurs mains sur une autre table qui n'ait pas encore été touchée, il suffit, en général, de quelques minutes pour voir commencer le mouvement. La première table une fois chargée, la force motrice avait été refoulée chez ces personnes, qui, par suite de ce refoulement, se trouvaient ainsi chargées elles-mêmes. Cette force, en tension, profitait de la présence d'un nouvel objet, susceptible de se charger d'Od, pour s'y répandre avec tant de rapidité que, presque immédiatement, la table en arrivait à se mouvoir et à courir. C'est un phénomène que d'autres observateurs ont déjà maintes fois constaté et qui découle strictement des lois odiques.

Volonté. — On a voulu souvent attribuer une influence notable, sur les résultats, à la tension d'un esprit s'appliquant aux préliminaires du mouvement, lorsqu'à cette tension d'esprit se joignent l'énergique volonté et le désir sincère de voir réussir l'expérience. Mais, en pareille matière, nous tombons sur le terrain de la psychologie. Or, je ne veux m'occuper ici essentiellement que des caractères physiques et physiologiques du sujet; je m'en tiens donc, dans l'étude de ce sujet, aux limites que je viens d'indiquer. Tout au plus pourrais-je rappeler ici que les oscillations du pendule sont paralysées d'une façon très nette quand l'opérateur en détourne les yeux, et que, dans un tel ordre de faits, il serait peut-être à propos de ne jamais perdre entièrement de vue des influences que tant de personnes prétendent attribuer à la volonté. Nous savons trop peu de chose de la nature de cette volonté pour pouvoir juger avec quelque certitude de l'emploi, quel qu'il soit, qu'on en pourrait faire.

Des effets physiques.

Sous les conditions indiquées plus haut, les objets à charger paraissent entrer au bout de quelque temps, dans une période qu'on pourrait appeler d'initiative apparente. S'il s'agit d'opérateurs sensitifs moyens, il s'écoule une demi-heure et même une heure, quelquefois un peu plus, avant le commencement de cette période; s'il s'agit de haut-sensitifs, il suffit de une demi-heure, un quart d'heure, quelquefois même de cinq minutes pour mettre tout en branle. L'action commence, comme on sait, par des crépitations, puis des craquements dans le dessus de la table qui sort à ce moment de son immobilité, oscille, se meut d'abord d'une façon presque inappréciable, puis quitte nettement sa place, et finit par se livrer, sur le sol, à une marche continue mais irrégulière; tantôt elle décrit des arcs de cercle, va tantôt d'un côté, tantôt de l'autre, adopte la ligne droite ou combine les éléments curvilignes et rectilignes; le mouvement s'accélère ou se ralentit, puis s'arrête, puis l'élan recommence; souvent la table, après avoir été de l'avant, change de direction et court en arrière, avec des fluctuations, des inclinaisons tantôt d'un côté et tantôt de l'autre; elle se cabre entre temps, butte ou sautille, bondit, passe parfois à une course tumultueuse qui ressemble à de la fureur et va de temps en temps jusqu'à se renverser.

Exemples a Londres. — Des centaines de cas que j'ai pour ainsi dire vécus, je n'en veux citer qu'un seul. Pendant l'été de 1861, j'étais à Londres; et comme on a traduit en Anglais plusieurs de mes ouvrages, j'étais une personnalité relativement connue dans les cercles scientifiques de là-bas. Il advint donc que je reçus bientôt force invitations à me présenter dans des maisons où l'on s'intéressait aux choses de la sensitivité. Je me trouvais un soir chez le beau-fils de lord Palmerston, lord William Cowper, où je rencontrai une société d'amateurs de tables tournantes. Ce n'est pas l'usage, je le sais, de citer des noms en pareille occurrence; mais il s'agit ici de faits scientifiques, qu'il faut appuyer de noms de témoins dignes de foi. On fit la chaîne autour d'une grande table à pivot ovale qui était sur un tapis, et on ne tarda pas à la mettre en mouvement. J'étais cette fois au sein d'une société choisie, composée des premiers opérateurs de l'Angleterre; on y avait réuni tout ce dont, jusqu'à ce jour, l'Angleterre et l'Amérique étaient capables dans cet ordre de faits. Je voulus donc me renseigner à fond, une bonne fois, sur tout ce qui se passait, non seulement *sur* les tables, mais encore *sous* les tables. Je priai donc la société de me permettre, pendant qu'au-dessus on imposerait les mains à la table, de m'établir sous celle-ci. Elle reposait sur une colonnette à trois pieds : je m'appuyai, de tout le poids de mon corps, sur l'un de ces pieds et j'empoignai fortement les deux autres avec les deux mains. Je me proposais d'employer toutes mes forces à maintenir la table, et, au cas où elle voudrait se mouvoir, à ne pas lui permettre de quitter sa place. Le crépitement commença bientôt, suivi de craquements, et je pus me convaincre d'une façon très nette, que ces bruits se produisaient *au-dessus* de moi, et se bornaient au plateau même de la table. Presque aussitôt la table se mit à osciller et à préluder à la marche par de courts élans; je la ramenai chaque fois, en y mettant toutes mes forces. Nous combattîmes ainsi, la table et moi, pendant quelques minutes et je me flattais déjà d'être son maître. Tout à coup elle prit son élan, brisa ma résistance; et comme je m'attachais à elle, m'arracha de ma place et me traîna vivement en cercle, sur le tapis, à travers la moitié de la chambre, au grand contentement et aux éclats de rire de toute l'assistance qui me voyait étendu sur le ventre. La force motrice s'était donc accumulée dans la table au point non seulement de la mettre en mouvement, mais de m'entraîner avec elle, malgré mon poids et le frottement de mon corps sur le tissu de laine, malgré toute ma résistance qu'elle avait surmontée.

Tables de rechange. — De menus objets, un chapeau, une assiette en bois posée sur une surface unie, une planche de cuisine circulaire, un pot à fleurs, ont été très fréquemment mis en mouvement par l'action de *plusieurs* bons sensitifs. Dans d'autres cas, on a vu des chaises, de petites tables, des guéridons, se mouvoir sous l'action *d'un seul* haut-sensitif. Enfin on a vu le cas se produire, même pour de grandes tables, sous l'action de haut-sensitifs, *quand ils venaient de mettre en mouvement une table avec l'aide d'un certain nombre d'opérateurs.* A la suite de semblables préliminaires, j'ai constaté que ces personnes, à elles seules et en une demi-minute, mettaient en route toute table où ils imposaient les mains. Dans une autre circonstance, où, sous les mains d'un certain nombre de personnes, une table en était venue à bien marcher, les opérateurs eurent l'idée de rechercher lequel d'entre eux possédait la force motrice la plus considérable; on fit sortir de la chaîne celui qu'on tenait pour le sujet le plus faible, nullement doué de sensitivité : aussitôt la table devint plus alerte. En se basant sur les mêmes principes, on exclut une deuxième personne, et la table de gagner encore en légèreté; on continua de la sorte à épurer la chaîne, ce qui ne fit qu'augmenter de plus en plus la prestesse de la table. Il ne resta plus enfin qu'une femme, connue pour très nerveuse, c'est-à-dire très sensitive : sous l'influence de cette seule personne, la table en vint alors à courir avec une véritable fureur. Cette femme possédait donc, à elle seule, plus de puissance motrice qu'il n'en fallait pour animer une grande table, et la coopération des autres personnes n'était peut-être pour elle qu'un obstacle de plus. Toute table, dont elle s'emparait, elle la mettait aussitôt, en quelques minutes, en mouvement violent.

Même chose se passa chez le Directeur de l'observatoire magnétique de Vienne, M. Kreil. Sa femme était fort sensitive. Un soir, il réunit chez lui une société de professeurs pour voir tourner des tables, en y conviant aussi une autre personne très sensitive. On fit la chaîne pendant une heure, et la table ne bougea pas. Ces messieurs se séparèrent, en en faisant des gorges chaudes. Lorsqu'ils se furent éloignés, Mme Kreil, prenant une table plus petite, s'y appliqua seule avec l'autre sensitive. Au bout de dix minutes à peine, la table se mettait en mouvement, bientôt avec une telle vitesse qu'elle paraissait voler. Qui n'a pas vu jusqu'au bout de pareilles scènes, qui n'y a point pris part, ne peut s'en faire une idée. Je me permettrai donc encore de décrire ici rapidement un des cas nombreux où j'ai figuré. A l'atelier mécanique du sieur Léopolder, à Vienne, étaient attachés quatre jeunes gens instruits, qui, tous quatre bons sensitifs moyens, se trouvaient par hasard réunis dans la même maison. Je les avais souvent chez moi, et j'ai fait avec eux, sur l'Od, de nombreuses expériences fort instructives pour moi. Mais le sieur Léopolder aussi était un sensitif moyen très bien doué; de même sa femme, et mieux encore ses deux filles; l'une d'elles, Martha, touchait à la haute sensitivité. Aussi, par un effet de hasard, il y avait là toute une maisonnée de sensitifs puissamment doués; avec cela, gens vigoureux, bien portants et instruits : c'est dire tout le zèle que je mis à profiter de circonstances si favorables à mes études. J'avais souvent ces personnes chez moi; à l'atelier, je faisais construire des instruments à mon usage, en sorte que je me trouvais très souvent au milieu d'eux. Il vint, un jour, s'y joindre encore Mlle Beyer, haute sensitive très éveillée, qui s'intéressait fort à la sensitivité. C'était justement en 1853, au plus fort de la fièvre des tables tournantes; il lui suffit donc d'en faire la demande pour qu'aussitôt on fût à même de s'attaquer à une table de grandes dimensions. Cinq hommes et deux jeunes filles firent la chaîne autour d'une forte table, ce que tous avaient déjà fait ailleurs. Chez l'un des hommes, M. Schuler, apparurent bientôt les crampes de la main, crampes cloniques alternativement à droite et à gauche, et qui tantôt froissaient ses mains sur la table, et tantôt les cognaient contre elle. Puis ces crampes alternèrent avec des crampes de poitrine, à des intervalles de quelques minutes; elles allaient cesser quand, à son tour, la demoiselle Martha fut atteinte de crampes analogues. Après un court répit, elles revinrent à M. Schuler avec une violence croissante, alternativement dans l'une ou l'autre main. La table ne bougea pas, mais mes gens eurent si grand'peur, à propos de ce phénomène, qu'ils se séparèrent sans avoir rien fait.

Bientôt après, les mêmes six personnes renouvelèrent l'expérience. Mais, au bout de dix minutes, la demoiselle Martha fut de nouveau saisie de douleurs cloniques, qui nécessitèrent sa sortie. Alors le sieur Schuler fut atteint de crampes, non seulement dans les bras, mais aussi dans les jambes, crampes si violentes qu'elles le jetaient d'un côté à l'autre de sa chaise, et finirent par le jeter par dessus bord, en lui faisant perdre connaissance. On le porta au grand air, on l'inonda d'eau froide; et comme il reprenait connaissance, on lui fit des passes odiques depuis la tête jusqu'aux genoux : elles eurent tôt fait de le remettre, mais on dut ajourner l'expérience. Le lendemain les mêmes hommes, les quatre mécaniciens et le sieur Léopolder, se remirent à la table avec trois jeunes filles, les deux filles de Léopolder, Martha et Fanny, et Mlle Beyer. Cette dernière ressentit bientôt les crampes cloniques des mains; elles se produisirent à plusieurs reprises, passant et revenant; pendant ce temps, les crampes saisirent Martha aux bras. Ils étaient tous assis depuis dix minutes environ, lorsque Mlle Beyer fut prise de sommeil somnambulique, se mit à divaguer, tutoyant tout le monde, mais sans vouloir souffrir qu'on s'éloignât de la table. Au bout d'un demi-quart d'heure, on intervertit les petits doigts sur la chaîne : la demoiselle Beyer s'éveilla alors, tout d'un coup, du sommeil somnambulique, et se déclara toute gaie et ragaillardie. L'interversion des doigts avait agi sur elle en sorétique, comme aurait fait une contre-passe odique. Mais tous ces accidents imprimèrent encore aux opérateurs une telle crainte qu'ils se levèrent sans avoir atteint leur but, qui était de faire tourner la table.

Là-dessus, Mlle Beyer fut très mécontente : petite, pleine de vivacité et de courage, intellectuellement bien douée, elle se refusait à renoncer à l'expérience sans l'avoir menée à bien. Elle traita de poltrons les hommes qui ne voulaient plus y prendre part, et invita Mlle Martha à tenter encore, en se joignant à elle, d'obtenir un résultat. Elles s'assirent à une petite table, et, en moins d'un quart d'heure, ces deux jeunes filles avaient obtenu à la perfection ce que huit sensitifs n'avaient pas été en état de produire en trois quarts d'heure. La table craqua, oscilla, courut non pas en cercle, mais par bonds rectilignes çà et là. Lorsque Martha eut, par surcroît, imposé à la table le côté droit de sa tête, cette table se mit à sauter et à bondir avec tant de force que les assistants, craignant pour la santé des jeunes filles, leur arrachèrent la table.

Mais ce n'était pas encore de quoi contenter la zélée Beyer : elle se précipita sans retard sur une table ronde plus grande et Martha ne tarda pas à la suivre. La table se mit aussitôt en course. Les deux jeunes filles lui imposèrent le côté droit de leur tête : alors commença pour la table une course si échevelée que les jeunes filles pouvaient à peine la suivre, criant, rugissant, la pourchassant çà et là dans la chambre en vraie tempête, renversaut tout ce qu'elles rencontraient, nous remplissant tous d'angoisse et de terreur, à la vue des bonds endiablés de ces furies. Elles se heurtaient aux lits, sophas, sièges; tout meuble auquel elles s'accrochaient était instantanément entraîné dans le tourbillon de leur course folle, et bientôt la moitié du ménage gisait pêle-mêle. Cependant Martha ayant abandonné la partie, la Beyer se cramponnait seule à la table : celle-ci se renversa alors plus d'une fois, mais non pas la fille, qui, relevant vivement la table, se reprenait à courir avec elle par tous les coins. Les accès de somnambulisme alternaient rapidement avec les instants de veille. A un certain moment elle étendit la main comme si elle appelait à l'aide; on sauta sur elle, on lui tendit la main; mais ce ne fut pas mieux; au contraire, la course reprit avec une nouvelle fureur, on sautait sur les fenêtres, sur les étagères à fleurs. On n'eût pu dire si c'était une femme que la table entraînait en tourbillonnant, ou si c'était une possédée dont la fureur s'était communiquée à la table. Tantôt la jeune fille gémissait, tantôt elle criait, hurlait, mugissait; vers la fin elle empoigna, comme on l'a vu faire à d'autres somnambules, par exemple à Mlle Winter, les hommes vigoureux qui étaient là et les jeta de côté. Qu'on réfléchisse à l'alarme de tous les assistants, pendant ce pêle-mêle qui dura bien un quart d'heure, et on ne s'étonnera pas que les gens se soient amassés dans la rue autour du rez-de-chaussée envahi par un épouvantable tapage; il se formait des rassemblements, et comme on finissait par croire qu'il s'agissait de rixe et de batterie, la police municipale finit aussi par juger nécessaire de s'occuper de ces tables frappées de délire.

On pouvait accueillir le soupçon que tout ce désordre était le fait des jeunes filles, et que tout ce tumulte pouvait bien être fait à plaisir. J'eus donc à cœur, dans une circonstance tout à fait analogue, qui s'était présentée dans ma propre maison, d'étudier de très près la Beyer, dès que le calme fut rétabli. Mais je me trouvai en présence de caractères d'une alarmante vérité. Le creux de l'estomac ressortait en saillie de la grosseur d'une boule de dimensions telles que je n'en avais encore rencontré de pareilles chez aucun somnambule; lorsque j'y mis la main, j'y constatai un grouillement bien connu, mais si violent qu'on eût dit de petites souris fouillant dans tous les coins, c'est-à dire un état odique arrivé à l'extrême sorétique, état qu'il est absolument impossible de simuler ou de faire naître. Je m'empressai de lui faire, avec ma main droite, des passes némétiques depuis les yeux jusqu'aux doigts des pieds, et le succès fut si rapide, si complet qu'on put bientôt la porter à l'air, où elle fut prise de violents vomissements. Ce fut ce qui la ramena à elle; la tumeur du creux de l'estomac s'affaissa et bientôt la jeune fille put se promener seule au frais et reprendre ses forces. Au bout d'un quart d'heure, je la trouvai presque complètement sur pied. Lorsqu'elle revint, je remarquai que tout le côté droit de sa tête, qu'elle avait appuyé au moment du paroxysme sur la table en fureur, était fortement enflé, avec un afflux de sang si considérable que l'œil paraissait à moitié fermé.

Ces circonstances excluent d'une façon formelle toute possibilité de fraude; mais elles montrent en même temps jusqu'où les tables tournantes et leurs conséquences peuvent mener, lorsqu'il s'agit de haut-sensitifs; à quel point elles agissent violemment sur la santé qu'elles ébranlent.

Charge des tables : effet de contre-passe. — Dans une expérience avec quatre hommes et une femme sensitive bien douée, nous n'avions pu réussir, au bout d'une heure et demie de persévérance, à mettre la table en mouvement. J'utilisai donc les loisirs que me faisait la séance à observer certains détails physiologiques. La femme était assez irritable au point de vue sensitif; elle déclarait que sa station, auprès de la table chargée d'Od, ne lui était pas trop désagréable; ses deux bras étaient faiblement influencés comme par des contre-passes; le visage, depuis les yeux jusqu'au menton, c'est-à-dire dans la partie qui recouvre les branches moyenne et inférieure du Trigeminus, était insensible; la poitrine faiblement contractée, les parties voisines de l'estomac quelque peu oppressées ; le tout encore très supportable. Vers la fin de la séance, je lui fis retirer les deux mains de la table : elle se sentit, au bout de quelques minutes, débarrassée de toutes ces incommodités et fut vite remise.

Je lui fis alors imposer de nouveau les deux mains : aussitôt les malaises se reproduisirent intégralement; les mains retirées de nouveau, ils disparurent sans retard, comme précédemment, et le bien-être se rétablit. *La table agissait donc sur les deux bras de cette femme comme auraient fait des contre-passes odiques.*

Je dis alors aux autres opérateurs de retirer tous ensemble leurs mains de la table. J'attendis une demi-minute, puis je dis à la femme d'imposer seule les mains : elle ressentit aussitôt toutes les incommodités ci-dessus décrites, mais moins marquées que précédemment, lorsque les autres sujets avaient les mains sur la table. En retirant ses mains, elle se sentit encore débarrassée de tout malaise. Une fois de plus, elle tenta l'expérience, imposant, puis retirant les mains : tous les symptômes, en se répétant, ne firent que se confirmer. *Ainsi donc la table était chargée d'Od, d'Od positif et d'Od négatif en même temps, et agissait sur les deux bras en sorélique à la façon de contre-passes.* Cette charge avait persévéré, grâce à la force coercitive, après éloignement des mains qui l'avaient effectuée.

Poussant plus loin, je fis remettre toutes les mains sur la table; mais la femme n'y mit que sa main droite. L'impression qu'elle ressentit fut celle d'une tiédeur désagréable, du malaise provoqué d'ordinaire par les contre-passes. Je lui fis retirer la main de la table; elle se sentit débarrassée, et sa main droite redevint fraiche. Je lui dis d'imposer sa main gauche; la sensation de contre-passe fut encore plus violente. On eut beau répéter l'expérience, on ne fit que confirmer ces résultats. Cela prouve donc encore une fois *que la table était à la fois chargée d'Od positif et d'Od négatif*, conformément aux lois connues.

Je dis alors aux hommes de ne placer sur la table que leurs mains droites. En n'imposant également que sa main droite, la femme eut encore la sensation d'une tiédeur pénible; puis, ayant à la main droite substitué la main gauche, elle ressentit dans cette main une agréable fraicheur. Les hommes *imposant à la table leurs mains droites l'avaient donc exclusivement chargée d'Od négatif.*

Je fis retirer les mains droites, et poursuivis en faisant imposer à la table les mains gauches des opérateurs. La femme y ajouta sa main gauche; elle en ressentit une tiédeur désagréable; ayant remplacé sa main gauche par sa main droite, elle en ressentit une agréable fraicheur. *La table était chargée d'Od positif.*

Rien de plus clair que les conclusions à tirer de tout ceci : on voit que toutes les impositions de mains produisent sur les tables tournantes, des phénomènes qui découlent nécessairement de la pure application des lois odiques. Mains gauches et droites réunies donnent un mélange d'Od (+) et (—); mains droites d'Od (—) seulement; mains gauches, d'Od (+). On voit que leurs effets sur le corps humain sensitif ne sont que les réactions normales de l'Od (+) et de l'Od (—). Le principe actif de tous ces mouvements a donc, sans exception, tous les caractères de l'Od, et ceux-là seulement.

Direction de la force. — C'est par centaines de mille qu'on a fait, dans toute l'étendue des terres habitées, des expériences de tables tournantes; mais, lorsqu'elles n'ont pas eu pour mobile un simple sentiment de curiosité, on n'a point paru avoir d'autre but, en les faisant, que de vérifier la réalité du fait. Du moins, je n'ai jamais entendu dire qu'il en fût sorti quelque chose; je n'y ai jamais trouvé la moindre velléité de solution en ce qui touche la nature, la grandeur de la force efficiente, son origine, sa direction et autres questions connexes. Des hommes appartenant au monde scientifique, et qui en porteront la responsabilité, propageaient autour d'eux cette idée fausse qu'on pouvait, qu'on devait rejeter avec mépris pareil sujet d'étude, et les profanes n'avaient pas les connaissances voulues pour se livrer à des recherches méthodiques. Mais puisque l'existence de la force inconnue est maintenant établie d'une façon indéniable, la première question qui s'impose est certainement l'étude de sa direction. Nous avons suffisamment constaté que le mouvement ne se compose pas que d'une rotation, car il devrait se faire en ce cas autour de l'axe de la table : c'est ce qui n'a pas lieu. En réalité la table ne fait d'abord que décrire une sorte de trajectoire annulaire; si tout le phénomène consistait en une rotation autour d'un axe, les gens de la chaîne pourraient rester tranquillement assis, et la table, au milieu d'eux, tournerait sur elle-même : ce n'est pas ce qui se produit. La table, dès son premier bond, adopte une trajectoire excentrique; elle ne s'attarde pas au centre du cercle des opérateurs, mais en sort vivement; il faut que la chaîne se lève et la suive, si l'on veut la maintenir en mouvement. La table n'adopte donc pas une direction unique, mais son mouvement, très complexe, s'effectue sur la résultante d'un ensemble de directions combinées. Quelles peuvent bien être les composantes de ce mouvement? C'est ce qu'il fallait avant tout découvrir, en recourant à l'analyse.

Nous l'avons récemment constaté dans cette expérience où, sous l'action des demoiselles Beyer et Léopolder, la table fournit une course impétueuse; le mouvement se fait moins en évolutions circulaires que par bonds et sur des *éléments rectilignes*, sans ordre apparent; la table vole en ligne droite, tantôt par ci, tantôt par là; il en résulte qu'on ne peut considérer la trajectoire comme exclusivement circulaire, mais qu'en réalité il s'y présente aussi des éléments rectilignes.

Table-latte. — Pour pénétrer plus avant dans le phénomène, je fis construire l'appareil que j'ai décrit plus haut, une table-latte de 6 pieds de long, mais de 5 pouces seulement de largeur, les arêtes et les coins bien arrondis, les pieds se terminant par des demi-sphères en bois de 2 pouces d'épaisseur. Auprès de cette espèce de table, j'appelai 7 sensitifs, enfants, jeunes filles, femmes et hommes; je leur fis placer à tous leur main droite sur la latte, toutes les mains exactement placées dans le même sens, celui de la longueur de la latte. Au bout d'une demi-heure, la table se mit en mouvement, crépitant, craquant, comme les autres, *mais en ligne droite*, avec une vitesse croissante. J'ouvris rapidement devant elle les portes de 4 chambres qui donnaient l'une dans l'autre; elle les franchit aussitôt en droite ligne. Au bout de la dernière chambre, je fis faire demi-tour à la table : sans quitter la ligne droite, elle reprit le même chemin, en sens inverse. Je fis alors imposer les mains gauches: sans modifier son itinéraire, et sans hésiter, elle prit son vol. Les sensitifs ayant renversé les mains, elle revint sur ses pas en suivant gentiment une droite qu'on eût dite tracée au cordeau.

Mouvements rectilignes. — Là-dessus, je modifiai la position de mes sensitifs : je les disposai près de la table-latte, non plus dans le sens de la longueur, mais dans celui de la largeur; je leur fis imposer les mains transversalement, tous les doigts exactement parallèles entre eux, perpendiculairement à l'axe longitudinal de la latte. La table ne se fit pas attendre longtemps; mais elle ne marcha plus, comme précédemment, dans le sens de sa longueur. La chambre était spacieuse : elle la parcourut dans toute sa profondeur, suivant en ligne droite la direction de sa propre largeur. Je fis alors passer les sujets sur le côté opposé; je leur fis imposer les mains de la même façon; la table reprit le même chemin en ligne droite, avec une vitesse accélérée, parallèlement à sa dimension latérale.

Par cette expérience, j'avais mis au jour une loi fondamentale : « *la direction de la force motrice, ramenée à sa forme la plus simple, ne tend pas à faire tourner la table; le mouvement ne se fait pas autour d'un axe, il est rectiligne.* »

Fausses rotations. — S'il faut bien que cela soit vrai, comment se fait-il donc qu'en tous lieux du monde (c'est un fait notoire d'expérience) les tables décrivent des mouvements de rotation ; que partout on les voie tourner, tourbillonner ? Comment se fait-il que les tables dansent ? — C'est une question à laquelle il est facile de répondre maintenant. Nous venons de voir qu'en imposant les mains à la latte, de façon que les doigts soient tous exactement dans une seule et même direction, le mouvement se détermine à son tour exactement d'après la direction des doigts, aussi bien lorsque les mains sont disposées l'une derrière l'autre, dans le sens de la longueur de la table, que l'une à côté de l'autre dans le sens de sa largeur. La table-latte adopte toujours, comme direction, la direction particulière des mains et des doigts. Maintenant, qu'un certain nombre de personnes fassent la chaîne autour d'une table rectangulaire ou ronde, elles lui imposeront leurs mains sans se soucier de la direction de ces mains. Qu'en résultera-t-il ? Dans l'ensemble des opérateurs, chaque personne, chaque bras, chaque main, chaque doigt aura une orientation différente ; chaque doigt donnera naissance à une impulsion particulière ; autant il y aura de doigts sur le dessus de la table, autant il y aura d'impulsions à se croiser dans tous les sens, pour solliciter la table. Placés à l'Est, ils poussent la table à l'Ouest ;

placés au Nord, ils la poussent au Sud. La table n'a pas autre chose à faire que de se soumettre à toutes ces impulsions, en obéissant à toutes; que de se mouvoir dans toutes les directions, tantôt dans l'une, tantôt dans l'autre, c'est-à-dire de mêler toutes les directions, de varier à chaque instant, en décrivant des cercles; que de tourner, en un mot, d'une façon désordonnée. Les tables dansantes ne tournent donc pas en cercle ; elles procèdent, par saccades, dans toutes les directions où on les pousse, et c'est alors seulement qu'elles paraissent tourner. C'est là aussi ce que l'on constate toujours dans leur mouvement ; il n'y a pas continuité, mais succession de saccades à de courts intervalles, ce qu'on peut remarquer surtout au commencement du mouvement ; et ce n'est que plus tard, quand les saccades se succèdent plus rapidement, que, grâce à la rapidité de leur succession, elles cessent, pour l'œil, de paraître isolées et se fondent, en apparence, en une impulsion unique.

Si les tables tournantes parcourent parfois en ligne droite, sous l'influence de plusieurs mains, des espaces plus ou moins considérables, avant de réadopter une trajectoire latérale, à droite ou à gauche, cela provient des inégalités de force motrice chez les différents opérateurs. L'un n'agit que faiblement, l'autre a une action considérable, et parfois il peut arriver que plusieurs mains soient dirigées dans le même sens. Dès lors, toutes les fois que des forces plus développées, et dirigées dans le même sens, prennent le dessus, il arrive que la table parcourt un élément rectiligne, jusqu'à ce que d'autres influences viennent la détourner de cette voie. Nous en avons eu un exemple particulièrement net dans l'expérience où Mlle Beyer finit par être seule à faire obéir la table. Elle n'avait que ses deux mains, tantôt dirigées dans le même sens, tantôt plus ou moins divergentes : aussi la table courait-elle d'abord avec elle sur toute la longueur de la chambre, en droite ligne sur un point ou sur un autre ; puis, si la position des mains et de la tête venait à changer, elle tourbillonnait dans toutes les directions. Moins il y a de personnes à la chaîne, plus et plus souvent la table précipitera sa course sur des éléments rectilignes ; plus il y aura d'opérateurs, plus leurs pouvoirs moteurs seront relativement équivalents entre eux, et plus aussi la table tendra vers une trajectoire circulaire. Si elle se livre à des ébats ridicules, si elle tourne sur un seul pied, si elle s'incline et s'abat sur le sol, cela provient en partie de ces impulsions diverses qui se contrarient, et, plus fréquemment encore, des inégalités du sol, contre lequel les mains imposées l'appliquent fortement d'ordinaire.

Les rotations des tables, autour desquelles on fait la chaîne, n'ont donc rien de normal ni de régulier ; c'est le résultat confus des impulsions irrégulières qu'elles reçoivent de la chaîne ; c'est, en un mot, la confusion parfaite.

LOCALISATION. — Les expériences suivantes fourniront matière à réflexion sur la localisation du pouvoir rotatoire. Un de mes amis, le baron Oberlander, eut la curiosité d'étendre, sur une table tournante, une peau de chat les poils en dessus, et de s'en servir pour y appuyer les mains des opérateurs. La peau ne tarda pas à tourner, tandis que la table resta immobile. On a observé bien des cas analogues avec des tapis, tableaux, toiles cirées, assiettes, disques de bois, etc. A cet ordre de faits appartient encore une expérience qu'on nous communique de Nuremberg : Une table, soumise à l'action des mains, ne bougea pas de sa place ; mais le dessus de table qui avait été vissé sur son pied, se mit à tourner pour son compte, sans le pied ; et comme la rotation avait lieu de gauche à droite, la tablette tourna jusqu'à sortir de sa vis, et finalement faillit dégringoler de son pied. On la vissa de nouveau ; mais de nouveau aussi elle fit prévaloir sa volonté, et se dévissa à chaque expérience. Le fluide moteur, que les mains communiquent au plateau d'une table, ou à l'objet plat qu'on étend sur lui, ne se répand pas rapidement dans toute la table avec l'élasticité grande qu'on remarque par exemple dans l'électricité ; il se localise, dans une certaine mesure, à la surface du plateau sur lequel reposent les mains ; il se contente même, jusqu'à un certain point, de prendre position à la surface d'une toile cirée, d'une feuille de papier, d'une peau de chat qu'on étend sur la table ; il en fait l'objet d'une part déterminée de son activité, et se localise ainsi partiellement.

HOULE ET CHUTE DES TABLES. — Ce qui a toujours excité au plus haut point l'étonnement du monde, c'était de voir les tables houleuses, se cabrer, s'incliner, se renverser. Comment une table, à laquelle on ne fait qu'imposer des mains inactives, peut-elle se renverser d'elle-même sans avoir reçu la moindre impulsion dans ce sens? Ç'a toujours été le point le moins compréhensible et le plus étonnant du mystère. Mais décomposons avec soin les forces efficientes en leurs éléments, et nous ne tarderons pas à dégager clairement le mot de l'énigme. Les mains sont toutes placées, sur le plateau, dans un seul plan ; le transfert de la force, comme nous l'avons vu dans le cas de la peau de chat, s'opère principalement à la surface qui correspond à ce plan ; les impulsions que les mains impriment à la table ont toutes, pour direction, celle de ce plan qui est horizontal : le plateau de la table tend donc à se mouvoir horizontalement ; or il est invariablement lié au pied de table, et celui-ci est soumis à d'autres impulsions. Les doigts des pieds le poussent dans des directions autres que l'horizontale ; et quand enfin les opérateurs, au cours des évolutions de la table, se lèvent de leurs sièges, séparent leurs pieds de celui de la table, ou modifiant leur position par rapport à celui-ci, ce pied de table a reçu les impulsions les plus diverses. En résumé, le pied de la table prétend adopter des directions tout autres que celle du plateau, qui, sous l'action des mains, tend à se mouvoir horizontalement ; ce qu'il ne peut faire, car le pied de la table, au lieu de le suivre, l'entraîne à son tour n'importe où. Et maintenant, le résultat inévitable ? Il n'y en a pas d'autre, c'est clair, que de voir la table osciller tantôt dans un sens, tantôt dans l'autre ; elle surplombe d'abord, et finalement perd son équilibre. C'est le cas d'un corps rigide, soumis, dans ses diverses parties, à des impulsions multiples dont le sens est aussi variable que l'importance : que le centre de gravité s'écarte de la verticale sur laquelle il se trouve pendant l'équilibre, la suite inévitable sera de faire osciller, incliner, basculer et finalement tomber le corps en question.

Controverse. — « Mais... » — à ce mais gémissant, je vois déjà s'allonger bien des visages ; — « votre table-latte n'a pas du tout chez moi marché dans le sens de sa longueur ; votre table-latte n'a pas discontinué chez moi de marcher en largeur. Tout cela n'est que pure illusion... » — Ah ! vraiment ! Mais c'est ainsi qu'on parle de la lumière odique ; c'est ainsi qu'on s'exprime à propos de la Lohée ; c'est ainsi qu'on murmure en présence de la sensitivité ; c'est ainsi qu'on invective le pendule, sans oublier les effets de la lumière odique en photographie. En vérité, qui met la main à la pâte avec des idées préconçues, qui ne veut se décider, en matières si délicates, à procéder avec les précautions les plus rigoureuses, qui ne s'efforce pas de concentrer, comme en un foyer, les conditions essentielles à la reproduction d'expériences délicates, n'a plus qu'un moyen de se tirer d'affaire, c'est de rejeter sur l'auteur la responsabilité de ses propres fautes, et de nier la clarté du jour, alors que le soleil brille au zénith. Qu'on les traite ainsi, nos pauvres tables y sont bien habituées, et, quant aux miennes, il sera difficile qu'on les traite mieux, aussi longtemps que je vivrai. — « Eh bien ! et vos Mais ? »

Lorsque, pour la première fois, je fis faire la chaîne à mes sensitifs autour de la table-latte, je les disposai de part et d'autre de la table, en ayant soin, à dessein, qu'ils imposassent leurs deux mains sans aucun ordre. Je voulais voir comment se comporterait d'abord cet être difforme, laissé à lui-même, par rapport aux tables tournantes qu'on emploie d'ordinaire. Ce fut, en vérité, un drôle de spectacle que de voir, au bout d'une demi-heure, le monstre tourner en cage dans la salle, décrivant de grands arcs de cercle, allant et venant avec une rapidité de plus en plus enragée, avançant, reculant ; de le voir se heurter aux personnes qu'il atteignait de ses longs bras, et qui n'avaient pas le temps de se soustraire à sa poursuite ; de le voir enfin menacer de mettre sens dessus dessous tout ce qu'il rencontrait. Ce n'était là que la suite naturelle et normale de l'irrégularité apportée à l'imposition des mains ; c'était le pendant de ce qui se passe avec les tables tournantes. Mais, quand j'eus fait passer tous mes sensitifs d'un même côté de la latte, en ne leur faisant imposer que les mains droites, disposées exactement en file, l'une derrière l'autre, suivant une même direction, j'avais lieu de m'attendre, en répétant l'expérience, à retrouver chaque fois la marche en avant alignée au cordeau, dans le sens de la longueur de la latte. Or, tout à coup ma table prit une direction oblique; elle ne se lança pas, il est vrai, sur une circonférence, mais dévia de la ligne droite, sous un angle de 20°. Comme je n'avais là que des sujets ayant déjà une certaine expérience des travaux de ce genre, je ne pus me rendre compte de suite de cet écart; je découvris, enfin que, parmi toutes ces mains, l'une (et une seule) avait en avant quelque peu d'obliquité sur l'axe de la latte. Je corrigeai ce détail, je replaçai cette main exactement dans la file des autres, et, sans tarder, la table reprit sa course dans une direction rectiligne admirablement nette. Lorsqu'il s'agit de faire courir la table-latte dans le sens de sa largeur, elle s'en tira d'une façon supportable au premier essai, tout en montrant pourtant une certaine propension vers la droite. Au deuxième essai, elle parcourut toute la salle très bellement en ligne droite, ce qui me fit bien plaisir. Mais au troisième, ma joie n'était déjà plus sans mélange; si ma latte ne décrivait pas de cercle, elle marchait tout de travers, et, au quatrième essai, il lui passa par la tête de se mettre à tourner sur un cercle de grand rayon, anéantissant ainsi tous mes calculs. Je reconnus alors que la partie de la table qui cherchait à prendre l'avance, était toujours celle où se trouvaient les forces odiques les plus puissantes; j'intervertis l'ordre des personnes : quel que fût l'ordre, c'était toujours au point où les forces odiques étaient les plus puissantes, ou les plus nombreuses, ou encore à égalité de puissance, à distance inégale du milieu de la latte, et, dans ce cas, au point où s'appliquaient les forces les plus éloignées du centre, que la table prenait l'avance, la latte se ployant peu à peu sur la nouvelle direction. Pour faire la lumière sur ces actions relatives, j'éloignai de la latte tous les sujets, sauf deux que je savais posséder des forces odiques très inégales. Ces deux-là, je les mis aux deux bouts de latte; quand, après quelques minutes, celle-ci commença sa course transversale, l'extrémité où se trouvait le sensitif le plus puissant, prit délibérément l'avance. Je les fis changer de place : la latte reprit l'avance du côté du plus fort. Je fis alors placer celui-ci plus à l'intérieur vers le milieu de la table, le rapprochant ainsi du point milieu qu'on peut, dans une certaine mesure, considérer comme centre de rotation; la table se mit alors en route bien également des deux extrémités à la fois : les *deux opérateurs se faisaient équilibre*. A la suite de cette expérience, je rappelai tous nos gens sur un même côté de la latte, et par l'imposition des mains, je leur fis produire le mouvement en avant. Aussitôt, et plus vite que tout à l'heure, une des moitiés de la table reprit l'avance sur l'autre; agissant alors sur le parti prépondérant, je rapprochai du centre un certain nombre de sujets, et cela à plusieurs reprises. Enfin, je réussis à équilibrer les forces motrices, et, par suite, à faire mouvoir la table bien d'aplomb, de sorte, qu'ayant une égale vitesse à ses deux extrémités, elle se mit à parcourir la salle bien exactement en ligne droite et à angle droit sur les murs latéraux.

On voit donc que *des mains*, et surtout des extrémités des doigts, *jaillit une force répulsive* qui pousse les tables devant elle, mais qui n'a pas la même puissance chez les divers sensitifs; *elle ne se répand pas trop vite sur les objets qu'on lui oppose, mais agit sur un bras de levier, au point où elle y pénètre, comme ferait toute autre force motrice qui aurait, en ce même point, son point d'application.*

Les contradicteurs. — Et maintenant, encore un mot à l'adresse des partisans du : « Mais... » ... Combien peu, parmi le petit nombre de ceux qui pourront se résoudre à répéter ces mystérieuses expériences, seront assez patients, assez soigneux pour les préparer en conscience et avec une rigoureuse exactitude! Et si, imparfaitement conduites, elles ne réussissent pas du premier coup, qui aura la persévérance de les répéter jusqu'à ce qu'il arrive à les reproduire exactement telles qu'elles sont? Que de fois, depuis 23 ans, ai-je répété dans tous mes ouvrages, qu'on ne peut organiser d'expériences sur la lumière si l'on veut voir la lumière odique, que dans la chambre noire et seulement avec des sensitifs! Et pourtant, il me faut constamment lire dans les journaux, sous la plume même de professeurs, des comptes rendus d'expériences organisées avec des non-sensitifs avérés, et essuyer ensuite le reproche que mes assertions, cent fois contrôlées, sont fausses. Ces journaux feront-ils leur profit de ces observations? Il y a longtemps que j'ai perdu l'espoir de voir mes contemporains accorder à mes travaux la considération qu'ils méritent.

INFLUENCE DE LA DIRECTION DES MAINS SUR LA COURSE DE LA TABLE. — Mais je continue l'analyse de mes observations personnelles. La direction des doigts s'était révélée comme la régulatrice des corps en mouvement; si c'était exact, on devait pouvoir en contrôler l'exactitude sur les tables mêmes. Voyons donc un peu ce qui se produit.

En pleine course des tables, je donnai fréquemment l'ordre de tourner toutes les mains à droite; dans cette position, tous les doigts prenaient, sur le pourtour de la table ronde, la direction de la tangente à l'extrémité du rayon. Instantanément la table vagabonde se mettait à tourner, d'une façon permanente, de gauche à droite. Je commandai alors brusquement : « Toutes les mains à gauche! » et, sans hésiter, le mouvement s'inversait et la table travaillait en cercle à gauche. Toutes les fois que je déterminais nettement la direction des doigts, la table prenait un mouvement : rectiligne si les doigts étaient tous parallèles à une même direction; curviligne si ces directions divergeaient entre elles. Il était indifférent, au point de vue du résultat, d'employer uniquement des mains droites ou des mains gauches, ou l'ensemble des deux mains, pourvu que les doigts fussent en file les uns derrière les autres, ou parallèles les uns aux autres : le mouvement ne cessait pas d'être rectiligne. J'étais si bien maître de la course des tables et de sa direction, qu'elles obéissaient à mes ordres comme des gaillards en chair et en os. Les tables justifiaient donc, tout aussi bien que les lattes, les lois que j'avais découvertes sur le sens de la force inconnue, et ne faisaient que les confirmer.

Ce n'était pas tant le nombre des mains employées que la puissance sensitive; ce n'était pas tant, par suite, la quantité qu'une certaine intensité du pouvoir moteur sensitif, qui facilitait ou rendait plus pénible l'apparition du mouvement. Les sensitifs supérieurs parvenaient à mettre en mouvement non seulement un chapeau, mais assez souvent, à eux seuls, une table complète; ces haut-sensitifs y réussissaient surtout facilement quand ils venaient de produire, en compagnie, le mouvement d'une table. Alors, il n'était pas rare qu'un seul doigt fût suffisant à prolonger le mouvement d'une table surprise dans sa course.

Faculté de s'accumuler. — La force motrice a la faculté de charger les corps : c'est ce qui résulte de nos premières observations; les tables reçoivent cette force des mains des opérateurs, et s'en garnissent, pour ainsi dire, à pleins bords. Mais cela ressort plus clairement des expériences dont j'ai parlé à propos de Mlle Zinkel. Quatre hommes avaient imposé les mains pendant un bon moment à une table et les avaient ensuite retirées; bientôt après, en imposant à son tour les mains, cette demoiselle constata que la table était encore sous l'empire des mêmes forces qu'y avait introduite l'imposition des mains des quatre hommes. Ces derniers avaient donc infusé à la table un fluide quelconque, dont la plus grande partie persistait après leur éloignement, et révélait sa présence par des effets physiologiques. Peut-être la persistance de cette charge n'est-elle qu'apparente et ne s'agit-il ici que d'un corps amené à un état vibratoire particulier; on peut alors considérer le fait comme provenant d'une accumulation de force vibratoire. Le cas est élastique, et chacun peut l'interpréter à son gré.

Conductibilité. — Cette force est conductible, soit qu'elle traverse les corps de part en part, soit qu'elle se transfère sur eux : la preuve en est dans les deux expériences où on se servait de tables munies soit de cordages, soit de baguettes de laiton; sans avoir aucun contact avec la table, mais en saisissant seulement à la main, pendant un bon moment, les engins accessoires, on provoquait intégralement le mouvement. Le principe moteur s'était donc transféré, à travers le chanvre et le laiton, jusque dans les tables.

Temps que le phénomène met à se produire. — Le temps qu'on met à produire le phénomène est variable : il dépend, d'une part, de la quantité de sensitivité dont sont doués les opérateurs; de l'autre, du nombre des mains et des doigts qu'on y occupe; enfin, de l'exactitude qu'on met à donner aux mains et aux doigts une seule et même direction. Ordinairement on voit les opérateurs rester assis autour de la table une demi-heure à une heure avant que le bois se mette en mouvement; dans bien des cas, c'est ce que j'ai observé moi-même. Mais nous avons vu aussi que la demoiselle Beyer, aidée seulement d'une autre personne, arrivait à produire la course la plus rapide en vingt minutes et parfois même en dix. Nous avons constaté une prestesse analogue chez d'autres haut-sensitifs ; en revanche, avec des sensitifs plus faibles, fussent-ils nombreux, la préparation était très longue, et, s'il s'agissait de non-sensitifs, les tables ne bougeaient pas.

La quantité des mains qui coopèrent accélère naturellement beaucoup l'apparition du phénomène. N'oublions pas non plus l'utilisation des pieds, qui a autant de valeur que celle des mains. Cependant ce n'est pas toujours le grand nombre des mains qui produit une accélération : nous en avons eu plus haut un exemple. Plus on excluait de personnes de la chaîne, plus était rapide la course de la table, qui finalement, sous l'action d'une seule femme, atteignait le maximum de rapidité. Des opérateurs mal doués sont comme un boulet qu'entraîneraient dans leur élan les mieux doués dont ils paralysent l'action efficace. La femme maladive du docteur Mayerhofer et le comte Szecheny, qui souffrait d'une éruption de dartres, paralysaient le pouvoir rotatoire de sociétés entières. Le bon effet d'une action d'ensemble des mains, résultat de leur exact parallélisme, se révélait surtout puissamment efficace pour accélérer l'apparition du mouvement de la table-latte, qui se produisait fréquemment au bout de dix à quinze minutes. Le temps que le mouvement met à se produire comme à cesser s'accroît du reste, s'il se produit un afflux continuel de force nouvelle, si bien, qu'après avoir débuté lentement, le mouvement peut s'accélérer de plus en plus et nous montrer finalement, comme avec la Beyer et d'autres, des tables se livrant à une course furieuse.

LOHÉE. — Sur des tables rondes (qui n'ont pas d'angles), on ne constate l'existence que d'une faible quantité de Lohée odique à la périphérie, et encore du côté sud seulement. Mais quand la table est soumise à l'action des mains, au moment surtout où elle se met à crépiter, si du côté sud on retire brusquement les mains de façon à débarrasser ce bord de la table, les sensitifs y voient une Lohée de deux à trois pouces de long. *La grandeur des Lohées indique donc l'approche du mouvement:* plus la Lohée s'élève, plus on est proche du début du phénomène.

Je disposai, sur les tables en mouvement, divers objets destinés à me permettre d'observer *la répartition des Lohées*, cristaux, aimants, menus objets en bois, flacons de verre, cloches de machine pneumatique, bougies allumées : tous présentèrent des Lohées bien plus puissantes que quand ils étaient abandonnés à eux-mêmes. Tel objet qui, à part soi, donnait un demi-pouce de Lohée, se lohisait à la hauteur d'un demi-pied lorsqu'il reposait sur la table; lohée d'autant plus forte que le moment de la mise en marche approchait davantage. On constatait souvent, à l'extrémité sud de la table-latte, des Lohées de huit à neuf pouces de longueur.

Phénomènes lumineux. — Il est du plus haut intérêt, pour confirmer tous ces phénomènes et leur validité, d'expérimenter si, dans la chambre obscure, ils supportent le contrôle de phénomènes lumineux, dans le sens que nous y attachons dans la théorie de l'Od. Je n'ai donc pas hésité à entreprendre des essais de tables tournantes dans une obscurité parfaite : on peut en suivre admirablement tous les détails. (*L'Homme sensitif*, 2e vol., page 121). Une société de 8 sensitifs eut la patience de rester d'abord 2 heures dans les ténèbres, attendant que tous pussent voir la lumière odique avec une netteté suffisante; puis de se laisser conduire par moi à une grande table tournante circulaire que je tenais en réserve. Ils lui imposèrent les mains suivant les règles habituelles, et se mirent alors en mesure d'observer les lueurs qui ne pouvaient manquer d'émerger de ces épaisses ténèbres.

Des doigts placés sur la table émanaient des lueurs odiques; on vit alors s'étendre sur cette table de longues traînées rectilignes et brillantes, à raison de une par doigt. Sur tout le pourtour se développait un large anneau brillant dont la largeur égalait la longueur des mains. Au centre de la table se forma une grande tache ronde brillante, où se réunissaient les traînées lumineuses émanées des doigts. L'intensité lumineuse de cette tache et de l'anneau alla croissant; tous deux grandirent, progressèrent, en marchant l'un vers l'autre, s'atteignirent enfin, et l'on put voir alors le plateau tout entier de la table prendre un aspect brillant, comme si on l'eût couvert d'une nappe blanche. C'était au moment où la table se mettait à crépiter, à craquer, à osciller, pour finir par prendre sa course. A l'instant même où cette course commençait, l'éclat de la lueur qui couvrait la table atteignit son maximum. Le pied de la table brillait aussi, et les extrémités de ses branches, en glissant sur le plancher, laissaient derrière elles de larges traînées brillantes sur lesquelles passait la chaîne qui suivait la table. Cependant les personnes elles-mêmes brillaient graduellement d'un éclat plus vif; elles prenaient l'aspect de gens vêtus de linges blancs comme la neige; leurs mains, leurs visages, avaient la blancheur du marbre et elles ressemblaient à de vivantes statues. L'impression était si nette que les opérateurs distinguaient les visages à leurs traits, et qu'ils pouvaient se reconnaître entre eux.

Avant que la table se mît en mouvement, et tandis que les sensitifs étaient encore aussi autour d'elle, il s'était élevé de son centre un globe brillant qui reposait sur la table; il était, au début, suivant l'un, de la grosseur d'une cloche de machine pneumatique; un second le comparait à un melon; un troisième, à une tête de chou. Peu à peu il gagna en hauteur, atteignit la taille d'un homme, puis s'éleva jusqu'au plafond; pareille à une colonne cylindrique de lumière subtile, l'apparition se dressait formidable au milieu de la table. Au plafond s'étalait une clarté blanchâtre de la grandeur de la table; tout autour de ce cercle, une couronne de disques ronds, lumineux, que produisaient les têtes de personnes assises à la chaîne. A l'intérieur de la colonne lumineuse, tous les observateurs purent remarquer de petites étincelles brillantes, comme ils en avaient vues déjà souvent dans d'autres occasions.

Dans l'ignorance où j'étais de ce que pouvait être ce nouveau phénomène si remarquable, je dis à mes sensitifs de retirer leurs pieds du pied de la table, et de les ramener sous leurs chaises aussi vite que possible : la colonne lumineuse se mit aussitôt à pâlir, et, avant qu'une minute se fût écoulée, il n'en restait presque plus trace. De nouveau on remit les pieds sur leur appui pour les retirer ensuite : de nouveau la colonne jaillit du plateau et s'éleva jusqu'au plafond, pour disparaître ensuite. Je fis alors appuyer au pied de la table les pieds droits seulement : la colonne reparut, mais avec une teinte bleu-pâle. J'ordonnai alors de retirer les pieds droits et d'appuyer les pieds gauches : la teinte bleue se perdit, et l'on vit la colonne briller d'un nouvel éclat, mais avec une teinte jaune-rouge. Ce sont là les effets d'influences exercées, par les doigts des pieds, sur le support de la table, et de purs phénomènes qui parlent d'eux-mêmes à qui possède des connaissances en fait d'Od.

Toutes ces lueurs avaient un éclat moindre tant que la table restait immobile, mais vous frappaient d'un éclat plus puissant dès que la table se mettait en mouvement. Cet éclat cependant ne dépassait pas celui qu'on est accoutumé de voir à la lumière odique en d'autres moments.

Dans ces expériences, il y avait deux haut-sensitifs que je n'avais pas appelés à faire partie de la chaîne, mais que j'avais gardés à ma disposition comme simples spectateurs. Ils ne perdirent rien de tous ces phénomènes, et l'accord fut parfait entre eux tous. Mais, dès qu'ils plaçaient une main sur la table, leurs facultés visuelles s'aiguisaient étonnamment, et plus encore s'ils y plaçaient les deux mains. La table avait donc sur eux une action en retour, une action sorétique, qui donne immédiatement beaucoup plus d'acuité aux sens de tous les sensitifs, et leur procure un supplément de puissance visuelle.

En ne faisant asseoir à la table que les quatre femmes, toutes les lueurs prirent un éclat plus puissant, et, comme contrôle immédiat, je vis s'augmenter la rapidité du mouvement de la table. Quand je n'employais que les quatre hommes présents, tout le phénomène perdait en clarté ou en force : mais il faut dire que les femmes étaient toutes également bien mieux douées que les hommes, au point de vue sensitif.

Je fis faire des changements de mains de la façon suivante : toutes les mains étant tournées à droite, je fis mettre en avant tantôt les mains gauches et tantôt les mains droites ; toujours la table brillait d'un éclat plus vif quand les mains gauches avaient le pas sur les mains droites, en même temps que les rayons jaunes de l'Od prenaient plus d'importance dans l'espace. L'éclat était plus mat, plus pâle, la teinte bleuâtre, quand c'étaient les mains droites qui se trouvaient en avant.

Un jour que les lueurs et la course de la table avaient atteint leur maximum pour la soirée, les deux sensitifs les mieux doués virent paraître en même temps le *spectre odique* (*Les Dynamides*, etc., § 489-590; *L'Homme sensitif*, 2e vol. p. 404); les lueurs tabulaires s'élevaient en zone irisée à proximité du dessus des bouts des doigts, c'est-à-dire du côté qui faisait face au centre de la table, en forme d'arc-en-ciel circulaire, reposant à la surface du plateau, et tel qu'il se produit régulièrement, on le sait, dans certains travaux en chambre noire.

Une autre fois, la table qui était bien en course fit halte tout à coup, et tout aussitôt reprit la direction opposée, allant maintenant de droite à gauche; peu après, elle se ravisa et reprit la direction primitive. Dans l'obscurité, il m'était impossible d'en saisir le motif; mais j'entendis alors dire que Mlle Zinkel, debout en dehors du cercle, les mains dans le sens du rayon, avait placé l'une de ses mains tangentiellement à la table en la dirigeant vers la gauche; lorsqu'elle l'eut retirée, la table reprit pendant quelques secondes l'immobilité, et se remit ensuite en mouvement dans le sens opposé, vers la droite comme auparavant. Tant les corps tournants sont sensibles à la direction des mains qu'on leur impose.

Et dans tous les phénomènes lumineux, que distinguons-nous? c'est que la série de ces phénomènes n'est en entier que la répétition des manifestations successives de la lumière odique, telles que nous les avons eues sous les yeux, sous cent formes différentes, dans les précédentes communications que je vous ai faites.

La Santé. — Dans quelle situation se trouvent les personnes qui font la chaîne autour de la table tournante? A en croire la demoiselle Beyer, cette situation est fort pénible pour elle, haut-sensitive, placée qu'elle est entre l'*impérieux désir de dormir* et *la nécessité de veiller*. Ces deux sentiments se combattaient en elle; elle ressentait donc nettement les effets qu'exerçait sur elle la charge mixte d'Od (+) et d'Od (—).

La même personne représente, comme particulièrement douloureuse pour elle, la sortie de la chaîne pendant l'imposition des mains, d'opérateurs isolés; elle en ressentait inévitablement un tourment inénarrable, avec la sensation qu'on lui arrachait les entrailles (*L'Homme sensitif*, 1er vol. pp. 342 et suiv.) « Dès qu'un « opérateur isolé abandonne la table, j'en ressens, dit-elle, le « contre-coup jusque dans la moelle des os. Lorsque, en dépit de « mes instances, tous les opérateurs abandonnent la table, je n'ai « plus d'autre recours, dans mon douloureux désespoir, que de « joindre les mains et de les presser fortement l'une contre l'autre. »

L'espace nous manque ici pour établir l'étroite connexion de tous ces phénomènes avec les lois odiques; mais les initiés la devineront d'un coup d'œil.

Pendant l'opération déjà, mais plus encore l'expérience une fois terminée, on constate dans la santé des sensitifs qui y participent, des *désordres* nombreux. Il arrive fréquemment que les personnes jeunes et vigoureuses n'en ressentent pas les suites, ou n'éprouvent qu'une sensation, sans importance, de lourdeur dans les bras. Des personnes plus sensibles se plaignaient de sensations analogues à celles qu'auraient produites des contre-passes; beaucoup accusaient de la lourdeur dans la main droite et dans le bras; quelques-uns étaient pris de maux d'estomac, d'autres de maux de tête; un certain nombre, de dévoiement subit. Certains parfois se mettaient à frissonner si fort que les dents leur claquaient horriblement, comme à Mlle Beyer. D'autres, en revanche, avaient si chaud, qu'ils se couvraient d'une sueur qui se localisait quelquefois sur l'un des côtés de leur corps : c'est ainsi que je vis le sieur Klein rouge et couvert de sueur sur tout son côté gauche, tandis que le côté droit restait froid et sec. Souvent on voyait se produire des maux de cœur, des convulsions, puis arrivaient les crampes cloniques, comme chez le sieur Schuler; plus d'une fois, j'ai constaté des syncopes. Les deux dames von Offenheim, la mère et la fille, étaient prises de somnambulisme à la simple imposition de leurs mains sur la table, avant même qu'elle soit mise en mouvement.

J'avais un soir occupé Mlle Zinkel, de 7 h. 1/2 du soir à 10 h. 1/2, à des essais de tables tournantes : pendant tout ce temps, elle ne ressentit aucun malaise; mais, lorsqu'elle voulut se mettre au lit et dormir, elle ne put goûter un instant de repos. Des crampes passagères, de nature encore inconnue pour elle, la poursuivirent trois heures durant. Ce n'était pas l'habituel mal de tête ou d'estomac, mais de petits tressaillements convulsifs, mille fois répétés, qui l'enveloppaient. Ce furent les doigts des pieds d'abord qu'ils circonscrivirent, puis les doigts des mains, la jambe au-dessus du mollet; enfin, crampe en plein mollet. Brusquement, des convulsions transversales çà et là, sur les mains, dans les bras, le visage, les muscles labiaux, les paupières, divers endroits de la face, par places dans l'épine dorsale, sur le front, derrière la tête, à la nuque, aux épaules, dans le ventre, sur la poitrine, dans le creux des jarrets, dans l'aine, sous le nombril, dans le nez, aux tempes, dans l'oreille gauche, dans les gencives, dans les fesses, la plante des pieds, etc. Elle cherchait, en frottant les parties où se produisait la crampe, à améliorer sa position; mais quand, sur un point, elle était parvenue à la chasser, la crampe reparaissait en un autre point très éloigné. Ce fut toute la nuit une suite ininterrompue de crampes passagères sautant brusquement d'un point à l'autre de son corps.

Mlle Beyer était prise parfois de somnambulisme pendant la course de la table; il lui arriva d'avoir un accès la nuit qui suivit, et de se retrouver, en s'éveillant, occupée en chemise à soulever un coffre bien trop lourd pour ses forces. Après chaque séance de tables tournantes, eût-elle même eu lieu le matin, M. Czapeck ne pouvait dormir de la nuit.

Les demoiselles Léopolder et Beyer souffrirent pendant plusieurs semaines de crampes qui descendaient du ventre dans les cuisses. Il se présenta des cas où des opérateurs sensitifs entendaient ce que disaient leurs compagnons d'expérience, mieux que ce que disaient les spectateurs : ils étaient donc, avec la chaîne, en communication pour ainsi dire magnétique.

Chez Mlle Martha Léopolder, chez Richard Schuler et bien d'autres, se développait une insurmontable aversion, non seulement contre leurs compagnons d'expérience, mais encore, avec une violence toute particulière, contre toute leur parenté : c'est ce que nous avons constaté souvent, du reste, chez des somnambules, pendant l'accès et même en dehors de l'accès. Cela alla même si loin chez Martha que, presque un mois durant, elle ne put supporter la vue d'objets destinés aux expériences, sans tomber aussitôt dans des accès de crampes cloniques. L'aversion réciproque qui s'empara de ces deux personnes, la demoiselle Léopolder et R. Schuler, était bien surprenante : pendant des semaines entières, il leur suffisait de s'apercevoir pour être repris de crampes, eux qui d'ordinaire vivaient dans la meilleure intelligence ; quand Martha n'aurait fait que marcher derrière lui, sans qu'il le sût, Schuler était aussitôt tout secoué d'accès convulsifs ; il était forcé de modifier sa route, en se rendant à sa place dans l'atelier, pour ne pas la rencontrer.

C'est souvent un effet du hasard qui, au bout d'un certain temps, réveille et ranime cette disposition à la crampe ; ainsi le sieur Schuler, quinze jours après une expérience, écrivait une lettre : pendant qu'il écrivait, les mêmes crampes dans la main, le bras et le pied, qui l'avaient saisi lors de l'expérience, le reprirent de nouveau. La cause réside ici dans l'acte même d'écrire, et dans la crampe des écrivains qu'il avait provoquée ; cette dernière avait instantanément fait cause commune avec les crampes, encore existantes à l'état latent, qui provenaient des tables tournantes, et l'accès s'était déclaré. Une autre excellente sensitive, la dame Kowats, vint me voir un jour où quatre femmes, depuis une demi-heure, s'efforçaient en vain de mettre, chez moi, une table en mouvement. A peine y eut-elle mis les mains, quelques minutes, que la table prit sa course en plein ; mais, en même temps, à peine avait-elle imposé les mains, qu'elle ressentait une tiédeur pénible, un fourmillement qui remontait tout le long de ses bras, comme une armée de vers. Là-dessus, ses mains se couvrirent de sueur au point d'en dégoutter sur la table. Pendant la course de la table, les réactions sorétiques prirent sur elle une telle influence qu'elle fut près de se trouver mal ; bientôt après, elle fut prise d'un violent mal d'estomac et de crampes cloniques qui la faisaient vaciller. Au cours d'une séance, on dut emmener, à moitié défaillant, le docteur Smreker.

Ces états de santé et bien d'autres analogues, quand ils proviennent de la participation aux expériences, durent souvent un ou plusieurs jours, et parfois des semaines entières. Mais, en tant qu'affections survenues à la suite d'actions sorétiques, il est facile de les guérir : il n'y faut qu'un court traitement némétique. Avec 6 à 10 passes directes, depuis les yeux jusqu'aux doigts des pieds, on arrive d'ordinaire à les faire cesser complètement. Tous ces accidents, qui souvent épouvantent les ignorants, sont sans importance et n'ont pas de suites fâcheuses.

La source d'où dérivent tous ces désordes de courte durée, il faut la chercher dans les lois qui régissent l'Od.

Quand un sensitif impose les deux mains à la table, nous avons vu que ses doigts se prolongent, sur le plateau de la table, par des raies brillantes, de nature odique; puis que ces raies s'élargissent, couvrent peu à peu toute la table et forment, à sa surface, un cercle plein; ce n'est, à proprement parler, qu'une charge odique à la fois positive et négative. Comme contrôle, à côté des sensations produites, nous avons la Lohée qui émane des tables et de tout ce qu'on leur superpose, en bouillonnant abondamment sur les bords. Preuve presque superflue : j'ai placé un verre d'eau sur la table tournante, une fois sur le plateau, une autre fois sur les pieds; et, au bout de 5 minutes, je l'ai donnée à goûter aux sensitifs. Ils lui trouvaient un goût très désagréable, répugnant; l'eau leur grattait la bouche et la gorge, à la fois tiède et fraîche, ce qu'en Autriche on appelle « raas », et en Allemand du Sud-Ouest « râs »; en un mot, ils lui trouvaient toutes les propriétés qu'une longue expérience leur avait appris à reconnaître dans une eau chargée d'Od au moyen des deux mains, c'est-à-dire à la fois positive et négative.

Mais la table ne s'en tient pas là : chargée d'Od, elle agit en retour par refoulement sur le sensitif qui l'a chargée; et, tout en se chargeant elle-même, le charge à son tour par réciprocité. A mesure que la charge s'accroît dans la table, elle s'accroît aussi dans le sensitif, au point, nous l'avons vu, que ses vêtements brillent dans les ténèbres, et qu'il prend l'aspect d'un buste de marbre, blanc comme la neige. Cette *charge en retour* reflue des mains le long des bras, gagnant la tête pour redescendre ensuite dans le corps. L'état du sensitif se rapproche donc de celui que provoqueraient des contre-passes continuelles, et c'est justement ce que nul sensitif bien doué ne peut supporter. La table agira sur lui, en retour, comme feraient des contre-passes et de l'accumulation d'Od par le refoulement. On verra paraître successivement l'inquiétude, le sentiment de lourdeur, les transes, le tremblement, les douleurs rhumatismales, les maux de tête, le vertige, la sueur, le mal d'estomac, les maux de cœur, les tumeurs du creux de l'estomac, les crampes, l'évanouissement, de temps à autre enfin des accès de somnambulisme, tous les désordres en un mot que tout le monde sait être la suite habituelle des tables tournantes, mais qu'on n'a jamais expliqués. Et comme une charge odique, nous le savons, ne met pas grand empressement à disparaître d'elle-même, il arrive que les sujets ressentent souvent les malaises pendant un jour ou deux, et parfois pendant toute une semaine. Un enfant sensitif, que j'employais quelquefois aux tables tournantes, restait régulièrement souffrant pendant cinq ou six jours, ce que je n'ai su que plus tard. On rapporte qu'une femme, s'éveillant la nuit, après avoir pris part à une expérience, fut fort effrayée de voir son mari, dormant à ses côtés, briller sur tout son corps.

Tous ces phénomènes, tous ces désordres dans la santé, reproduisent sans exception la série des désordres que j'ai déjà fait connaître et que j'ai discutés, tels qu'ils proviennent, purement et simplement, des contre-passes et des refoulements odiques. C'est avec facilité, et plus vite même qu'ils ne se développent, qu'on peut les guérir là où ils se produisent, et les faire disparaître : il suffit exclusivement d'un petit nombre de doubles passes odiques.

Coup d'œil rétrospectif.

Le mouvement des tables, phénomène jusqu'ici impitoyablement rejeté par les physiciens comme une niaiserie, n'est pas une chimère. D'une part, son action sur la santé des sensitifs ; de l'autre, la possibilité de le produire par l'intermédiaire de cordes lâches, répondent aux lois *actuelles des sciences naturelles* et prouvent surabondamment que c'est là une réalité bien établie de la physique. Pour produire ce phénomène, il faut des hommes bien portants, pas trop fatigués, de bonne humeur, et surtout des sensitifs.

Prenez quelques-uns de ces hommes; qu'ils imposent les deux mains à des tables libres, et les doigts de leurs pieds au pied de la table, au bout d'un moment ces tables prennent un mouvement continu.

L'usage d'un peu de vin accroît la force rotatoire; l'usage du café la déprime. Comme objet à faire mouvoir, on peut prendre n'importe quel corps solide, s'il n'est pas fixé au sol.

On accélère le mouvement en joignant les mains avant de les imposer, comme en imposant les mains avant de saisir les cordages, ou en imposant la tête à côté des mains. L'action des hommes et celle des femmes ne présente pas de différence notable. La force motrice croît avec le nombre des personnes et avec leur degré de sensitivité.

La volonté peut-elle influer sur le phénomène? La question reste réservée.

Comme exemples expressifs, nous avons les expériences de Londres, de Vienne et du château de Reisenberg; toutes prouvent que ces phénomènes dépendent uniquement des charges odiques.

La direction de la force ne tend pas à faire tourner les corps, mais à les faire progresser en ligne droite. Les tables ne tournent pas, ne dansent pas; mais, toute influence perturbatrice mise de côté, elles suivent la ligne droite : c'est la direction des doigts imposés qui donne aux corps tournants leur direction.

La force motrice peut s'accumuler sur d'autres corps; elle est conductible à travers eux et transférable sur eux. La vitesse du fluide est médiocre; dans son mouvement, il marche de pair avec la Lohée odique. La force se localise en partie sur les surfaces où se fait la charge, ce qui amène le renversement des tables; et, dans les ténèbres, elle se dégage en même temps que la lumière odique.

Comme dans les contre-passes odiques, la réaction des charges tabulaires à travers les mains occasionne, dans la santé des sensitifs, des désordres qui peuvent aller jusqu'aux défaillances et aux convulsions. Mais, avec des passes directes, on les fait disparaître instantanément.

CONCLUSION GÉNÉRALE

Réunissons, en un tableau comparatif, les caractères *communs* aux faits suivants, dans leurs relations avec les sensitifs :

1. — Lohée émanant de corps solides ou fluides;

2. — Phénomènes de lumière odique;

3. — Phénomènes d'approche des extrémités des doigts des deux mains;

4. — Phénomènes d'approche des extrémités des doigts vis-à-des plantes, cristaux, aimants, substances simples amorphes;

5. — Prise, entre les doigts, de cristaux, métaux, verre, etc.;

6. — Imposition, aux extrémités des doigts, de cristaux, cartes, etc.;

7. — Mouvement des aimants, en équilibre au bout des doigts, à l'encontre de leurs pôles;

8. — Contact des doigts et du fil pendulaire;

9. — Imposition des doigts et des mains en grand nombre sur des corps solides, tables, etc.

Nous découvrons, au premier rang, *des attractions* et *des répulsions*, c'est-à-dire *des manifestations de force* d'un genre tout à fait particulier. Détaillons :

1° La Lohée est éjaculée avec une certaine vitesse; la façon la plus simple de figurer le phénomène consiste à tenir verticalement, la pointe en bas, un doigt, un cristal, un aimant. Le courant s'en échappe dans la direction du sol pendant un bout de chemin, puis se retourne et remonte dans la direction opposée. Sa tendance naturelle est en effet de s'élever; mais, lancé d'abord avec une certaine force vers le sol, par propulsion, ce n'est qu'après avoir usé cette propulsion qu'il a pu reprendre sa direction naturelle et se diriger de bas en haut. Sa production était donc liée à un certain développement de force, de nature répulsive.

2° C'est tout à fait le cas de la lumière odique, qui, sur tous les points, se manifeste simplement comme une seconde forme de la Lohée.

3° La cause qui, à une certaine distance, attire, les unes vers les autres, les extrémités des doigts, et finalement les fait adhérer entre eux, est une attraction réciproque, développée aux deux pôles, une force bien déterminée qui leur est inhérente et qui provoque des mouvements. Une fois à saturation elle se transforme en répulsion.

4° C'est la même force qui produit les mêmes effets (en regard des doigts et de la même façon), sur les pointes des cristaux, les pôles des aimants, les substances amorphes, simples ou composées.

5° Des cristaux, des baguettes métalliques, de petits disques de verre, simplement tenus entre deux doigts, prennent un mouvement de rotation qui leur est propre, sous l'action d'une force que les doigts leur communiquent.

6° Des cristaux, des cartes, des baguettes de verre, tout corps mis sous forme de disques ou de minces baguettes plates, lorsqu'on les met en équilibre au bout d'un doigt, tournent librement, comme s'ils étaient animés, sous l'action que leur imprime une force qui leur est étrangère; et, dans ce phénomène, le côté du corps humain qui leur est odiquement isonome, exerce sur eux une répulsion.

7° Dans les barreaux aimantés, la chose est poussée si loin que cette force extérieure prend le pas sur la force d'attraction magnétique, inhérente aux aimants. S'il y a conflit, la première, par répulsion, contraint l'aimant à tourner en sens inverse de sa tendance naturelle.

8° Sous l'action des doigts, le pendule sort de sa position d'équilibre; saisi qu'il est par une force qui le fait osciller, force émanant des doigts et du corps du sensitif, et de nature répulsive.

9° Des corps solides, objets mobiliers petits et gros, de toute espèce, boites, tables légères ou lourdes, reçoivent des doigts et des mains une infusion de force qui les contraint d'abandonner leur place et finalement les entraîne à des mouvements très vifs. Sous l'action de l'homme, tous vont de l'avant, obéissant ainsi à une force de répulsion. Le mouvement de tables que l'on a déclaré incompréhensible, et que, pour cette raison même, on a, chose plus extraordinaire encore, trouvé si choquant, n'a plus rien de surprenant dès qu'on remarque que la faculté de se mouvoir ne leur est pas particulière, mais que le mouvement se produit absolument comme celui des cristaux, des aimants et autres corps, qui tournent *sur* ou *entre* les doigts; que le mouvement provoqué par les doigts résulte des mêmes impulsions et obéit aux mêmes lois. La seule différence, sans importance du reste, c'est que, dans un cas, la substance se trouve *au-dessus* des doigts, et que, s'il s'agit des tables, elle se trouve *sous* les doigts. Finalement, c'est tout un. Aussi le résultat est-il nécessairement unique : c'est le mouvement en avant.

Tous ces phénomènes, de 1 à 9, s'appliquant à toute la série des corps, depuis l'homme jusqu'à l'atome, depuis les produits gazeux jusqu'aux masses solides pesant des quintaux, ont donc un point commun : ils revèlent tous des manifestations de force de nature attractive ou répulsive.

Ils vont plus loin dans ce sens : tous ont, avec les phénomènes odiques, les plus intimes relations. C'est ce que j'ai montré pour chaque fait pris isolément dans tout le cours de cette analyse. Ils en dérivent directement. Toujours la charge odique met en mouvement les corps, pourvu qu'ils aient une indépendance suffisante et qu'ils soient susceptibles de se charger d'assez grandes quantités d'Od. *La grandeur de la Force* est toujours proportionnelle à la grandeur de la charge odique et à sa tension. *Le sens de la Force*, coïncidant avec la direction rectiligne du courant odique (qui s'échappe des doigts, des cristaux cylindriques et des barreaux aimantés sous forme de Lohée et de Lumière odique), tend à pousser les corps en avant sur la ligne droite. Enfin, quel que soit l'aspect sous lequel on les considère, la présence de ces phénomènes coïncide, régulièrement et sans exception, avec celle de l'Od; elle fait donc partie intégrante des propriétés de ce fluide.

Puisque l'Od possède le pouvoir moteur, et par suite vient s'ajouter aux Dynamides de la Chaleur, de l'Électricité, du Magnétisme, de la Lumière, il a sa place marquée au milieu de ces Dynamides. Puisque l'Od se rapproche davantage du Principe vital et pénètre plus intérieurement dans l'Être vivant, qui lui doit le Dualisme, il doit occuper dans la nature, qui en est toute imprégnée, une place plus élevée que celle des autres Dynamides connus, quels qu'ils soient. Il y a de puissants motifs pour le considérer comme appelé à constituer *le dernier et le plus élevé des termes de la série qui rattache le monde des Esprits à celui des Corps.*

TABLE DES MATIÈRES

PREMIÈRE PARTIE

NOTICE HISTORIQUE SUR LES RECHERCHES RELATIVES AUX EFFETS MÉCANIQUES DE L'OD

DEUXIÈME PARTIE

CONFÉRENCES DU BARON DE REICHENBACH A L'ACADÉMIE I. ET R. DES SCIENCES DE VIENNE

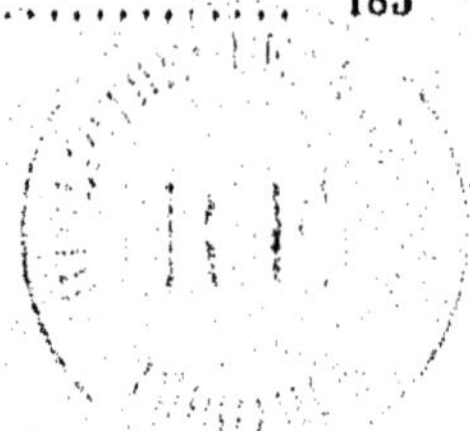

PARIS. — IMPRIMERIE F. LEVÉ, RUE CASSETTE, 17.

www.ingramcontent.com/pod-product-compliance
Ingram Content Group UK Ltd.
Pitfield, Milton Keynes, MK11 3LW, UK
UKHW020555230726
13926UKWH00005B/2025